教育部高等学校软件工程专业教学指导委员会规划教材
高 等 学 校 软 件 工 程 专 业 系 列 教 材

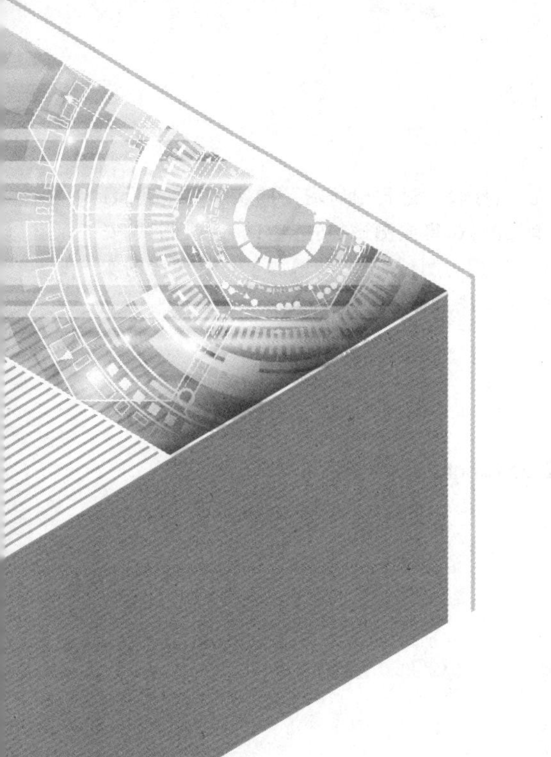

软件测试实验教程

◎ 朱少民 马海霞 王新颖 刘冉 蒋琦 吴振宇 蔡秋亮 等 主编

清华大学出版社
北京

内容简介

这本实验教程是对教材《软件测试方法和技术》的有力补充，指导教学过程中所需要的实验，含实验目的、环境、内容和详细的过程指导。全书共有19个实验，覆盖单元测试、集成测试、功能测试、性能测试、安全性测试和验收测试等，主要以当今流行的Web应用、移动App应用为测试对象，并增加了一些深度的实验，如反编译安全测试、开源测试框架Fitnesse的解析等，是软件测试教学不可多得的实验教材。

图书在版编目(CIP)数据

软件测试实验教程/朱少民等主编. —北京：清华大学出版社，2019(2023.1重印)
(高等学校软件工程专业系列教材)
ISBN 978-7-302-52373-4

Ⅰ. ①软…　Ⅱ. ①朱…　Ⅲ. ①软件－测试－高等学校－教材　Ⅳ. ①TP311.55

中国版本图书馆CIP数据核字(2019)第039023号

责任编辑：黄　芝　薛　阳
封面设计：刘　键
责任校对：徐俊伟
责任印制：丛怀宇

出版发行：清华大学出版社
网　　址：http://www.tup.com.cn，http://www.wqbook.com
地　　址：北京清华大学学研大厦A座　**邮　　编**：100084
社 总 机：010-83470000　**邮　　购**：010-62786544
投稿与读者服务：010-62776969，c-service@tup.tsinghua.edu.cn
质量反馈：010-62772015，zhiliang@tup.tsinghua.edu.cn
课件下载：http://www.tup.com.cn，010-83470236
印 装 者：小森印刷霸州有限公司
经　　销：全国新华书店
开　　本：185mm×260mm　**印　　张**：14.75　**字　　数**：362千字
版　　次：2019年6月第1版　**印　　次**：2023年1月第5次印刷
印　　数：5001～5500
定　　价：39.50元

产品编号：078329-01

前　言

《软件测试方法和技术》已经出版整整十年了，从第1版到现在的第3版，深受几百所大学教师的喜欢，也获得不少殊荣，如被评为"十二五"普通高等教育本科国家级规划教材、上海市普通高等学校优秀教材。但在《软件测试方法和技术》作为教材使用的过程中，教师们总感觉实验的辅导不够，缺少一本实验辅助教材，毕竟软件测试是一门实践性很强的专业课程。软件测试的教学需要加强对学生动手能力的培养，而这恰恰需要借助课程相关的实验来实现。通过实验使学生更好地理解所学的测试方法和技术，将来在工作中也可以更好地应用这些方法和技术。为此，我们组织业界工程师来编写这本实验教材，作为《软件测试方法和技术》教材的有力补充，从而使软件测试教学达到更佳的效果。

如今，软件开发模式从传统的瀑布模式已转向敏捷开发模式，软件开发和软件测试越来越趋于融合，这也意味着不仅专职的测试人员要开展软件测试工作，而且开发人员也要从事测试相关的工作。从这个角度看，单元测试就显得更为重要，在软件测试教学中需要进一步加强。况且，在校的大学生对业务的感受比较少，但他们对代码更熟悉、更感兴趣，更容易接受单元测试，这和业界的需求也正好一致。为此，本实验教材重视单元测试，为单元测试共设计了7个实验，不仅包括逻辑覆盖（如语句覆盖、判定覆盖、条件覆盖、MCDC等）的测试设计、动态测试等实验，而且包括静态测试分析工具的实验。考虑到大多数学校开设了C/C++、Java编程的课程，动态测试工具选择了JUnit和CppUnit。在敏捷开发中，持续集成是最重要的、优秀的开发实践之一，为此增加了基于Jenkins的集成测试实验作为集成测试的关键实验。所以，在第1篇单元测试与集成测试实验中共设计了8个实验，分别是：

◇ 实验1：语句和判定覆盖测试设计
◇ 实验2：条件覆盖和条件组合覆盖测试设计
◇ 实验3：修正条件/判定覆盖测试设计
◇ 实验4：基于JUnit的单元测试
◇ 实验5：基于CppUnit的单元测试
◇ 实验6：基于JavaScript的单元测试
◇ 实验7：基于PMD的静态测试
◇ 实验8：基于Jenkins的集成测试

目前，Windows应用越来越少，而Web应用、移动App应用成为主流，所以在系统测试中主要以Web应用、移动App应用作为测试的对象（案例），开展系统的功能测试、性能测试、安全性测试、兼容性测试等。这类实验不仅要求学生能够进行测试分析、测试设计，而且要求学生能够开发自动化测试脚本，借助测试工具来完成测试脚本的执行与结果分析。从测试分析与设计的方法、思路上看，在不同的平台上（Web、移动App、Windows桌面、Mac

OS桌面等)系统的功能性测试和非功能性测试基本是一致的。如果学生要开展 Windows 或 Mac OS 桌面的系统测试实验,也可以参照 Web 应用、移动 App 应用的相关实验,并利用网络资源,做到举一反三,完成相应的实验。如果确实有困难,可以发邮件到 Kerryzhu@tongji.edu.cn 提出问题,我们会给予解答。根据大家的反映,如果这类需求还比较多,我们将在本书第 2 版增加 Windows 桌面、Mac OS 桌面的相关测试实验。目前,我们在第 2、3 篇共设计了 7 个系统测试的实验,分别是:

◇ 实验 9:Web 应用的功能测试
◇ 实验 10:Web 应用的性能测试
◇ 实验 11:Web 应用的安全性测试
◇ 实验 12:移动 App 功能与兼容性测试
◇ 实验 13:移动 App 功能自动化测试
◇ 实验 14:移动 App 代码反编译安全测试
◇ 实验 15:移动 App 敏感信息安全测试

上述 15 个实验可以被看作软件测试教学的基本实验,可在基础教学计划中安排这些实验。但为了使教材内容相对完整,并照顾某些有测试方向的学校,增加了几个其他实验,覆盖验收测试、利用虚拟技术搭建测试环境等方面的内容。现在开源测试工具或框架很多,是在校学生很好的学习资源。针对开源测试工具的分析能够一举两得,既进一步了解测试工具的实现机制、对测试有更深的探讨与研究,又能学习开源框架的优秀编程实践,提升开发能力,为此特地增加了"开源测试框架 Fitnesse 的解析"实验。总之,在最后一篇,我们设计了 4 个实验,分别是:

◇ 实验 16:基于 Fitnesse 的验收测试实验
◇ 实验 17:开源测试框架 Fitnesse 的解析
◇ 实验 18:搭建虚拟测试环境
◇ 实验 19:系统安装/卸载和兼容性测试实验

本教材的每个实验,首先会说明实验目的、实验前提、实验内容、实验环境,让教师先检查一下是否具备这些条件和环境,明确实验目的和内容,然后再开始实验。如果不具备实验条件或环境,可先做些准备工作。每个实验在简要叙述实验环节之后给出详细的实验操作过程,教师和学生可以按教材的详细过程一步一步进行实验。实验需要安装的文件或文档,统一放在清华大学出版社网站(www.tup.com.cn),大家可以自行下载。

参与本教材编写的(按拼音顺序)有包蕾、蔡秋亮、陈林儿、姜华军、蒋琦、蒋兴、李燕青、林建宇、刘冉、刘涛、马海霞、王新颖、吴振宇、姚煌杰、郑碧娟、朱少民。

由于水平以及大家投入的时间都有限,教材中难免存在一些问题,希望大家不吝赐教,我们将尽力改正,力求不断推出更高质量的教材。

编者 于丁酉年

目　录

第1篇　单元测试与集成测试实验

实验1　语句和判定覆盖测试设计 …… 3

实验2　条件覆盖和条件组合覆盖测试设计 …… 8

实验3　修正条件/判定覆盖测试设计 …… 15

实验4　基于JUnit的单元测试 …… 20

实验5　基于CppUnit的单元测试 …… 30

实验6　基于JavaScript的单元测试 …… 40

实验7　基于PMD的静态测试 …… 49

实验8　基于Jenkins的集成测试 …… 54

第2篇　Web应用的系列测试实验

实验9　Web应用的功能测试 …… 79

实验10　Web应用的性能测试 …… 95

实验11　Web应用的安全性测试 …… 105

第3篇　移动App的系列测试实验

实验12　移动App功能与兼容性测试 …… 125

实验13　移动App功能自动化测试 …… 137

实验14　移动App代码反编译安全测试 …… 145

实验15　移动App敏感信息安全测试 …… 150

第4篇　验收测试及其框架解析实验

实验16　基于Fitnesse的验收测试实验 …… 159

实验17　开源测试框架Fitnesse的解析 …… 168

实验18　搭建虚拟测试环境 …… 175

实验19　系统安装/卸载和兼容性测试实验 …… 182

附加案例……186
教材中源代码……212
附录 A Java 环境配置……218
附录 B 邮件服务器搭建……219
附录 C SVN 环境安装配置……225
附录 D 关于 JeeSite……228

第1篇 单元测试与集成测试实验

单元测试是软件开发和系统测试的基础，只有每个单元模块得到了充分的测试，系统测试才能相对轻松地完成，否则系统测试变得没有止境，缺陷永远找不完。作为开发人员，需要对自己所写的代码负责，也需要做单元测试。单元测试一般和编程同步进行，写完一段代码，就要进行单元测试。

相对来说，软件的单元规模很小，可以精确、有效、完整地进行测试，也比较容易进行测试覆盖率的分析，通过不断改进测试，最终可以达到所需的测试覆盖率。从测试充分性看，单元测试可以更好地帮助我们保证软件产品质量。

单元测试，除了人工的代码评审，其他的测试（代码静态分析、动态测试等）都属于自动化测试范畴，通过工具和脚本自动完成。单元测试的实验，从代码行覆盖/判定覆盖开始，逐步深入到条件覆盖、条件/判定覆盖、组合覆盖和 MC/DC 覆盖、基本路径覆盖等，并结合 PMD、JUnit、CppUnit 等单元测试工具，完成实际代码的测试，其中包括测试覆盖率的度量和分析，并把 TDD/ATDD/BDD、类、包的测试和 Mock 技术的运用等更复杂的单元测试留给大家练习与思考。

本篇主要开展单元测试实验。通过这些实验，提高同学们的单元测试能力，并巩固结构化测试方法的应用。

◇ 实验 1：语句和判定覆盖测试设计

◇ 实验 2：条件覆盖和条件组合覆盖测试设计

◇ 实验 3：修正条件/判定覆盖测试设计

◇ 实验 4：基于 JUnit 的单元测试

◇ 实验 5：基于 CppUnit 的单元测试

◇ 实验 6：基于 JavaScript 的单元测试

◇ 实验 7：基于 PMD 的静态测试

◇ 实验 8：基于 Jenkins 的集成测试

实验 1 语句和判定覆盖测试设计

1.1 实验目的

(1) 巩固所学的语句覆盖和判定覆盖测试方法；

(2) 提高运用语句覆盖和判定覆盖测试方法的能力。

1.2 实验前提

(1) 掌握语句覆盖和判定覆盖的基本方法、概念；

(2) 熟悉程序语言的逻辑结构与基础知识；

(3) 选择一段程序语言。

1.3 实验内容

以保险产品投保为实例，针对保险产品投保业务逻辑代码进行分析，运用语句覆盖和判定覆盖法进行测试用例设计。

某个人税收优惠型保险产品 A/B1/B2/C 款承保规则：

(1) 凡 16 周岁以上且投保时未满法定退休年龄的(男性为 59 周岁、女性为 54 周岁，后续将随国家相关法规做相应调整)，适用商业健康保险税收优惠政策的纳税人，可作为本合同的被保险人。保险公司根据被保险人是否参加公费医疗或基本医疗保险确定适用条款。

(2) 被保人为健康体，或者参加医疗保险的，可选择 A 款、B1 款或 B2 款。

(3) 未参加公费医疗的非健康体(有既往症)只能选择 C 款。

以下为个人税收优惠型保险产品承保的部分伪代码实现：

```
If (性别 = '男' and 16 <年龄< 59 or 性别 = '女' and 16 < age < 54)
{
    If (被保人健康属性为正常 or 有医疗保险)
    {可选择险种类型为 A 或 B1 或 B2 的险种、份数为 1}
Else
    {可选择险种类型为 C 的险种、份数为 1}
    EndIf
}
```

```
Else
{提示"不能承保"}
EndIf
```

1.4 实验环境

(1) 首先要让学生了解保险产品投保业务场景，能够模拟操作保险产品的承保流程；
(2) 能够将业务场景与代码逻辑关系对应；
(3) 根据代码画出程序流程图，并分析各判定节点；
(4) 根据代码流程图分析出判定条件与真假取值。

1.5 实验过程简述

(1) 明确被测试对象使用的测试方法；
(2) 小组讨论业务场景并进行分析；
(3) 测试实施工作安排；
(4) 评审程序流程图和测试用例；
(5) 执行测试，根据测试用例代入各条件测试数据，给出测试结果。

1.6 测试过程实施

1. 测试分析

(1) 根据保险产品的承保业务描述，分析产品承保流程，包括主流程、分支流程以及正常流程、异常流程。

(2) 模拟保险产品承保场景：触发允许产品承保的条件，不同条件是否走不同的承保流程。

(3) 数据项检查：数据项的计算规则，数据项后台判断逻辑。

2. 测试设计

根据产品承保代码，设计出程序流程图，并对程序流程图做节点标记，分析图 1-1 所示的两个判定：

```
判定 A:(性别 = "男" AND 16 <年龄< 59)OR(性别 = "女" AND 16 <年龄< 54)
判定 B:健康体 OR 有医疗保险
```

3. 测试设计

根据业务场景与流程逻辑判定，运用语句覆盖法进行用例设计。

语句覆盖是一个比较弱的逻辑覆盖标准，通过选择足够多的测试用例，使得被测试程序中的每个语句至少被执行一次。根据如图 1-1 所示的流程图，为使程序中的每个语句至少执行一次，只需设计两个测试用例，覆盖语句 A、B、C、E，即覆盖判定 A“成立”、判定 B“成立”或“不成立”各被覆盖一次，如表 1-1 所示。

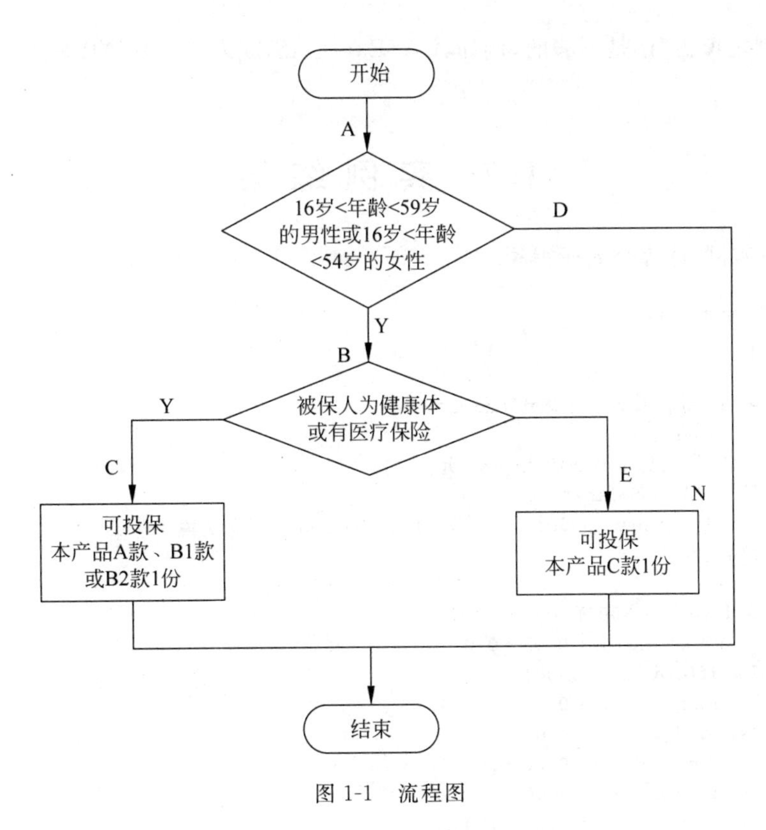

图 1-1　流程图

表 1-1　语句覆盖测试用例设计

测试用例名称	测试用例描述	测试路径
CASE1	投保成功：年龄 20，男性，健康体、有医疗保险	ABC
CASE2	投保成功：年龄 20，男性，非健康体且没有医疗保险	ABE

接下来我们运用判定覆盖法来进行用例设计。判定覆盖又称为分支覆盖，判定覆盖语句覆盖的标准稍强一些，它是指通过设计足够多的测试用例，使得被测试程序中的每个判定（即上述判定 A、判定 B）都获得一次“真”“假”值，如表 1-2 所示。

表 1-2　判定覆盖测试用例设计

测试用例名称	测试用例描述	覆盖判定
CASE3	投保成功：年龄 20，男性，健康体，有医疗保险	判定 A =“真” 判定 B=“真”
CASE4	投保不成功：年龄 15，男性	判定 A =“假”
CASE5	投保成功：年龄 20，男性，健康体，没有医疗保险	判定 A =“真” 判定 B=“假”

4. 测试结果分析

从本实验可看出，语句覆盖实际上是很弱的，CASE1、CASE2 可以满足语句覆盖，但如果第 2 个条件语句中 OR 写成了 AND，CASE1、CASE2 都不能发现它。

“判定覆盖”比“语句覆盖”严格，因为如果每个分支都执行过了，则每个语句也就执行过了。但是,“判定覆盖”还是不够的,例如,CASE3～CASE5 未能检查 AB 分支中女性被保人的承保情况。

1.7 实例练习

(1) 程序实例,计算个人所得税。

```
#include <stdio.h>
int main ()
{
    double dSalary,dTax = 0,dNetIncome = 0;
    double dValue;
    printf("请输入您本月的收入总额(元): ");
    scanf("%lf", &dSalary);
       dValue = dSalary - 3500;        //在起征点基础上考虑纳税
    if(dValue > 0.0)
    {
        if(dValue <= 1500)
            dTax = dValue * 0.03 - 0.0;
        else if(dValue <= 4500)
            dTax = dValue * 0.10 - 105.0;
        else if(dValue <= 9000)
            dTax = dValue * 0.20 - 555.0;
        else if(dValue <= 35000)
            dTax = dValue * 0.25 - 1005.0;
        else if(dValue <= 55000)
            dTax = dValue * 0.30 - 2755.0;
        else if(dValue <= 80000)
            dTax = dValue * 0.35 - 5505.0;
        else
            dTax = dValue * 0.45 - 13505.0;
    }
    dNetIncome = dSalary - dTax;
    printf("您本月应缴个人所得税 %.2lf 元,税后收入是 %.2lf 元.\n", dTax, dNetIncome);
    return 0;
}
```

(2) 请根据程序实例(表 1-3),设计语句和判定覆盖的测试案例。

表 1-3 条件分析

	条件	下一步	产品A款	产品B1款	产品B2款	产品C款	不承保
A	(性别="男"并且 16<年龄<59)or (性别="女"并且 16<年龄<54)	B					
	年龄小于 16 的男性	F					●
	年龄小于 16 的女性	F					●
	年龄大于 59 的男性	F					●
	年龄大于 54 的女性	F					●

续表

	条　件	下一步	产品A款	产品B1款	产品B2款	产品C款	不承保
B	是健康体或者有医疗保险公费	D	1份				
				1份			
					1份		
	有既往症且医疗保险没有	H				1份	

实验2 条件覆盖和条件组合覆盖测试设计

2.1 实验目的

(1) 巩固所学的条件覆盖、条件组合覆盖测试方法；

(2) 提高运用条件覆盖、条件组合覆盖法的能力。

2.2 实验前提

(1) 掌握逻辑覆盖的基本方法、概念；

(2) 熟悉程序语言的逻辑结构与基础知识；

(3) 选择一段程序语言。

2.3 实验内容

以银行内部转账为实例，针对内部转账业务逻辑代码进行分析，运用条件覆盖进行测试用例设计。

内部转账用于处理发起户口号和接收户口号都是内部账户的系统内资金转账业务，主要用于财务资金的划拨、未实现自动清算业务的清算资金的划拨。

(1) 内部转账发起是指：发起行发出内部资金交易，并换人复核，满足条件时需会计主管授权。

(2) 内部转账接收是指：内部资金交易接收方根据接收方确认方式，对交易进行接收经办，满足条件的需复核或授权。

确定接收方的入账流程，“确认方式”分为以下三种：

(1) 不需接收方确认，即发起方发起后自动记发起方和接收方的一套账务，接收方无须再做接收动作。

(2) 需接收方确认，即接收方接收时不能更改接收信息，只能依据发起方输入的信息入账或退发起方。以目前的处理方式，接收经办→入账(金额小于100万元)，大于100万元时为接收经办+接收授权→入账。

(3) 需接收方经办，即接收方接收时可以更改接收信息，执行入账或退发起行。以目前的处理方式，接收经办+接收复核→入账(金额小于100万元)，大于100万元时为接收经办+接收复核+接收授权→入账。

内部转账权限控制如表 2-1 所示。

表 2-1 内部转账权限控制

操　　作	条　　件	经办	复核	授权
内部转账发起	100 万元以下	√	√	
	100 万元以上	√	√	√
内部转账接收	“确认方式”为“2”,100 万元以下	√		
	“确认方式”为“2”,100 万元以上	√		√
	“确认方式”为“3”,100 万元以下	√	√	
	“确认方式”为“3”,100 万元以上	√	√	√

以下为银行内部转账控制的部分伪代码实现：

```
If( 判定 1: 转账金额 > 100W) {
    调用"内部转账发起复核";
    调用"内部转账发起授权";
    If( 判定 3: "确认方式" == 1) {
        抛出异常"确认方式不符合业务流程"
    }
    Else If( 判定 3: "确认方式" == 2) {
        调用"内部转账接收经办";
        调用"内部转账接收授权";
        接收确认
    }
    Else If( 判定 3: "确认方式" == 3) {
        调用"内部转账接收经办";
        调用"内部转账接收复核";
        调用"内部转账接收授权";
        接收确认
    }
    Else {
        抛出异常"确认方式不符合业务流程"
    }
    End If
}
Else If (判定 1: 0 < 转账金额 <= 100W) {
  If( 判定 2: "确认方式" == 1) {
    调用"内部转账接收确认";
    接收确认
    }
    Else If( 判定 2: "确认方式" == 2) {
        调用"内部转账接收经办";
        调用"内部转账接收确认";
        接收确认
    }
    Else If( 判定 2: "确认方式" == 3) {
        调用"内部转账接收经办";
        调用"内部转账接收复核";
        调用"内部转账接收确认";
```

```
        接收确认
    }
    Else {
        抛出异常"确认方式不符合业务流程"
    }
    End If
}
Else If (判定 1: 转账金额 <= 0) {
    抛出异常"输入金额有误,请重新输入"
}
End if
```

2.4 实验环境

(1) 首先要让学生了解银行内部转账业务,能够模拟操作转账流程;

(2) 能够将业务场景与代码逻辑关系对应;

(3) 根据代码画出程序流程图,并分析各判定节点;

(4) 根据代码流程图分析出条件覆盖、条件组合覆盖。

2.5 实验过程简述

(1) 明确被测试对象使用的测试方法;

(2) 小组讨论业务场景并进行分析;

(3) 测试实施工作安排;

(4) 评审程序流程图和测试用例;

(5) 执行测试,根据测试用例代入各条件测试数据,给出测试结果。

2.6 实验过程实施

1. 测试分析

(1) 根据银行内部转账业务描述,分析内部转账流程,包括主流程、分支流程以及正常流程、异常流程。

(2) 模拟内部转账场景:触发内部转账的条件,不同条件是否走不同的转账流程。

(3) 数据项检查:数据项的计算规则,数据项后台判断逻辑。

2. 测试设计

根据内部转账业务需求,设计出程序流程图,如图 2-1 所示,并对程序流程图做节点标记,分析流程图的判定条件与结果。

3. 测试执行

根据业务场景与流程逻辑判定,运用条件覆盖法进行用例设计。

条件覆盖即设计足够多的测试用例,运行被测程序,使得每一判定语句中每个逻辑条件的可能取值至少满足一次。条件覆盖率的公式是:条件覆盖率=被评价到的条件取值的数

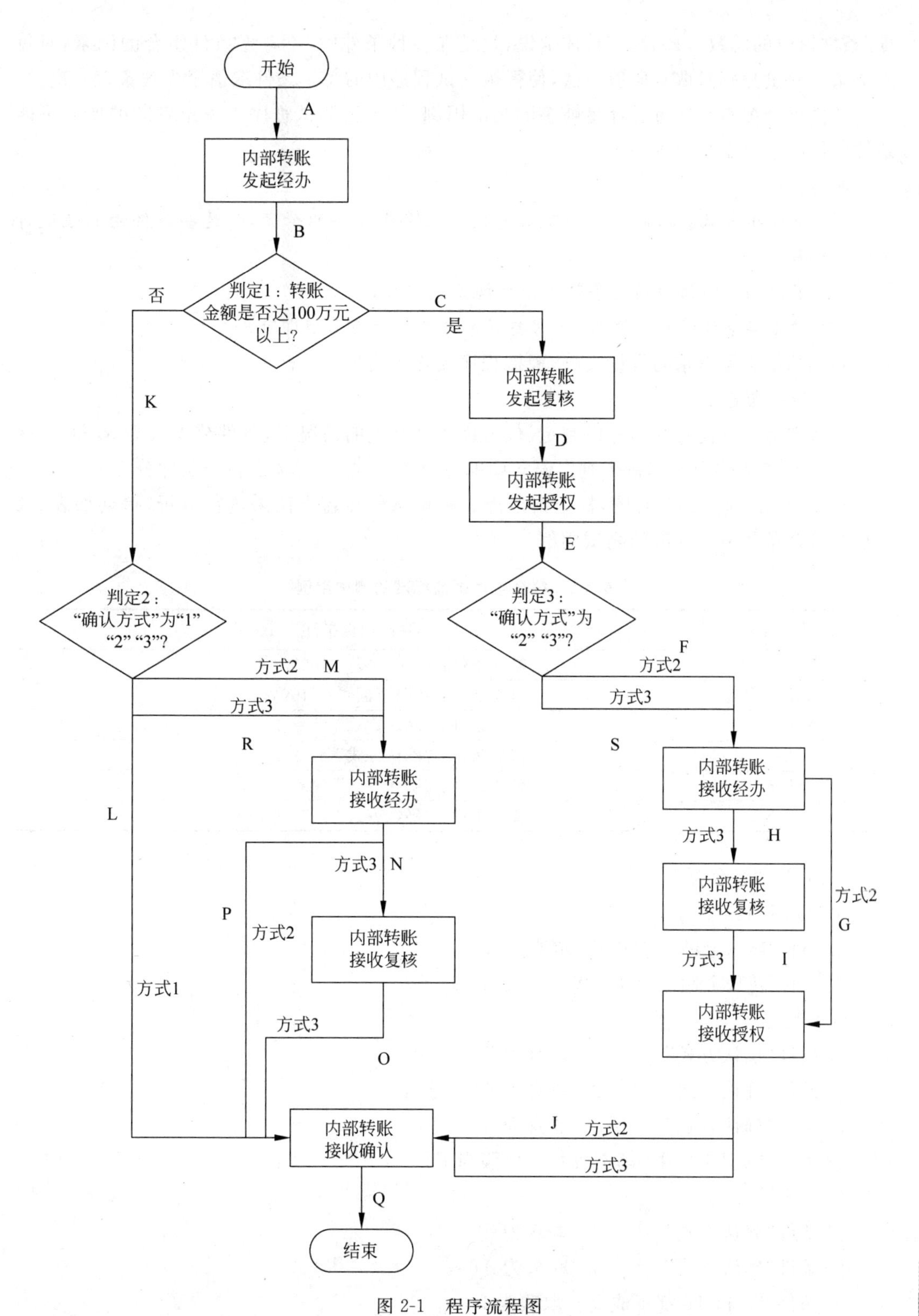

图 2-1　程序流程图

A～Q 为测试路径编号，在下面的测试用例分析中将根据测试路径编号确定测试用例的业务流向。

量/条件取值的总数×100%。具体地说，就是在各种条件中，不考虑条件组合的因素，对每一个条件变量分别只取真假值一次，使得被测试程序中的每个条件取值至少被覆盖一次。

条件组合覆盖是通过设计足够多的测试用例，使得被测试程序中每个判断的所有可能条件取值的组合至少出现一次。

注意：

(1) 条件组合只针对同一个判断语句内存在多个条件的情况，让这些条件的取值进行笛卡儿乘积组合。

(2) 不同的判断语句内的条件取值之间无须组合。

(3) 对于单条件的判断语句，只需要满足自己的所有取值即可。

测试的依据是需求与设计文档，根据程序流程图实现。

(1) 条件覆盖

银行内部转账流程在不考虑判定、仅考虑条件分支的情况下，条件分支数为5，即T1～T5。在条件覆盖中只考虑每个判定语句中的每个表达式，没有考虑各个条件分支。

根据图2-1所示的流程图，标记出节点。根据条件覆盖方法来进行分析，得到如表2-2所示的符合条件覆盖标准的测试用例。

表2-2 符合条件覆盖标准的测试用例

测试用例名称	测试用例描述
CASE 1	覆盖条件：转账金额> 100W
CASE 2	覆盖条件：转账金额<= 100W
CASE 3	覆盖条件："确认方式"== 1
CASE 4	覆盖条件："确认方式"== 2
CASE 5	覆盖条件："确认方式"== 3
CASE 6	覆盖条件："确认方式"<> 1、2、3

S(2) 条件组合覆盖

对于判定1：

① 条件 转账金额> 100W 取真为T1

② 条件 转账金额<= 100W 取假为F1

对于判定2：

① 条件"确认方式"== 1 取真为T2

② 条件"确认方式"== 2 取真为T3

③ 条件"确认方式"== 3 取真为T4

④ 条件 T2、T3和T4都不成立 取假为F2

对于判定3：

① 条件"确认方式"== 2 取真为T5

② 条件"确认方式"== 3 取真为T6

③ 条件 T5和T6都不成立 取假为F3

通过设计足够多的测试用例，使得被测试程序中的每个判断的所有可能条件取值的组合至少出现一次。在这个银行内部转账流程上，判定1的条件和判定2、3中的条件分别构成组合。由于业务特定的逻辑，其组合简化为7个，而不是14个。

① 判定1的条件T1和判定3中的各个条件构成组合，即3个组合，而不是2×3=6个组合；

② 判定1的条件F1和判定2中的各个条件构成组合，即4个组合，而不是2×4=8个组合。

因此根据条件组合覆盖，总共有7个测试用例完成组合覆盖，如表2-3所示。这里不考虑异常情况，如转账金额<= 0的情况。遇到这种情况会直接异常退出，也无法进入下一个判定2或判定3，和组合也没关系。

表2-3　符合条件组合覆盖度量标准的测试用例

测试用例名称	测试用例描述
CASE 1	覆盖T1+T5：转账金额> 100W &"确认方式" == 2
CASE 2	覆盖T1+T6：转账金额> 100W &"确认方式" == 3
CASE 3	覆盖T1+F3：转账金额> 100W &"确认方式"! = 2 or 3
CASE 4	覆盖F1+T2：0 <转账金额<= 100W &"确认方式" == 1
CASE 5	覆盖F1+T3：0 <转账金额<= 100W &"确认方式" == 2
CASE 6	覆盖F1+T4：0 <转账金额<= 100W &"确认方式" == 3
CASE 7	覆盖F1+F2：0 <转账金额<= 100W &"确认方式"! = 1 or 2 or 3

4. 测试结果分析

从实验2项目案例中可以看出，条件覆盖仅考虑单个条件取真或取假一次，覆盖度相对较弱。如果想增强覆盖度，可以将本实验的条件覆盖和实验1的判定覆盖结合起来，构成更强的覆盖，即条件-判定覆盖。如果还想达到更高质量的要求，可以设计足够的测试用例达到组合覆盖测试。但条件组合的测试有些冗余，效率偏低。在这种情况下就要考虑到修正条件/判定覆盖来设计测试用例。

2.7　实例练习

(1) 程序实例：企业发放的奖金根据利润提成。

```
#include <stdio.h>

main()
{
long int i;
int bonus1,bonus2,bonus4,bonus6,bonus10,bonus;
scanf("%ld",&i);
bonus1 = 100000 * 0.1;bonus2 = bonus1 + 100000 * 0.75;
bonus4 = bonus2 + 200000 * 0.5;
bonus6 = bonus4 + 200000 * 0.3;
bonus10 = bonus6 + 400000 * 0.15;

  if(i <= 100000)
  bonus = i * 0.1;
```

```
else if(i<=200000)
    bonus=bonus1+(i-100000)*0.075;
  else if(i<=400000)
      bonus=bonus2+(i-200000)*0.05;
    else if(i<=600000)
        bonus=bonus4+(i-400000)*0.03;
      else if(i<=1000000)
          bonus=bonus6+(i-600000)*0.015;
        else
              bonus=bonus10+(i-1000000)*0.01;
printf("bonus=%d",bonus);
}
```

(2) 请根据以上程序设计条件、判定条件、条件组合判定覆盖方法测试用例。

实验 3 修正条件/判定覆盖测试设计

3.1 实验目的

(1) 巩固所学的修正条件/判定覆盖测试；

(2) 提高运用修正条件/判定覆盖测试的能力。

3.2 实验前提

(1) 掌握逻辑覆盖的基本方法、概念；

(2) 熟悉程序语言的逻辑结构与基础知识；

(3) 选择一种程序语言。

3.3 实验内容

以信用卡还款为实例，见图 3-1，针对信用卡还款业务逻辑代码进行分析，运用修正条件/判定覆盖法进行测试用例设计。信用卡还款是网上银行系统和第三方支付平台的常见功能。登录第三方支付平台，选择信用卡还款模块，进入信用卡还款页面。在信用卡还款页面的第二步操作页面，验证储蓄卡是否有效并进行还款。信用卡还款业务流程描述如下。

(1) 在"填写还款信息"页面，输入信用卡卡号、持卡人姓名，单击"确定付款"按钮，进入"使用储蓄卡付款"页面；

(2) 在"使用储蓄卡还款"页面，输入储蓄卡卡号、持卡人姓名、单击"下一步"按钮，进入"还款详细"页面；

(3) 在"还款详细"页面，在"还款类型"下拉框中选择"全部还款"或"分期还款"，单击"确定还款"按钮完成还款。

以下为通过第三方支付平台进行信用卡还款的部分伪代码实现。

```
If (银行卡号 is 有效 AND 姓名 is 有效 AND 余额> 0) {
    If (全额还款 OR 分期还款) {
        If (还款金额 ≥ 指定金额) then
            打印"还款成功"
        else
```

```
            打印"余额不足"
        }
    else
        打印"返回"
    }
else
    打印"卡号错误或卡号姓名不一致或余额≤0"
endIf
```

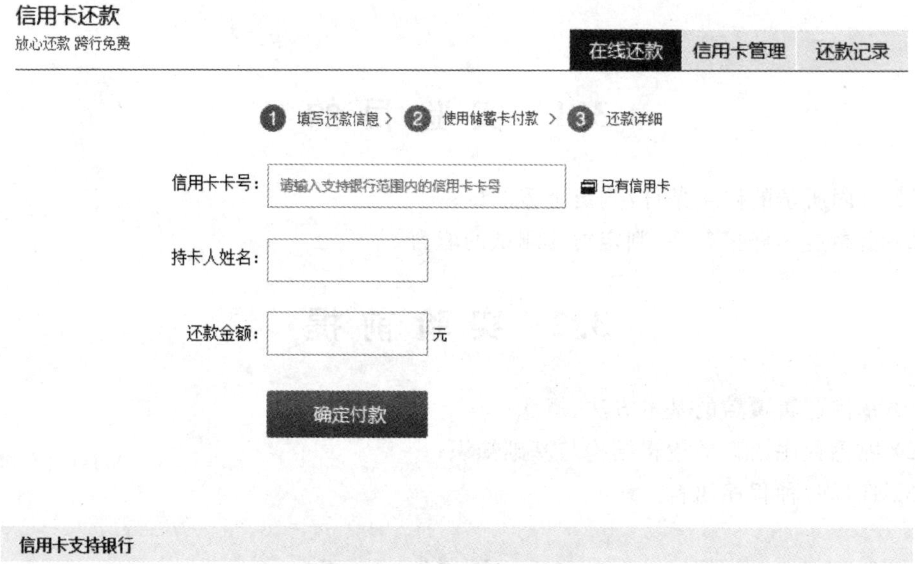

信用卡还款
放心还款 跨行免费
在线还款 信用卡管理 还款记录
1 填写还款信息 > 2 使用储蓄卡付款 > 3 还款详细
信用卡卡号： 请输入支持银行范围内的信用卡卡号 已有信用卡
持卡人姓名：
还款金额： 元
确定付款
信用卡支持银行

图 3-1 信用卡还款界面

3.4 实验环境

(1) 首先要让学生了解信用卡还款业务场景，能够模拟操作信用卡还款流程；
(2) 能够将业务场景与代码逻辑关系对应；
(3) 根据代码画出程序流程图，并分析各判定节点；
(4) 根据代码流程图分析出判定条件与真假取值。

3.5 实验过程简述

(1) 明确被测试对象使用的测试方法；
(2) 小组讨论业务场景并进行分析；
(3) 测试实施工作安排；
(4) 评审程序流程图和测试用例；
(5) 执行测试，根据测试用例带入各条件测试数据，给出测试结果。

3.6 测试过程实施

1. 测试分析

(1) 根据信用卡业务描述,分析信用卡还款流程,包括主流程、分支流程以及正常流程、异常流程。

(2) 模拟信用卡还款场景:触发信用卡还款的条件,不同条件是否走不同的还款流程。

(3) 信用卡还款数据项检查:数据项的计算规则;数据项后台判断逻辑。

2. 测试设计

根据信用卡还款代码,设计出程序流程图(图 3-2),并对程序流程图做节点标记,分析流程图的判定条件与结果。

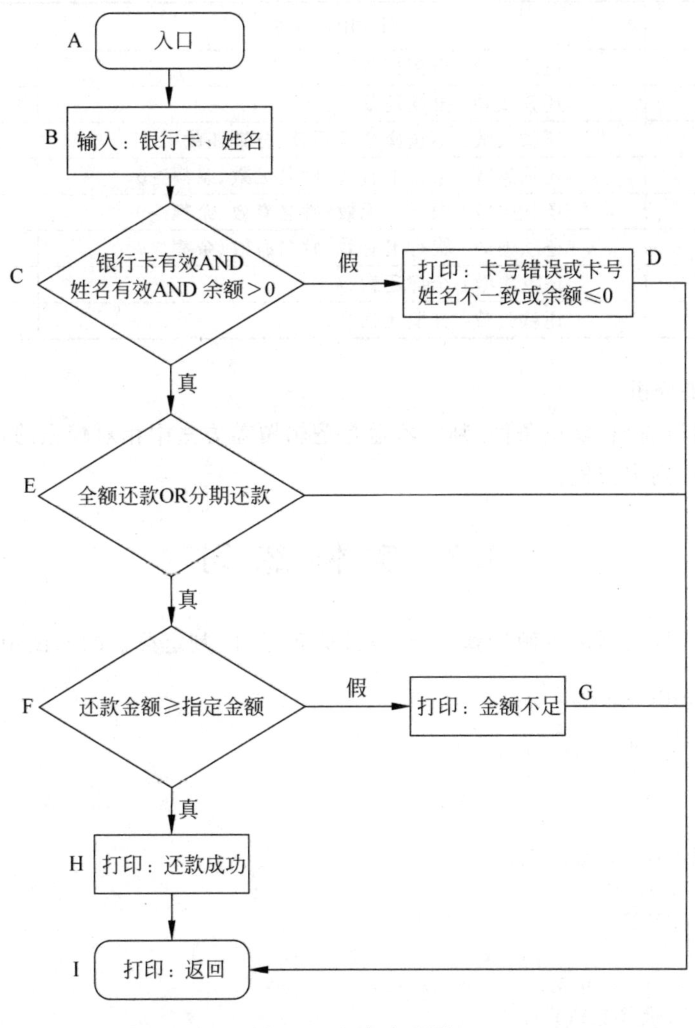

图 3-2 程序流程图

3. 测试执行

根据业务场景与流程逻辑判定,运用修正条件/判定覆盖法进行用例设计。修正条件/

判定覆盖法是为了实现条件/判定覆盖中尚未考虑到的各种条件组合情况覆盖，减少条件组合覆盖中产生的过多、无价值的测试用例。具体地说，修正条件/判定覆盖满足以下条件：

(1) 每个判定的所有可能结果至少能取值一次（达到判定覆盖）。

(2) 判定中的每个条件的所有可能结果至少取值一次（达到条件覆盖）。

(3) 一个判定中的每个条件独立地对判定的结果产生影响（在条件组合中固定一个变量或条件，改变另一个变量或条件，如果对结果有影响，就需要测试，如果对结果没有影响就不需要测试）。

(4) 每个入口和出口至少执行一次，覆盖不同入口或出口的路径。

根据修正条件/判定覆盖方法（MC/DC）进行分析，得到如表 3-1 所示的符合 MC/DC 质量标准的测试用例。

表 3-1　符合 MC/DC 质量标准的测试用例

测试用例名称	测试用例描述	测试路径
CASE 1	还款成功：全额还款	ABCEFHI
CASE 2	还款成功：分期还款	ABCDFHI
CASE 3	还款失败：不选择全额还款、分期还款	ABCEI
CASE 4	还款失败：银行卡有效、姓名无效、余额>0	ABCDI
CASE 5	还款失败：银行卡无效、姓名有效、余额>0	ABCDI
CASE 6	还款失败：银行卡有效、姓名有效、余额≤0	ABCDI
CASE 7	还款失败：全部还款	ABCEFGI
CASE 8	还款失败：分期还款	ABCEFGI

4. 测试结果分析

从实验 3 可以看出，修正条件/判定覆盖是逻辑覆盖方法中相对较强的，超过判定覆盖、条件覆盖和条件/判定覆盖。

3.7　实例练习

根据以下程序（根据销售额计算奖金）设计修正条件/判定覆盖的测试用例：

```
#include <stdio.h>
int main(void)
{
float sales,prize;

printf("请输入月销售额\n:");
scanf("%f", &sales);
if (sales <= 10000)
  {
    prize = sales * 0.2;
    printf ("干得不错!\n");
    printf("奖金是 %f\n", prize);
  }
else if ((sales > 10000) && (sales <= 20000))
  {
```

```
    prize = 2000 + (sales - 10000) * 0.15;
    printf ("干得不错!\n");
    printf("奖金是 %f\n", prize);
  }
else if ((sales > 20000) && (sales <= 50000))
  {
    prize = 3500 + (sales - 20000) * 0.08;
    printf ("干得不错!\n");
    printf("奖金是 %f\n", prize);
  }
else if ((sales > 50000) && (sales <= 100000))
  {
    prize = 5500 + (sales - 20000) * 0.08;
    printf ("干得不错!\n");
    printf("奖金是 %f\n", prize);
  }
else if (sales > 100000)
  {
    prize = 7900 + (sales - 20000) * 0.05;
    printf ("非常优秀!\n");
    printf("奖金是 %f\n", prize);
  }
else
  {
    printf("需要努力!\n")
  }
return 0;
}
```

实验 4　基于 JUnit 的单元测试

（共 2 学时）

4.1　实 验 目 的

（1）通过动手实际操作，巩固所学的单元测试相关知识；

（2）初步了解 JUnit 工具的使用方法，加深对单元测试的认识。

4.2　实 验 前 提

（1）学习单元测试基本知识；

（2）熟悉 Eclipse 工具的基本操作；

（3）掌握基于 Eclipse 工具的 Java 编程；

（4）选择一个被测试的 Web 应用系统，能够正常编译部署（本实验中选择开源 Web 框架 Jeesite）作为单元测试对象。

4.3　实 验 内 容

针对被测试的 Web 应用系统（本实验中为开源 Web 框架 Jeesite）中的某个类进行单元测试，并使用 JaCoCo 对测试覆盖率进行分析。

4.4　实 验 环 境

（1）2～3 个学生一组；

（2）基础硬件清单：1 台 Windows 操作系统的客户端（进行单元测试）；

（3）Jeesite 框架：Jeesite 网站源码需要转换成 Eclipse 工程，若需要部署网站还要安装 MySQL 数据库，可自行拓展，具体可按照源码 doc 目录中提供的帮助文档进行操作。本次实验直接从网盘的 jeesite-master 文件目录中下载，在本地安装，重命名为 jeesite；

（4）Java 环境：在客户端上需要安装 Java 运行环境和 Eclipse。Eclipse 安装路径需要记录，如本实验中使用的路径是 C:\eclipse-jee-juno-win32\eclipse。具体安装步骤参考附录 A。

4.5 实验过程简述

（1）确定单元测试方案与实施步骤；

（2）下载并安装 Tomcat；

（3）下载并安装 JUnit 工具；

（4）在 JUnit 单元测试环境下，完成对 JaCoCo 工具的安装；

（5）使用 JUnit 对 Jeesite 网站中的 Java 类进行单元测试；

（6）使用 EclEmma 工具，根据单元测试成功与否以及单元测试覆盖率进行分析。

4.6 实施过程

1. 确定单元测试方案

本实验选择 Jeesite 网站框架源码（关于 Jeesite 参见附录 D）作为 Java 单元测试的对象，选用 Eclipse 作为 Java 开发工具，下载并安装 JUnit 和 JaCoCo 工具，使用 JUnit 进行单元测试，使用 JaCoCo 进行覆盖率分析来辅助进行单元测试。

2. Tomcat 的下载与安装

在客户端中已安装 Java、Eclipse 的基础上，可从 Apache 网站中下载 apache-tomcat 并解压，本实验中使用的 Tomcat 版本为 7.0.70。使用 Eclipse 导入 Jeesite 工程后（单击菜单栏中的 File→Import→General→Existing Projects into Workspace，单击 Next 按钮，通过 Browse 按钮选择 Jeesite 工程所在路径 D:\jeesite，最后单击 Finish 按钮导入成功），选中 Jeesite 工程，单击工具栏中的 Window→Preferences，在弹出窗口中选择 Server→Runtime Environment，单击 Add 按钮，在弹出的窗口中选择 Apache Tomcat v7.0，单击 Next 按钮后添加解压的 Tomcat 路径，如图 4-1 所示，单击 Finish 按钮完成 Tomcat 的配置，安装完成后重启 Eclipse。

3. JUnit 的下载与安装

JUnit 是一个开源的 Java 测试框架，是单元测试框架体系 xUnit 的一个实例，目前已成为 Java 单元测试的事实标准。JUnit 软件包可以从网站 http://www.JUnit.org 中下载，实验中使用的版本是 JUnit 4.11。

无须解压 JUnit 压缩包，选中 Jeesite 工程，在 Eclipse 菜单 Project 的子项 Properties 中选择 Java Build Path，单击 Libraries 标签，单击 Add External JARs 按钮，选择 junit-4.11.jar 后单击“打开”按钮，完成 JUnit 的安装，如图 4-2 所示，安装完成后重启 Eclipse。

4. JaCoCo 的下载与安装

JaCoCo 是一个开源的覆盖率分析工具，可以帮助大家在单元测试时分析代码覆盖情况。可从网站 http://www.eclemma.org/download.html 中下载 JaCoCo 的 Eclipse 插件 EclEmma 的最新版本，本实验中使用的版本是 Eclemma 2.3.3。

解压 eclemma-2.3.3.zip 到 Eclipse 安装路径下的 dropins 目录中，并且仅保留如图 4-3 所示的文件和文件夹。打开 Eclipse，在工具栏的 Help 菜单中选择 Install New Software，在 Install 窗口中单击 Add 按钮，并在 Local 的弹出框中选择 EclEmma 所在路径，添加

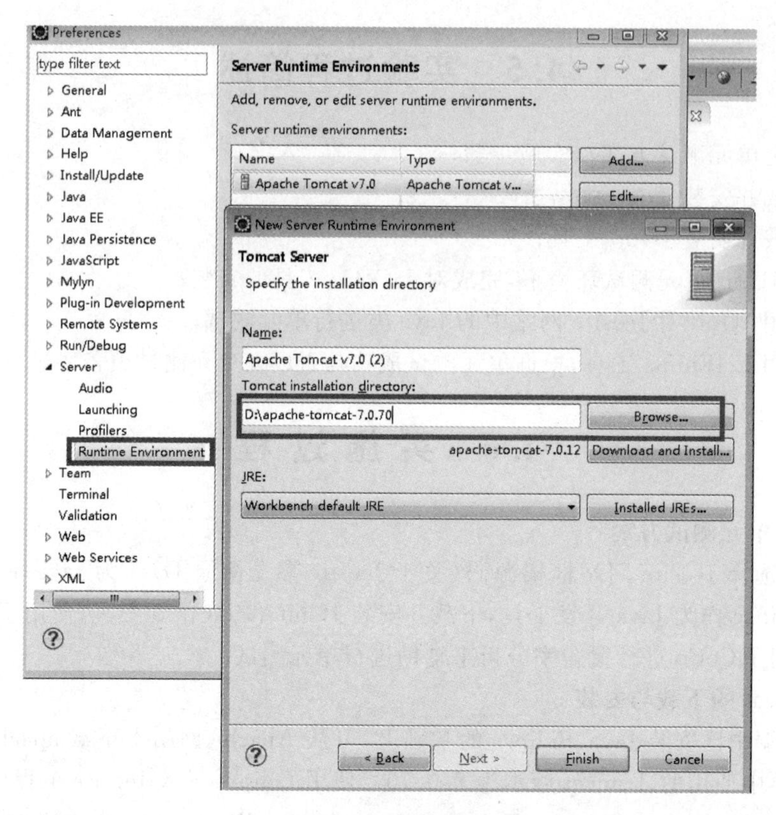

图 4-1　Tomcat 配置

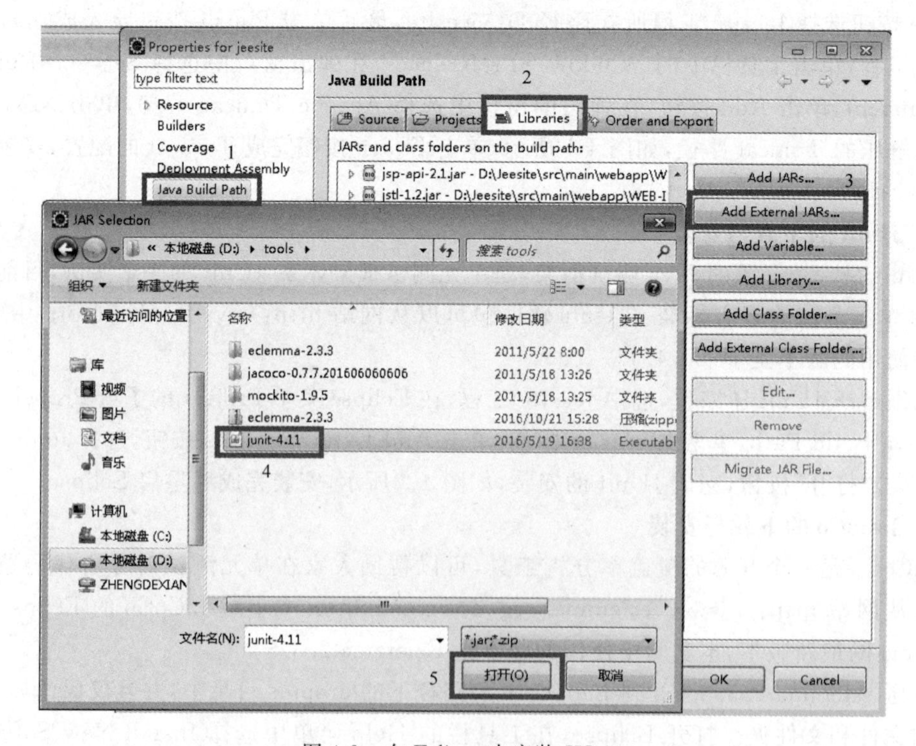

图 4-2　在 Eclipse 中安装 JUnit

Name，完成后在 Install 列表中勾选展示的 EclEmma 程序，单击 Next 按钮直到安装完成，如图 4-4 所示。安装完成后重启 Eclipse，工具栏中会出现一个 Coverage 图标，如图 4-5 所示。

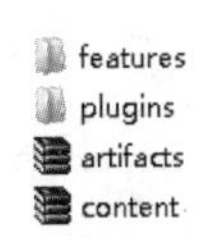

图 4-3　将 EclEmma 解压到 Eclipse 的 dropins 路径下

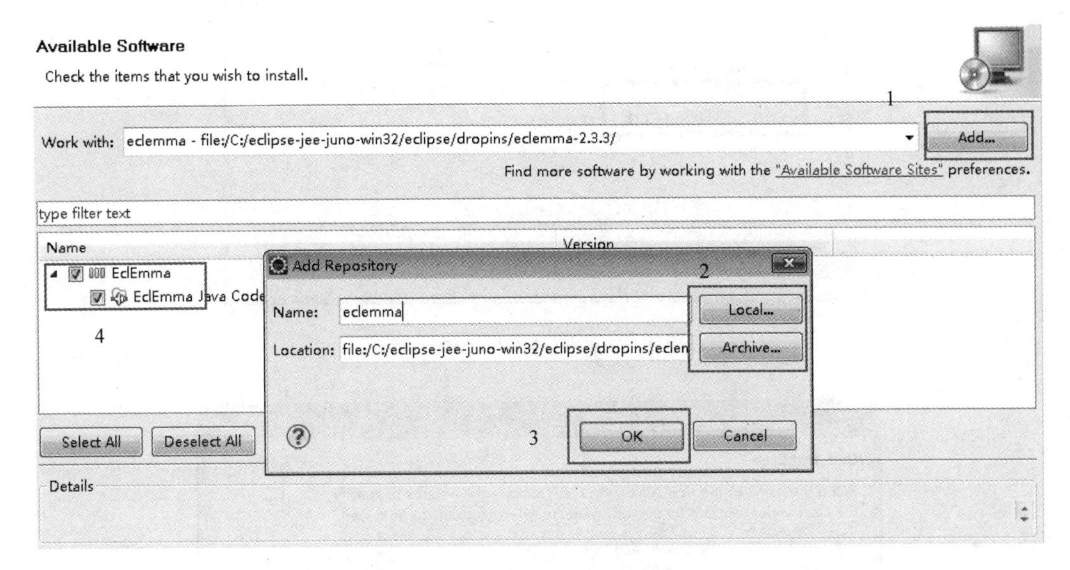

图 4-4　在 Eclipse 中安装 EclEmma

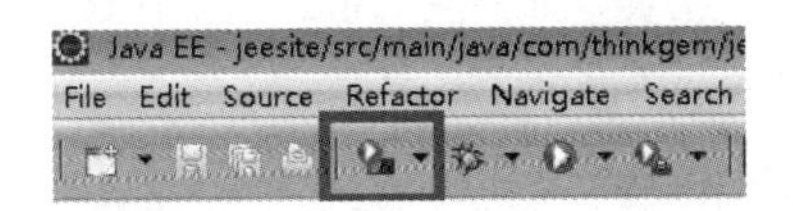

图 4-5　EclEmma 安装完成

5. 使用 JUnit 进行单元测试

在配置好 JUnit 工具后，就可以对 Java 类进行单元测试，具体步骤如下。

（1）选择被 JUnit 测试的类。使用 Eclipse 打开 Jeesite 工程，选中其中的一个类文件 D:\jeesite\src\main\java\com\thinkgem\jeesite\common\utils\StringUtils.java，选择菜单 New→Other（或按 Ctrl + N 键），选择 JAVA→JUnit→JUnit Test Case 作为单元测试对象，单击 Next 按钮，如图 4-6 所示。

（2）在弹出的 New JUnit Test Case 对话框内输入相关单元测试信息（默认已自动填写），如图 4-7 所示。

（3）单击 Next 按钮，选择被测试类的方法，可以选择多个，在实验中选择 lowerFirst(String)方法进行测试，该方法的作用是将首字母转换为小写字母，如图 4-8 所示，单击 Finish 按钮后，页面会自动显示生成的测试代码。

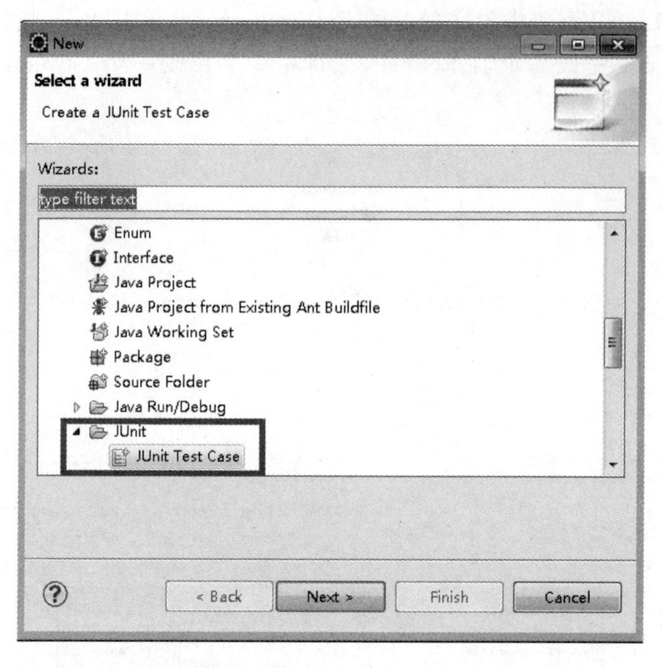

图 4-6　新建 JUnit Test Case

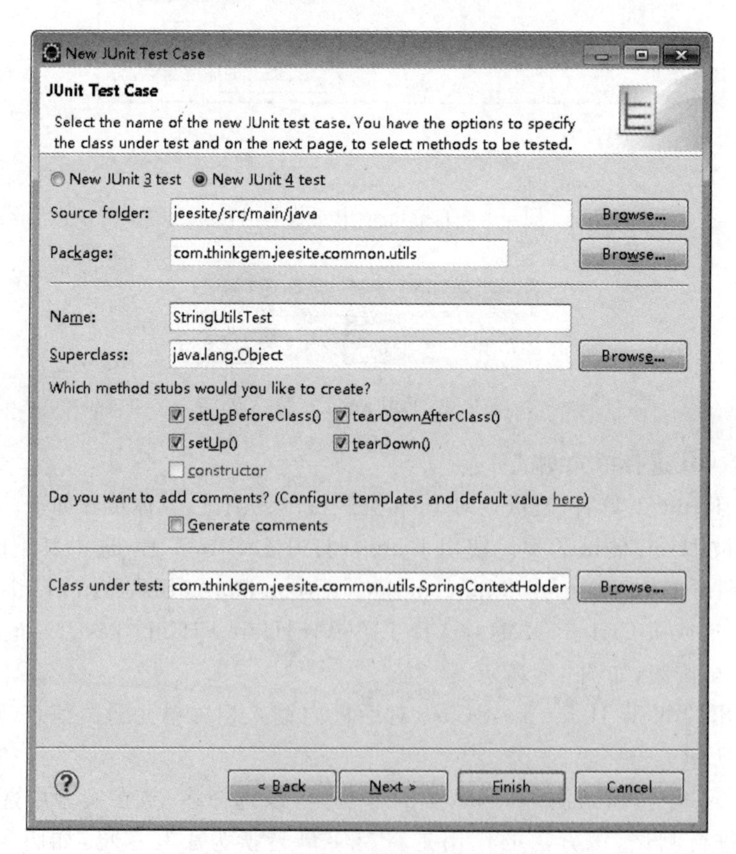

图 4-7　单元测试类信息填写

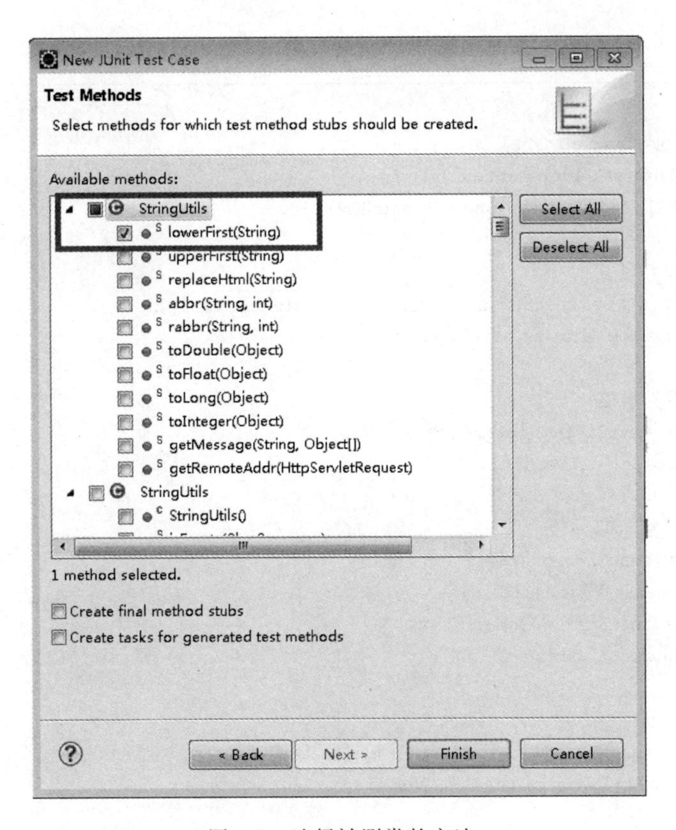

图 4-8 选择被测类的方法

(4) 针对自动生成的代码,根据 StringUtils 类的 lowerFirst(String)方法编写单元测试代码,如图 4-9 所示,将框内原测试代码末尾的@Test 中的所有代码替换为补充的测试代码。

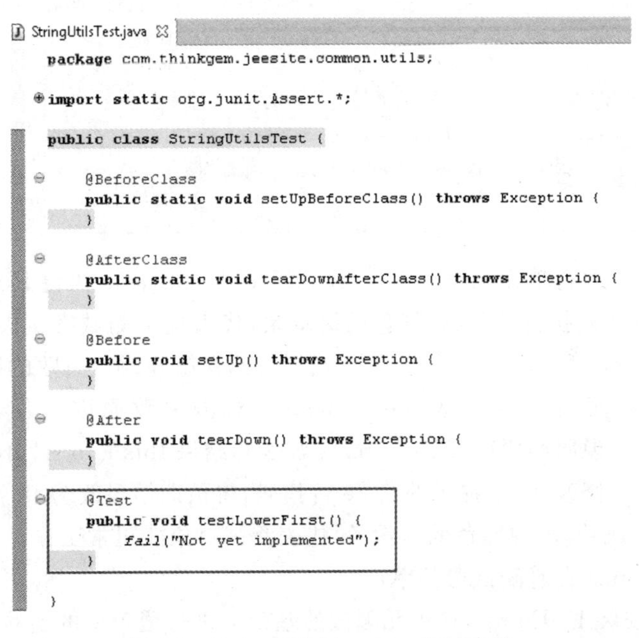

图 4-9 StringUtilsTest.java 测试代码

补充代码如下：

```
@Test
public void testLowerFirst() {
    //fail("Not yet implemented");
    StringUtils testString = new StringUtils();

    //首字母大写
    String result = testString.lowerFirst("This is test");
    assertEquals("this is test", result);

    //字符串为空格
    result = testString.lowerFirst(" ");
    assertEquals("", result);

    //字符串为 null 和空
    result = testString.lowerFirst(null);
    assertEquals("", result);
    result = testString.lowerFirst("");
    assertEquals("", result);

    //首字母小写
    result = testString.lowerFirst("this is test1");
    assertEquals("This is test1", result);

    //首字母是数字
    result = testString.lowerFirst("123456");
    assertEquals("123456", result);

    //首字母是特殊字符
    result = testString.lowerFirst("*#@$%@^$(/.,llllweweew");
    assertEquals("*#@$%@^$(/.,llllweweew", result);

    //首字母是汉字
    result = testString.lowerFirst("这是一个测试");
    assertEquals("这是一个测试", result);
}
```

(5) 保存修改后执行单元测试。右击 StringUtilsTest.java，执行 Run As→JUnit Test 命令。按照上述的代码执行后，出现红色的提示条，代表这个测试案例失败，并给出错误的原因和数目，如图 4-10 所示，失败数为 1 个，错误代码在第 50 行，失败的原因是预期结果应该是 This is test1，而实际结果是 this is test1。双击失败原因的信息，会出现 Result Comparison 对话框，说明期望值 This is test1 与实际结果 this is test1 不符，测试没通过。

(6) 修改代码。修改(5)中提示的第 50 行代码，将预期结果改为 this is test1 后再次执行单元测试。结果成功，出现绿色的提示条，代表测试对象能正常工作。

6. 使用 EclEmma 查看测试覆盖率

Eclipse 中已安装 EclEmma，在单元测试的基础上进行覆盖率的实验。

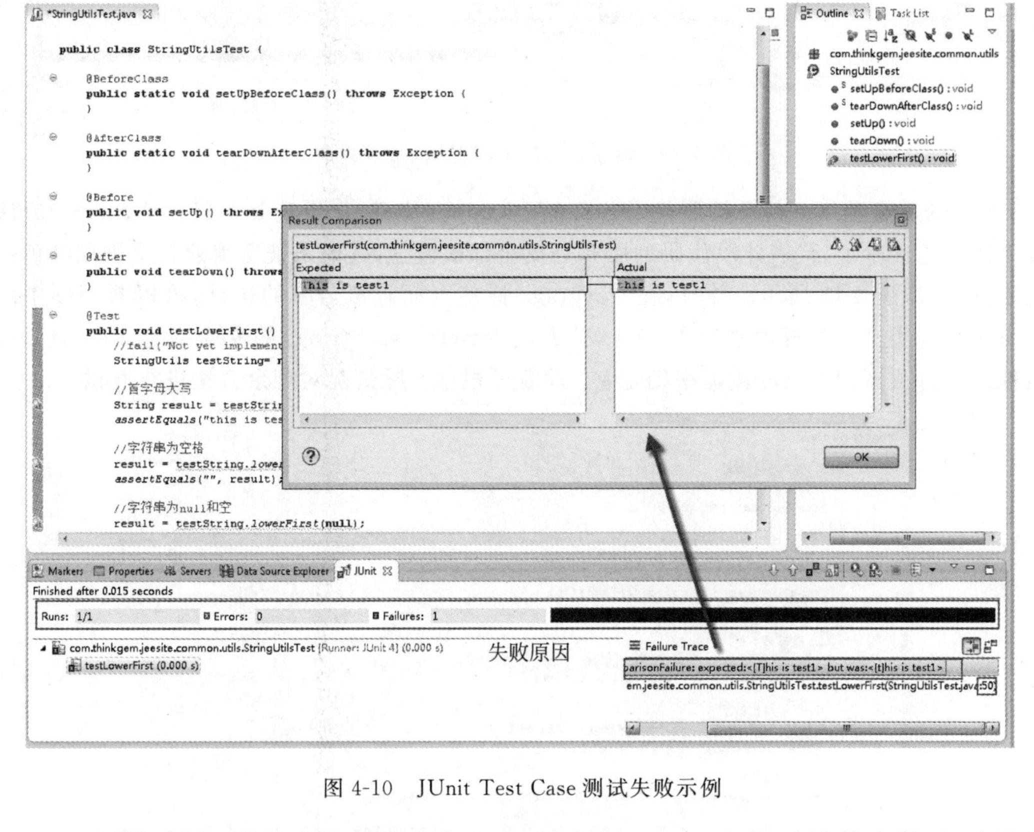

图 4-10　JUnit Test Case 测试失败示例

（1）同样选择已进行过单元测试的 StringUtilsTest. java 文件，右击该文件后，选择菜单 Coverage As→JUnit Test，如图 4-11 所示。

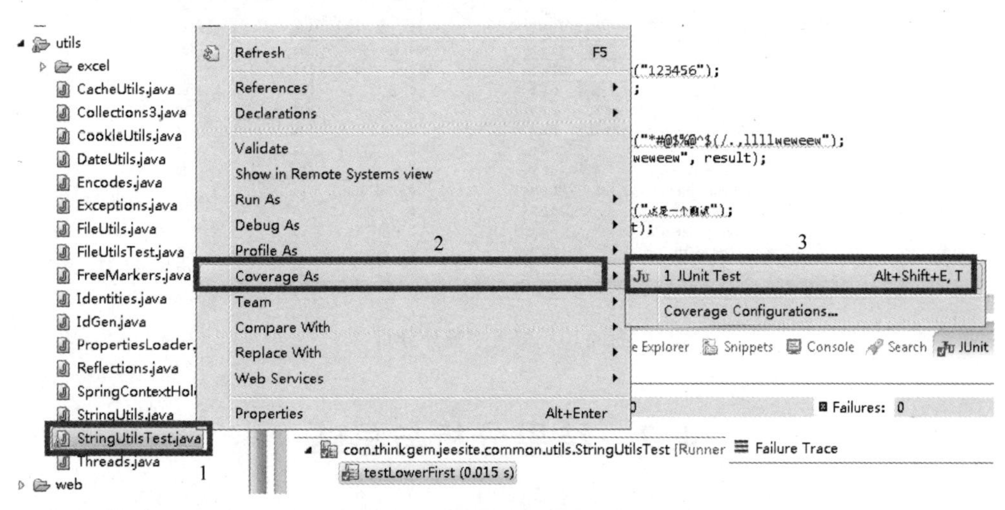

图 4-11　进行单元测试覆盖率检查

（2）查看单元测试执行结果。与单元测试类似，如果预期与实际相符，JUnit 标签的界面会出现绿色的提示条，如图 4-12 所示，若失败则会出现红色提示条，同样也会提示失败原因和代码行。

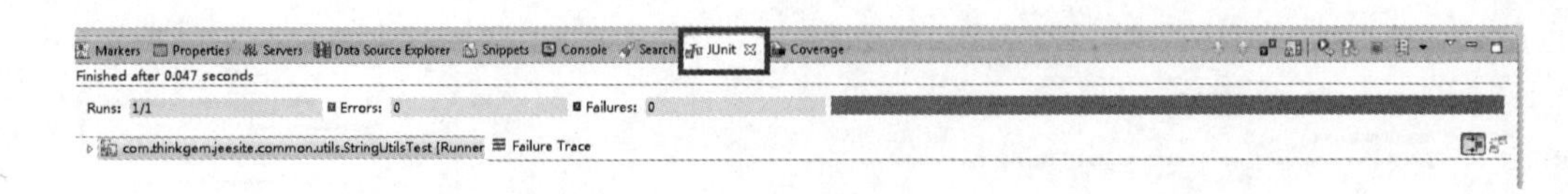

图 4-12 覆盖率测试下的 JUnit 标签界面

(3) 查看覆盖率。打开被测代码 StringUtils. java 文件,会发现 lowerFirst(String)方法整个用绿色标示了,代表此段代码的所有分支全部被覆盖,其他未被覆盖的方法则用红色进行了标示,如图 4-13 所示。并且,在 Coverage 标签页面有覆盖率的统计,可以看到图中的 StringUtils 类文件的覆盖率为 11.0%,其方法 lowerFirst(String)的覆盖率是 100.0%,而其他未进行测试的方法的覆盖率则是 0。读者可根据实际情况对剩余方法进行测试。

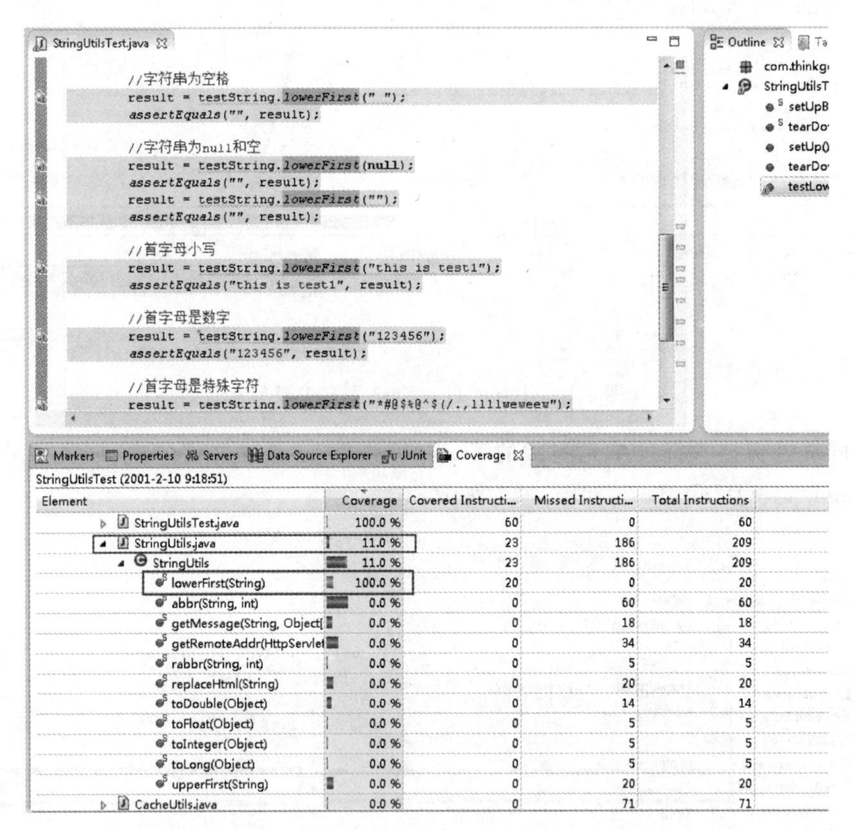

图 4-13 覆盖率统计分析

4.7 结果分析与总结

本实验主要是通过添加补充方法或类的单元测试代码进行单元测试和覆盖率检查,分析单元测试是否正常进行以及被测代码中的条件分支是否被全部覆盖。本实验的重难点在于对 JUnit、EclEmma 工具的使用,以及对单元测试的正确理解。

4.8 练习与思考

(1) 本实验中仅对 StringUtils.java 类中的一个方法 lowerFirst(String)进行了单元测试,请尝试对其他方法或其他类进行单元测试。

(2) 本实验中使用 JUnit 进行 Java 的单元测试,请尝试使用其他单元测试工具对 C#或 C++做单元测试的练习,如 NUnit 或 CUnit。

4.9 常见问题

(1) 'mvn'不是内部或外部命令,原因如下:

① PATH 未配置或配置了多个不一致的 Maven 地址,如用户/系统变量。

② M2_HOME 系统/用户变量地址不正确,可删除 M2_HOME 变量。

③ mvn 运行不正常,可用 cmd 执行命令 mvn -v 来检查。

(2) 运行 eclipse.bat 找不到文件路径或乱码,一般原因是路径中包含空格或中文。

(3) 导入到 Eclipse 下找不到 jar 包,一般原因是 maven 未配置,查看 m2_repo 仓库路径是否正确。

(4) 运行 init-db.bat 提示 ORA-xxx,可根据错误码排除错误,一般是数据库 url 不对或者用户名或密码错误。

实验 5 基于 CppUnit 的单元测试

（共 4 学时）

5.1 实验目的

(1) 理解 CppUnit 单元测试工具的原理；

(2) 掌握基于 CppUnit 的面向对象的单元测试能力；

(3) 熟练使用测试覆盖率分析工具 Gcov。

5.2 实验前提

(1) 熟练掌握 C++编程语言，了解测试用例设计的基本方法；

(2) 熟悉 Linux 操作系统，具备 CppUnit 和 Gcov 测试工具使用的基本知识；

(3) 具备 Linux 系统环境，能够编译、链接和运行 C++开源项目。

5.3 实验内容

利用 CppUnit 对开源的内存数据库管理系统（FastDB）中的 dbDate 类进行测试，并利用 Gcov 工具分析测试覆盖率，在此基础上完成 mock 技术的原理及作用分析。

5.4 实验环境

(1) 每三四个学生组成一个测试小组，其中一位同学担任组长，负责协调大家的工作。

(2) 被测试开源程序（FastDB）代码要保证编译通过，可正常运行，例如，本实验中选择 sourceforge 开源项目中的 FastDB，它是一种面向关系的嵌入式内存数据库系统，与 C++程序语言高度集成。它使用了操作系统的虚拟映射机制访问数据，提供了面向对象扩展的 SQL 语言子集，此外，还能够支持事务处理、故障容忍和恢复功能。该开源项目的网址为 https://sourceforge.net/projects/fastdb/，本实验中选择 V3.75 版本，FastDB 软件资源信息如图 5-1 所示。

(3) CppUnit 是 xUnit 单元测试框架中的组成部分，能够用于 C++语言程序的单元测试。CppUnit 软件属于开源项目，起初由 sourceforge 管理，目前由 freedesktop 进行维护，其网站地址为 https://www.freedesktop.org/wiki/Software/cppunit/，本实验中选择 V1.13.0 版本，CppUnit 软件资源信息如图 5-2 所示。

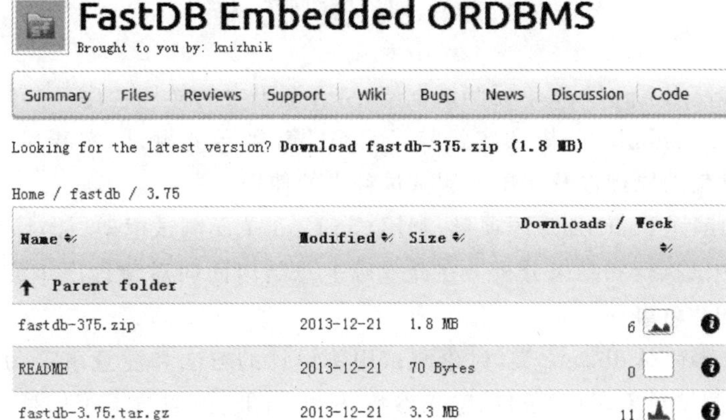

图 5-1　FastDB 软件资源信息

Getting the sources

cppunit sources are stored in git. To get them, you can use:

```
git clone git://anongit.freedesktop.org/git/libreoffice/cppunit/
```

or you can browse the code online.

If you want to use a release version you can fetch it from libreoffice mirror.

Release Versions

Cppunit 1.14.0 MD5: 7ad93022171710a541bfe4bfd8b4a381 SHA256SUM: 3d569869d27b48860210c758c4f

Cppunit 1.13.2 MD5: d1c6bdd5a76c66d2c38331e2d287bc01

Cppunit 1.13.1 MD5: fa9aa839145cdf860bf596532bb8af97

Cppunit 1.13.0 MD5: f868f74647d29dbd793a16a0e5b48b88

图 5-2　CppUnit 软件资源信息

(4) 需要两台以上计算机(PC 或笔记本电脑),都安装了 Linux 操作系统,本实验选择国产化的中标麒麟操作系统(NeoKylin 3.2.1 caramobla)。操作系统中都安装了 g++编译器和 Gcov 工具,这可以在终端窗口中输入 g++和 gcov,如果显示如下信息,说明编译和覆盖率环境已就绪。

```
$ g++ -v
使用内建 specs
目标: i686-redhat-linux
……
$ gcov -v
gcov (GCC) 4.4.4 20100726 (Red Hat 4.4.4-13)
Copyright @ 2010 Free Software Foundation, Inc.
……
```

5.5 实验过程

(1) 安装和使用 CppUnit 单元测试框架,结合源码中的样例程序(文件路径为 cppunit-1.13.0\examples\simple)分析和实践基于 CppUnit 的单元测试,实验目的是掌握和理解 CppUnit 测试框架的原理以及在单元测试过程中的使用。

(2) 下载和编译 FastDB 开源项目,利用 CppUnit 单元测试框架,针对 dbDate 类编制测试程序并进行测试执行和结果分析。在此基础上总结出面向对象程序单元测试时,编写测试程序的要点和注意事项。

(3) 小组内部针对 dbDate 类,讨论测试用例设计的方法和注意事项,并给出设计的测试用例集(包括测试对象、前置条件、输入参数、输出结果、预期结果等信息),设计测试用例时要灵活运用前序章节中讨论的逻辑覆盖测试方法。

(4) 根据前面设计的测试用例,利用 CppUnit 测试框架编制测试用例脚本,并执行测试用例,观察测试用例执行结果与测试设计的相符情况;测试执行时,利用 Gcov 软件分析代码的覆盖率情况,根据覆盖率情况对测试用例进行必要的补充。

(5) 研究 CppUnit 的定制输出格式,能够制定的格式将特定内容写入到文本文件或 XML 文件中,基于上述内容编写并提交基于 CppUnit 的单元测试报告和学习心得。

(6) 基于前面的实验过程,思考 CppUnit 对复杂场景(例如被测类依赖关系复杂,存在多继承、多态特性等情况)的支撑能力,分析 Mock 方法的原理和适用性。在此基础上,尝试使用当前流行的 Mock 工具,对 FastDB 项目中的复杂类进行测试。

5.6 实验实施

1. CppUnit 下载和安装

从 freedesktop 官方网站下载 CppUnit V1.13.0 版本源码包(cppunit-1.13.0.tar.gz),在 Linux 系统中选择路径安装 CppUnit 测试框架(需要 root 权限),安装的主要步骤如下。

```
$ cd cppunit-1.13.0
$ ./configure
… …
$ make
… …
$ make check
… …
$ make install
… …
$ export LD_LIBRARY_PATH = /usr/local/lib: $ LD_LIBRARY_PATH
```

注意事项:

(1) 安装成功后 libcppunit 相关的.o 和.a 文件应该被安装到/usr/local/lib 路径。

(2) 需要手动把 cppunit-1.13.0/include/cppunit 目录复制到/usr/include 路径。

2. CppUnit 原理分析和使用

CppUnit 以及其他类似的单元测试框架大多遵循了相似的架构，都包括 TestRunner、Test、TestResult、TestCase、TestSuite 以及 TestFixture 等组成部分，如图 5-3 所示。

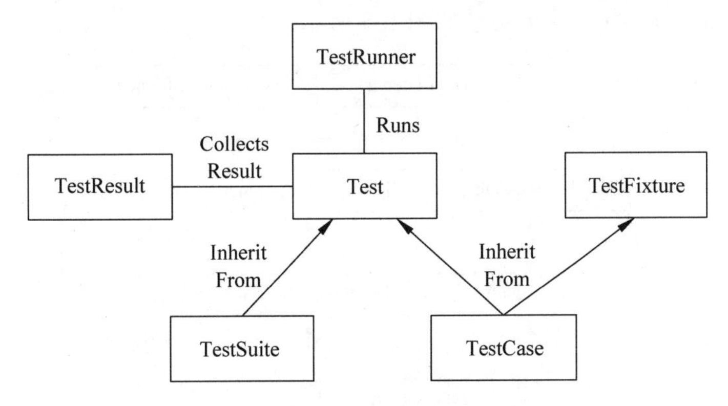

图 5-3　CppUnit 测试框架体系

CppUnit 测试框架中各部分的用途描述如下。

(1) Test：它是 CppUnit 中所有测试对象的父类，如图 5-4 所示，用于测试的开发和管理，例如 TestCase 代表单个测试，而 TestSuite 代表多个测试。测试运行时，产生的结果则由 TestResult 对象进行收集管理。

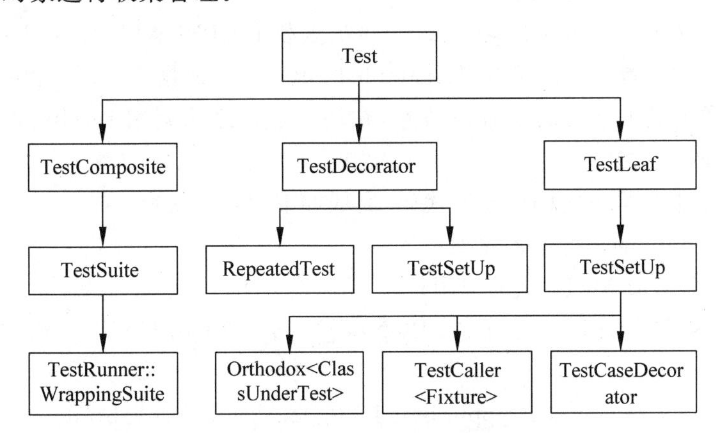

图 5-4　Test 类的继承关系图

(2) TestCase：它代表单个测试对象，常被用于实现简单的测试用例，即通过定义子类并重载 runTest 方法。通常情况不会使用该类，而是使用 TestFixture 和 TestCaller 类。

(3) TestSuite：它是测试的组合，运行和管理着测试用例的集合。

(4) TestRunner：该对象用来驱动单元测试用例的执行，可以简化测试执行的工作量。

(5) TestFixture：用来提供一组测试用例的共用环境，使用 setUp 和 tearDown 方法将每个测试用例封装起来，保证两个测试用例之间的独立性。TestFixture 的定义过程如下。

① 根据测试对象实现 TestCase 的子类；

② 在子类中定义与测试相关的成员变量；

③ 通过重载 setUp 方法实现对 Fixture 的状态初始化；

④ 测试用例运行后调用重载的 tearDown 方法清除相关资源。

(6) TestResult：该对象由 TestRunner 对象创建，用于处理每个测试用例的执行结果。使用 TestListener 或其子类获取将执行的测试，待测试完成后使用 Outputter 对象接收测试总结信息。TestResult 对象提供了 setSynchronizationObject 模板方法实现多线程下的相互隔离。TestResult 类的继承关系如图 5-5 所示。

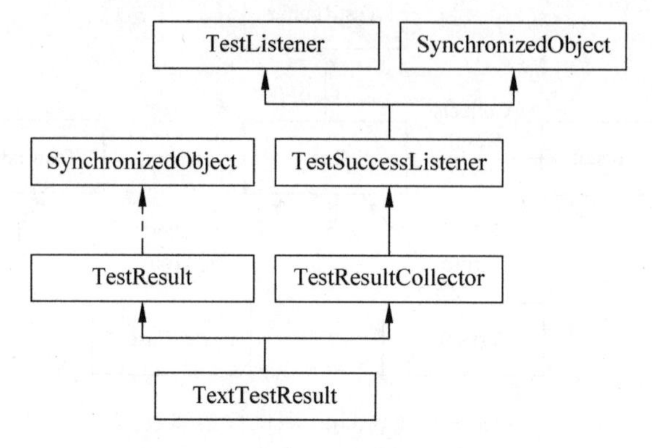

图 5-5　TestResult 类的继承关系图

下面以 cppunit-1.13.0\examples\simple 为例，阐述使用 CppUnit 进行单元测试的基本过程。

1) ExampleTestCase.h 内容解析

该文件中定义了 ExampleTestCase 类，该类重载了 CPPUNIT_NS::TestFixture，能够为测试提供简洁的设置和退出机制。ExampleTestCase 类重载了 setUp 和 tearDown 方法，用于对被测对象或其上下文的设置与清除，在测试运行之前调用 setUp 方法，在测试执行完时调用 tearDown 方法。

请参考 CppUnit 官方文档以及源代码，完成如下内容的研究：

(1) TestFixture 的运行过程原理；

(2) setUP 和 tearDow 方法的作用；

(3) CPPUNIT_TEST_SUITE、CPPUNIT_TEST 和 CPPUNIT_TEST_SUITE_END 宏定义的用途。

注：CppUnit 文档存放路径 cppunit-1.13.0/doc/html/index.html。

2) ExampleTestCase.cpp 内容解析

该文件中定义了具体的测试函数，它们是成功测试的核心内容，需要在明确被测对象需求的基础上设计出合理且充分的测试用例。测试函数中使用了几种测试断言宏，用于检查预期参数和实际参数是否匹配。

请参考 CppUnit 官方文档以及源代码，完成如下内容的研究：

(1) 宏定义 CPPUNIT_TEST_SUITE_REGISTRATION 的作用；

(2) 给出 CppUnit 提供的结果检测相关的断言宏并分析其适用场合；

(3) 探讨不使用内置断言宏时如何实现测试结果判定。

3) Main.cpp 内容解析

该文件中实现了测试执行过程的触发和控制，包括测试过程和测试结果监听、测试套件设置、测试运行和测试结果输出等内容。

请参考 CppUnit 官方文档以及源代码，完成如下内容的研究：

（1）TestResult 类在 CppUnit 测试过程控制中的作用；

（2）TestResultCollector 类如何实现测试结果采集；

（3）BriefTestProgressListener 类如何实现对测试进程的监控；

（4）TestRunner 类如何实现对 TestSuit 的增加和执行；

（5）CompilerOutputter 类实现了哪些测试结果输出方式。

4）dbDate 类测试程序编写

将 FastDB 源程序放置于中标麒麟操作系统特定路径后，在 fastdb 文件夹中依次执行 make clean 命令和 make 命令，确保源程序能够编译成功。

参考 fastdb/examples 文件夹中的样例程序，查看测试程序如何调用 FastDB 中的类或函数进行相关功能的测试。在此基础上，结合前面的 CppUnit 中 simple 样例程序的研究，编制 dbDate 类的测试程序。

基于 CppUnit 的单元测试的核心是编制具体的测试方法，以 dbDate. isValid()方法为例，编制测试程序源文件 fastDBCppUnitTest. cpp，在 TestFixture 的子类中（例如 ExampleTestCase 类）定义两个测试方法并将其增加到 TestSuite，具体如下：

```
CPPUNIT_TEST_SUITE( ExampleTestCase );
… …
CPPUNIT_TEST( testdbDateIsValid001 );
CPPUNIT_TEST( testdbDateIsValid002 );
… …
CPPUNIT_TEST_SUITE_END();
```

测试方法的定义如下：

```
… …
void testdbDateIsValid001();
void testdbDateIsValid002();
… …
```

测试方法的实现如下：

```
/ * test IsValid() return false * /
void ExampleTestCase::testdbDateIsValid001(){
    dbDate tstDB; //缺省设置 jday 为 - 1
    CPPUNIT_ASSERT(tstDB.isValid() == false);
}

/ * test IsValid() return true * /
void ExampleTestCase::testdbDateIsValid002(){
    dbDate tstDB;
    tstDB += 5; //更改 jday 为正数
    CPPUNIT_ASSERT(tstDB.isValid() == true);
}
```

在程序所在目录打开终端窗口，执行编译、链接命令后运行测试程序，结果概况如下：

```
$ g++ -L/usr/local/lib/libcppunit.a fastDBCppUintTest.cpp -lcppunit -ldl -o cppUnitRst
$ ./cppUnitRst
……
ExampleTestCase::testdbDateIsValid001 : OK
ExampleTestCase::testdbDateIsValid002 : OK
……
```

3. 测试用例设计与编码

熟悉了CppUnit的框架后，请阅读并理解dbDate类的内容，查阅Gregorian calendar(公历)和Julian calendar(儒略历)的标准资料作为测试依据。结合前面实验中的逻辑覆盖测试的方法，设计测试用例完成对dbDate类的测试，要求对dbDate类的方法实现100%语句覆盖和MC/DC覆盖(若不能满足覆盖率要求则给出说明)。dbDate类的结构如下：

```
class FASTDB_DLL_ENTRY dbDate {
    int4 jday;
  public:
    bool operator == (dbDate const& dt) { …… }
    bool operator != (dbDate const& dt) { …… }
    bool operator > (dbDate const& dt) { …… }
    bool operator >= (dbDate const& dt) { …… }
    bool operator < (dbDate const& dt) { …… }
    bool operator <= (dbDate const& dt) { …… }
    int operator - (dbDate const& dt) { …… }
    int operator + (int days) { …… }
    dbDate& operator += (int days) { …… }
    dbDate& operator -= (int days) { …… }
    static dbDate current(){ …… }
    dbDate(){ …… }
    bool isValid()const { …… }
    unsigned JulianDay() { return jday; }
    void clear() { jday = -1; }
    dbDate(int year, int month, int day) { …… }
    void MDY(int& year, int& month, int& day) const { …… }
    int day(){ …… }
    int month(){ …… }
    int year(){ …… }
    int dayOfWeek(){ …… }
    char * asString(char * buf, char const * format = "%d-%M-%Y") const { …… }
    CLASS_DESCRIPTOR(dbDate, (KEY(jday,INDEXED|HASHED),
           METHOD(year), METHOD(month), METHOD(day), METHOD(dayOfWeek)));
    dbQueryExpression operator == (char const * field) { …… }
    dbQueryExpression operator != (char const * field) { …… }
    dbQueryExpression operator < (char const * field) { …… }
    dbQueryExpression operator <= (char const * field) { …… }
    dbQueryExpression operator > (char const * field) { …… }
    dbQueryExpression operator >= (char const * field) { …… }
    friend dbQueryExpression between(char const * field, dbDate& from, dbDate& till) { …… }
```

```
    static dbQueryExpression ascent(char const * field) { …… }
    static dbQueryExpression descent(char const * field) { …… }
};
```

编制测试方法时,可以充分运用 TestFixture 子类的成员变量和 setUp 函数。

4. 测试执行和覆盖率分析

1) 测试用例执行

测试方法编制完成后,执行编译、链接命令(或者编制 makefile 文件并执行 make 命令),生成并运行可执行程序,这里针对部分方法给出其测试用例运行结果,如下所示:

```
$ g++ -L/usr/local/lib/libcppunit.a fastDBCppUintTest.cpp -lcppunit -ldl -o cppUnitRst
$ ./cppUnitRst
ExampleTestCase::testdbDateNoPar : OK
ExampleTestCase::testdbDatePars001 : assertion
ExampleTestCase::testdbDatePars002 : OK
ExampleTestCase::testdbDatePars003 : assertion
ExampleTestCase::testdbDatePars004 : assertion
ExampleTestCase::testdbDatePars005 : assertion
ExampleTestCase::testdbDatePars006 : assertion
ExampleTestCase::testdbDateIsValid001 : OK
ExampleTestCase::testdbDateIsValid002 : OK
ExampleTestCase::testdbDateIsValid003 : assertion
ExampleTestCase::testdbDateJulianDay001 : OK
ExampleTestCase::testdbDateJulianDay002 : OK
ExampleTestCase::testdbDateJulianDay003 : assertion
fastDBCppUintTest.cpp:73:Assertion
Test name: ExampleTestCase::testdbDatePars001
assertion failed
 - Expression: tstDB.JulianDay() > -1
fastDBCppUintTest.cpp:97:Assertion
Test name: ExampleTestCase::testdbDatePars003
assertion failed
 - Expression: tstDB.JulianDay() ==  -1
fastDBCppUintTest.cpp:109:Assertion
Test name: ExampleTestCase::testdbDatePars004
assertion failed
 - Expression: tstDB.JulianDay() ==  -1
fastDBCppUintTest.cpp:122:Assertion
Test name: ExampleTestCase::testdbDatePars005
assertion failed
 - Expression: tstDB.JulianDay() ==  -1
fastDBCppUintTest.cpp:134:Assertion
Test name: ExampleTestCase::testdbDatePars006
assertion failed
 - Expression: tstDB.JulianDay() ==  -1
fastDBCppUintTest.cpp:157:Assertion
Test name: ExampleTestCase::testdbDateIsValid003
```

```
assertion failed
- Expression: tstDB.isValid() == false
fastDBCppUintTest.cpp:181:Assertion
Test name: ExampleTestCase::testdbDateJulianDay003
assertion failed
- Expression: tstDB.JulianDay() == -1
Failures !!!
Run: 13 Failure total: 7 Failures: 7 Errors: 0
```

测试执行后，CppUnit 框架给出了测试的结果，包括每个用例的执行结果（OK 或 Fail）、运行未通过用例的断言失败信息，以及测试用例的总数、失败用例的汇总信息。可对未通过的测试用例进行核实，确认问题后提出相应的问题报告单。

2）测试覆盖率统计

Gcov 工具与 GCC 编译器集成使用，用来测试程序的代码覆盖率。可以和 gprof 一起使用以获取如下信息：

（1）每行可执行代码的执行频次；

（2）实际执行的代码的行数信息；

（3）每段代码所占用的计算时间。

了解了代码在编译过程中的作用过程，便可以确定哪些模块需要优化，Gcov 能够帮助找出优化的着眼点。软件开发人员也可以通过覆盖测试来判断软件是否达到了能够发布的状态，并根据覆盖测试情况补充测试用例。如果打算使用 Gcov 工具，编译代码时应该取消编译器优化选项，因为编译器优化通常组合多行代码到单个函数中，可能无法给出足够的信息以便于快速定位到占用了大量计算时间的“热点”代码。

使用 Gcov 时需使用两个特殊的 GCC 选项-fprofile-arcs 和-ftest-coverage 对源程序进行编译，它们用来告诉编译器产生 Gcov 所需的附加信息和文件。运行编译后的可执行程序时，将在目标文件路径中生成相应的 gcda 文件。

仍以前面的 fastDBCppUintTest.cpp 为例，执行覆盖分析后得到的过程结果信息如下：

```
$ g++ -L/usr/local/lib/libcppunit.a fastDBCppUintTest.cpp -fprofile-arcs -ftest-
coverage -lcppunit -ldl -o cppUnitRst
$ ls
… …
fastDBCppUintTest.gcno      //编译后产生的文件
… …
$ ./cppUnitRst
$ ls
… …
fastDBCppUintTest.gcno      //编译后产生的文件
fastDBCppUnitTest.gcda      //运行后产生的文件
… …
$ gcov fastDBCppUnitTest.cpp
… …
File'fastDBCppUintTest.cpp'
已执行的行数: 93.52% (共 108 行)
```

```
fastDBCppUintTest.cpp: 正在创建 fastDBCppUintTest.cpp.gcov
… …
$ ls
… …
fastDBCppUintTest.gcno      //编译后产生的文件
fastDBCppUnitTest.gcda      //运行后产生的文件
… …
date.h.gcov
fastDBCppUintTest.cpp.gcov
… …
```

打开 Gcov 工具生成的覆盖信息文件，其结果概况如下：

```
    7:   71:         jday = -1;
    7:   72:     }
    3:   73:     bool isValid()const  {
    3:   74:         return jday != -1;
    -:   75:     }
    -:   76:
   10:   77:     unsigned JulianDay() { return jday; }
    -:   78:
    -:   79:     void clear() { jday = -1; }
    -:   80:
```

查阅 Gcov 在线帮助文档，理解和掌握 Gcov 的运行参数以及结果显示方式，在此基础上根据测试结果和覆盖情况对测试用例进行修改完善以达到规定的覆盖率要求，在线帮助文件的网址为 https://gcc.gnu.org/onlinedocs/gcc/Gcov.html。

3）测试结果输出格式定制

CppUnit 测试框架提供了 Outputter 抽象类用于输出测试结果汇总信息，具体实现了编译器兼容方式、纯文本方式以及 XML 文件方式的结果输出，涉及的类信息如图 5-6 所示。

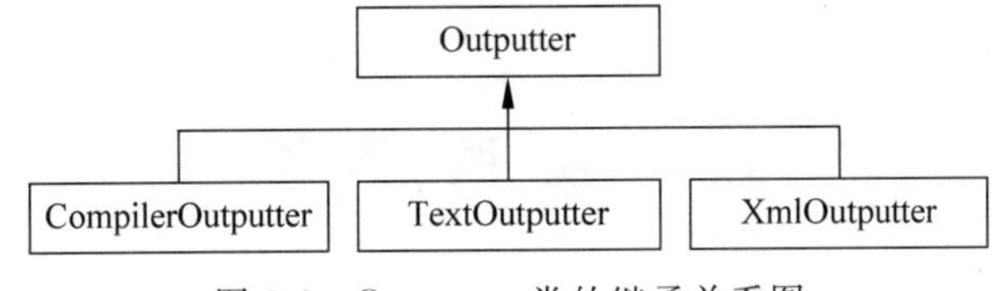

图 5-6　Outputter 类的继承关系图

请分别采取三种方式输出测试结果，并基于形成的测试结果文件提交基于 CppUnit 的单元测试报告和学习心得。

4）复杂场景下 Mock 技术研究

从前面的实验过程中可以知道，CppUnit 对于简单类的方法测试较为便利，但是对于复杂情况（例如被测类的依赖关系复杂，存在多继承、多态等情况）的支撑能力则较弱。针对这些复杂对象的测试，需要模拟那些不容易构造或者比较复杂的对象，这时就要借助于 Mock 技术进行测试。请查阅 Mock 方法的原理，并使用流行的 Mock 工具（如 Google Mock）对 FastDB 项目中的复杂类进行测试，从而熟练掌握面向对象单元测试方法。

实验6 基于 JavaScript 的单元测试

（共2学时）

6.1 实验目的

（1）通过动手实际操作，巩固所学的单元测试相关知识；

（2）初步了解 Node.js 和 Mocha 工具的使用方法，加深对单元测试的认识。

6.2 实验前提

（1）学习 JavaScript 单元测试基本知识；

（2）熟悉 Sublime 工具的基本操作；

（3）了解 JavaScript 全栈开发；

（4）能够成功部署实验提供的 Web 应用系统作为单元测试对象。

6.3 实验内容

针对被测试 Web 应用系统 Student Search 分别对服务器端代码和前端代码进行单元测试，并对测试覆盖率进行分析。系统的服务器端是基于 express 开发的，而前端系统是基于 AngularJS 开发的。

6.4 实验环境

（1）每两三个学生组成一个实验组。

（2）基础硬件清单：准备1台 Windows 7 以上操作系统的客户端（进行单元测试），也可以使用 Ubuntu Linux 16.04 或者 MacOS 10 以上的操作系统。本实验以 Windows 7 为例子，在 Ubuntu Linux 和 MacOS 上的流程也类似。

（3）Node.js 环境：在客户端上需要安装 Node.js（6.0.0 以上的版本）运行环境和 Sublime 编辑器。Node.js 环境是否可用，可以在命令行方式下通过输入“node -v”来判断，如果显示类似下列内容的信息，说明 Node.js 运行环境已就绪：

```
v6.10.0
```

6.5　实验过程简述

(1) 安装被测 Web 应用系统 Student Search，作为单元测试对象；

(2) 下载并安装 Node. js、Git 和 Sublime；

(3) 使用 Mocha 对 Student Search 应用系统的服务器端和前端代码进行单元测试；

(4) 根据单元测试成功与否以及单元测试覆盖率进行分析；

(5) 编写并提交单元测试实验报告。

6.6　实施单元测试的过程

1. 确定单元测试方案

使用 Search Student 应用的源代码作为 JavaScript 单元测试的对象，选用 Sublime 作为 JavaScript 开发工具，下载并安装 Node. js、Mocha 和 Sublime 工具，使用 Mocha 进行单元测试，并通过覆盖率分析来辅助进行单元测试。

2. Node. js、Git 与 Sublime 的安装

从 Node. js 网站(https://nodejs. org/en/)上下载 Node. js 安装包并安装，安装路径可以使用 C:\nodejs\。

从 Git 网站(https://git-scm. com/)上下载 Git 安装包并安装，安装选项选择默认的即可。

从 Sublime 网站(https://www. sublimetext. com/3)上下载 Sublime 安装包并安装。

3. Student Search 和 Mocha 的安装

Mocha 软件是一个开源的 JavaScript 测试框架，它和 Jasmine 一起作为 JavaScript 语言中最为流行和常用的两款单元测试框架，但是它自带的功能比 Jasmine 更为强大。

可以通过 Mocha 官网(http://mochajs. org)的学习资料快速学习 Mocha 的使用，因为其官网主页就是全套基本教程。

通过本书配套资料获取 Student Search，并存储在本地硬盘，例如 C:\jstest\StudentSearch。[①] 打开命令行，进入这个目录并运行以下命令：

```
npm install
```

这个命令主要是安装整个测试案例所需要的 Node. js 的依赖包，其中包括 Mocha 单元测试框架。

如果显示类似图 6-1 所示的信息，并且没有任何 error 出现，则说明安装成功。

然后再运行以下命令：

```
npm install --global bower
```

① 如果运行以下各 install 命令时遇到某些包无法安装，可自行升级依赖包的版本号或联系作者。

```
Command Prompt
+-- supertest@1.2.0
| `-- superagent@1.8.5
|   +-- component-emitter@1.2.1
|   +-- cookiejar@2.0.6
|   +-- form-data@1.0.0-rc3
|   | `-- async@1.5.2
|   +-- formidable@1.0.17
|   +-- qs@2.3.3
|   +-- readable-stream@1.0.27-1
|   | `-- isarray@0.0.1
|   `-- reduce-component@1.0.1
+-- utile@0.3.0
| +-- async@0.9.2
| +-- deep-equal@0.2.2
| +-- i@0.3.5
| `-- ncp@1.0.1
`-- wiredep@2.2.2
  +-- bower-config@0.5.2
  | +-- graceful-fs@2.0.3
  | +-- mout@0.9.1
  | `-- osenv@0.0.3
  +-- chalk@0.5.1
  | +-- ansi-styles@1.1.0
  | +-- has-ansi@0.1.0
  | | `-- ansi-regex@0.2.1
  | +-- strip-ansi@0.3.0
  | `-- supports-color@0.2.0
  +-- glob@4.5.3
  | `-- minimatch@2.0.10
  +-- lodash@2.4.2
  +-- minimist@1.2.0
  +-- propprop@0.3.1
  `-- through2@0.6.5
    +-- readable-stream@1.0.34
    | `-- isarray@0.0.1
    `-- xtend@4.0.1
```

图 6-1　npm 安装界面截图

安装成功得到如图 6-2 所示的信息：

```
C:\jstest\SearchStudent>npm install --global bower
C:\Users\Ran Liu\AppData\Roaming\npm\bower -> C:\Users\Ran Liu\AppData\Roaming\n
pm\node_modules\bower\bin\bower
C:\Users\Ran Liu\AppData\Roaming\npm
`-- bower@1.8.0
```

图 6-2　bower 安装界面截图

安装成功之后运行以下命令，这个命令用以安装前端 Web Application 需要的依赖包：

```
bower install
```

最后输出结果中没有任何 error 出现，则说明整个测试运行环境已就绪。

4. 使用 Mocha 进行后端单元测试

安装好被测试系统和测试工具后，下面进行服务器后端的单元测试。

(1) 首先使用 Sublime 的打开目录功能打开整个项目的代码，找到服务器端代码目录，如图 6-3 所示。

(2) 在此目录中创建和需要测试的代码所在的文件相对应的测试代码文件，例如需要对后端的 service 进行测试，就需要对应 student. service. js 创建用于编写单元测试代码的文件 student. service. spec. js，如图 6-4 所示。

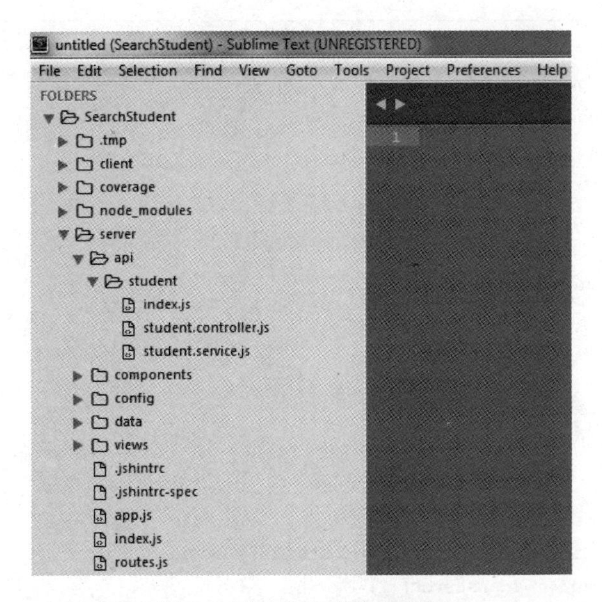

图 6-3　代码结构的界面截图

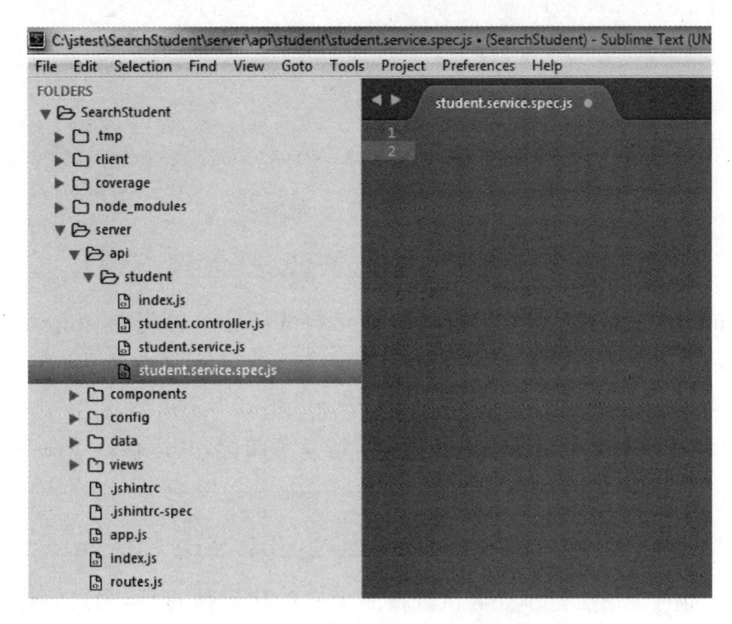

图 6-4　测试文件结构的界面截图

（3）编写测试代码，针对 student service 中的 search 方法编写单元测试代码，search 方法的作用是使用输入的名字搜索学生，其单元测试代码如下：

```
'use strict';
import * as studentService from './student.service.js';
import students from '../../data/student.json';

describe('Student Service:', () => {
```

```
    it('should got matched students when search by student name', () => {
      let name = 'ran';
      return studentService.search(name)
        .then(function (data) {
          data.should.deep.equal({
            data: [{
              "id": 1,
              "name": "Liu Ran"
            }],
            total: students.length,
            query: name
          })
        });
    });

    it('Should got all students when given student name is empty', () => {
      return studentService.search('')
        .then(function (data) {
          data.should.deep.equal({
            data: students,
            total: students.length,
            query: 'All'
          })
        });
    });
  });
```

(4) 使用 npm 和 gulp 管理并运行后端单元测试任务。首先在 gulpfile 文件中创建一个名为 test：server 的 task，其次在 npm 的 package. json 文件里创建一个名为"test：server"："gulp mocha：unit"的 script 项。由于 gulpfile. babel. js 和 package. json 较为复杂，所以我们已经在项目代码中预先编写好了，请参考阅读，并运行以下命令来执行测试：

```
npm run test:server
```

(5) 运行上面的命令执行单元测试。按照上述的代码执行后，出现测试 failed 信息，代表这个测试案例失败，并提示了错误的原因和数目。如图 6-5 所示，失败数 1 个，错误代码在第 20 行，失败原因是预期结果少了 age，所以测试没通过。

(6) 修改代码。修改(5)中提示的第 20 行代码，按照提示在预期结果代码中加上"age"：28 后再次执行单元测试。测试结果成功，出现“2 passing”代表测试全部通过，如图 6-6 所示。

5. 使用 Mocha 进行前端单元测试

(1) 在 Sublime 中找到客户端代码目录，在此目录中创建与待测试代码所在的文件相对应的测试代码文件，例如对应 main. controller. js 创建 main. controller. spec. js 用于编写单元测试代码，如图 6-7 所示。

```
Command Prompt
c:\jstest\SearchStudent>npm run test:server

> search-demo@0.0.0 test:server c:\jstest\SearchStudent
> gulp mocha:unit

[20:52:10] Requiring external module babel-register
[20:52:12] Using gulpfile c:\jstest\SearchStudent\gulpfile.babel.js
[20:52:12] Starting 'mocha:unit'...


  Student Service:
    1) should got matched students when seach by student name
    √ Should got all students when given student name is empty


  1 passing (16ms)
  1 failing

  1) Student Service: should got matched students when seach by student name:

      AssertionError: expected { Object (data, total, ...) } to deeply equal { Object (data, total, ...) }
      + expected - actual

       {
         "data": [
           {
      -      "age": 28
             "id": 1
             "name": "Liu Ran"
           }
         ]

    at assertEqual (c:\jstest\SearchStudent\node_modules\chai\lib\chai\core\assertions.js:485:19)
    at ctx.(anonymous function) (c:\jstest\SearchStudent\node_modules\chai\lib\chai\utils\addMethod.js:41:25)
    at doAsserterAsyncAndAddThen (c:\jstest\SearchStudent\node_modules\chai-as-promised\lib\chai-as-promised.js:296:33)
    at .(anonymous) (c:\jstest\SearchStudent\node_modules\chai-as-promised\lib\chai-as-promised.js:255:21)
    at ctx.(anonymous function) (c:\jstest\SearchStudent\node_modules\chai\lib\chai\utils\overwriteMethod.js:49:33)
    at somethingMethod (c:\jstest\SearchStudent\node_modules\chai-things\lib\chai-things.js:97:25)
    at ctx.(anonymous function) (c:\jstest\SearchStudent\node_modules\chai\lib\chai\utils\overwriteMethod.js:49:33)
    at allMethod (c:\jstest\SearchStudent\node_modules\chai-things\lib\chai-things.js:165:25)
    at ctx.(anonymous function) [as equal] (c:\jstest\SearchStudent\node_modules\chai\lib\chai\utils\overwriteMethod.js:49:33)
    at c:\jstest\SearchStudent\server\api\student\student.service.spec.js:20:24
```

图 6-5　测试失败的界面截图

```
c:\jstest\SearchStudent>npm run test:server

> search-demo@0.0.0 test:server c:\jstest\SearchStudent
> gulp mocha:unit

[20:53:12] Requiring external module babel-register
[20:53:14] Using gulpfile c:\jstest\SearchStudent\gulpfile.babel.js
[20:53:14] Starting 'mocha:unit'...


  Student Service:
    √ should got matched students when seach by student name
    √ Should got all students when given student name is empty


  2 passing (16ms)

[20:53:15] Finished 'mocha:unit' after 341 ms
```

图 6-6　测试通过的界面截图

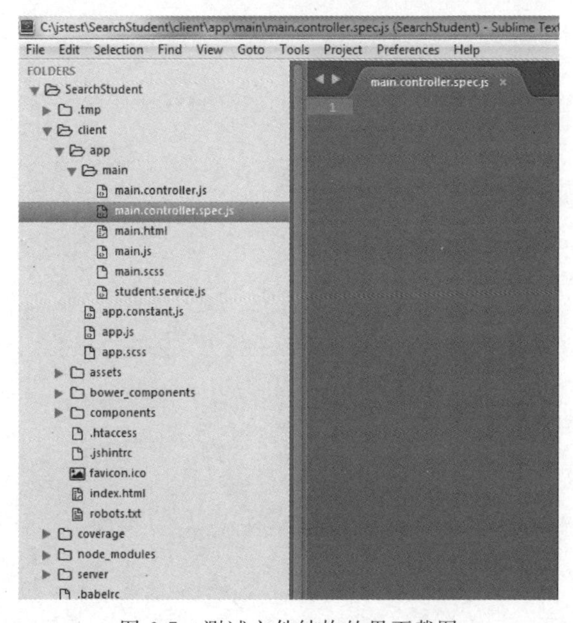

图 6-7　测试文件结构的界面截图

(2) 编写测试代码，针对 main controller 里的 search 方法编写单元测试，代码如下：

```
'use strict';
describe('Component: mainComponent', () => {

  beforeEach(module('com.github.greengerong.search'));

  let mainComponent;

  beforeEach(inject($componentController => {
    mainComponent = $componentController('main');
  }));

  it('should get students when search by student name', inject($httpBackend => {
    let name = 'abc',
      response = {
        data: [{
          id: 1,
          name,
          age: 1
        }],
        total: 1
      }

    $httpBackend.expectGET('/api/student?name=' + name).respond(response);

    mainComponent.search(name);
    $httpBackend.flush();

    mainComponent.studentResult.should.deep.equal(response);
  }));

  it('should get error when search api throw error', inject($httpBackend => {
    let name = 'abc',
      error = 'Service error!';

    $httpBackend.expectGET('/api/student?name=' + name).respond(500, error);

    mainComponent.search(name);
    $httpBackend.flush();

    mainComponent.error.should.deep.equal(error);
  }));
});
```

（3）依然使用 npm 和 gulp 管理并运行前端单元测试，运行以下命令来执行测试，详细请参考 gulpfile. babel. js 和 package. json：

```
npm run test:client
```

测试结果如图 6-8 所示。

```
c:\jstest\SearchStudent>npm run test:client

> search-demo@0.0.0 test:client c:\jstest\SearchStudent
> gulp test:client

[21:55:53] Requiring external module babel-register
[21:55:56] Using gulpfile c:\jstest\SearchStudent\gulpfile.babel.js
[21:55:56] Starting 'wiredep:test'...
[21:55:56] Starting 'constant'...
[21:55:56] Finished 'constant' after 144 ms
[21:55:56] Finished 'wiredep:test' after 163 ms
[21:55:56] Starting 'test:client'...
26 03 2017 21:55:56.945:WARN [watcher]: Pattern "c:/jstest/SearchStudent/node_modules/socket.io-client/socket.io.js" does n
26 03 2017 21:55:57.289:INFO [karma]: Karma v0.13.22 server started at http://localhost:8080/
26 03 2017 21:55:57.289:INFO [launcher]: Starting browser PhantomJS
26 03 2017 21:55:58.802:INFO [PhantomJS 2.1.1 (Windows 7 0.0.0)]: Connected on socket z0yJXU9y8VGgBtE8AAAA with id 1414876

  Component: mainComponent
    √ should get students when search by student name
    √ should get error when search api throw error

PhantomJS 2.1.1 (Windows 7 0.0.0): Executed 2 of 2 SUCCESS (0.016 secs / 0.011 secs)
TOTAL: 2 SUCCESS

[21:55:59] Finished 'test:client' after 2.52 s
```

图 6-8　单元测试结果的界面截图

6. 查看测试覆盖率

前面 npm install 的时候已安装 istanbul，在单元测试的基础上，可以使用 istanbul 进行覆盖率的实验。

（1）在 gulefile. babel. js 和 npm 的 package. json 中已经写好了一个检查服务器端单元测试结果 coverage 的 task，所以只要运行以下命令就可以获得服务器端单元测试的测试覆盖率：

```
npm run test:serverWithCoverage
```

（2）命令运行成功以后，可以在命令行获得简单的测试覆盖率的报告，如图 6-9 所示。

（3）如果想查看详细的测试覆盖率，可以打开 C:/jstest/SearchStudent/coverage/lcov-report/index. html，如图 6-10 所示。在测试报告中会发现 server/components/errors/整个用绿色标示了，代表此目录下的所有文件中的代码的所有分支全部被覆盖，其他未被覆盖的方法则用其他颜色进行了标示。并且报表有覆盖率的统计，可以看到图 6-10 中的 server/api/student/下面的代码文件的分支覆盖率为 59.09%，其方法的覆盖率是 50%，若有时间可对剩余分支和方法进行测试。

7. 结果分析

添加补充其他代码的单元测试，并进行单元测试和覆盖率检查，分析单元测试是否能够正常进行，以及被测代码中的条件分支是否被全部覆盖。

```
Command Prompt
[22:26:20] Starting 'env:test'...
[22:26:20] Finished 'env:test' after 1.17 ms
[22:26:20] Starting 'coverage:unit'...


  Student Service:
    √ should got matched students when seach by student name
    √ Should got all students when given student name is empty


  2 passing (16ms)

-----------------------------|----------|----------|----------|----------|----------------|
File                         |  % Stmts | % Branch |  % Funcs |  % Lines |Uncovered Lines |
-----------------------------|----------|----------|----------|----------|----------------|
 server\                     |    33.33 |    57.14 |    33.33 |    11.11 |                |
  app.js                     |       30 |      100 |    33.33 |     12.5 |... 26,27,31,34 |
  index.js                   |        0 |        0 |      100 |        0 |       4,6,8,12 |
  routes.js                  |       50 |      100 |    33.33 |    14.29 | 3,4,8,10,14,16 |
 server\api\student\         |    61.76 |    59.09 |       50 |    52.17 |                |
  index.js                   |     37.5 |      100 |      100 |    16.67 |     3,4,6,8,10 |
  student.controller.js      |    38.46 |        0 |        0 |       40 | 3,6,7,12,13,18 |
  student.service.js         |      100 |       90 |      100 |      100 |                |
 server\components\errors\   |      100 |      100 |      100 |      100 |                |
  index.js                   |      100 |      100 |      100 |      100 |                |
 server\config\              |       50 |       50 |       60 |    29.17 |                |
  express.js                 |    31.11 |    33.33 |       50 |     3.13 |... 45,46,47,48 |
  socketio.js                |    86.96 |      100 |     62.5 |    81.25 |        6,17,18 |
 server\config\environment\  |       50 |    57.14 |        0 |       50 |                |
  development.js             |      100 |      100 |      100 |      100 |                |
  index.js                   |       50 |       25 |        0 |       50 |    4,11,16,34 |
  production.js              |      100 |      100 |      100 |      100 |                |
  shared.js                  |        0 |      100 |      100 |        0 |              3 |
  test.js                    |        0 |      100 |      100 |        0 |              5 |
-----------------------------|----------|----------|----------|----------|----------------|
All files                    |    51.57 |    57.35 |    51.72 |    36.97 |                |
-----------------------------|----------|----------|----------|----------|----------------|


=============================== Coverage summary ===============================
Statements   : 51.57% ( 82/159 ), 57 ignored
Branches     : 57.35% ( 39/68 ), 31 ignored
Functions    : 51.72% ( 15/29 ), 11 ignored
Lines        : 36.97% ( 44/119 )
================================================================================
[22:26:21] Finished 'coverage:unit' after 1.11 s
[22:26:21] Finished 'mocha:coverage' after 1.8 s
[22:26:21] Finished 'test:server' after 1.82 s

c:\jstest\SearchStudent>_
```

图 6-9 测试覆盖率运行结果的界面截图

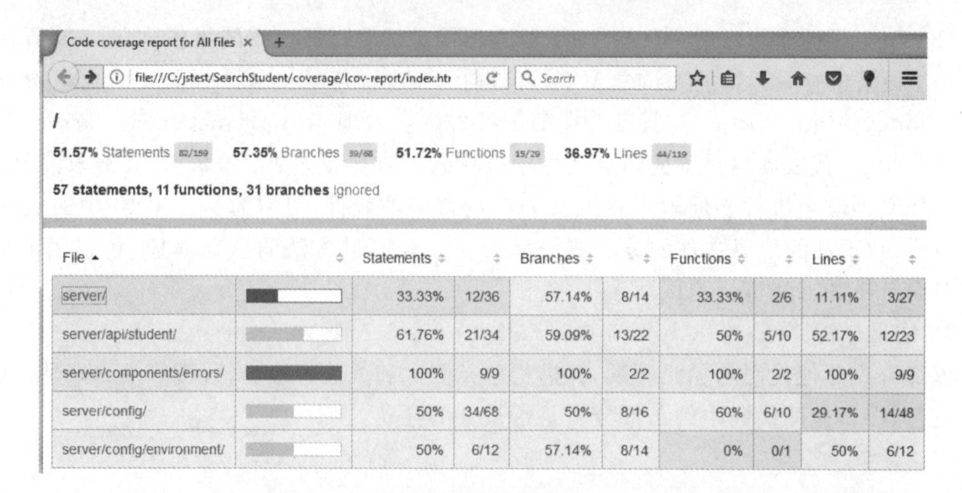

Code coverage report for All files

file:///C:/jstest/SearchStudent/coverage/lcov-report/index.htı

/

51.57% Statements 82/159 **57.35%** Branches 39/68 **51.72%** Functions 15/29 **36.97%** Lines 44/119

57 statements, 11 functions, 31 branches Ignored

File		Statements		Branches		Functions		Lines	
server/		33.33%	12/36	57.14%	8/14	33.33%	2/6	11.11%	3/27
server/api/student/		61.76%	21/34	59.09%	13/22	50%	5/10	52.17%	12/23
server/components/errors/		100%	9/9	100%	2/2	100%	2/2	100%	9/9
server/config/		50%	34/68	50%	8/16	60%	6/10	29.17%	14/48
server/config/environment/		50%	6/12	57.14%	8/14	0%	0/1	50%	6/12

图 6-10 测试覆盖率详细报告的界面截图

实验 7 基于 PMD 的静态测试

（共 1 学时）

7.1 实验目的

（1）通过动手实际操作，巩固所学的静态测试与分析的相关知识；

（2）增强代码编写的规范意识，进一步认识"写代码时要想到读代码"。

7.2 实验前提

（1）掌握静态测试相关概念与知识；

（2）了解 Java/C 语言代码规范；

（3）了解常见的静态分析工具；

（4）配置 Java 运行环境（JRE）。

7.3 实验内容

针对被测试的 Java 代码，通过工具的自动扫描分析，自动列出违反代码规范的问题和常见的逻辑、性能、安全性等代码问题。

7.4 实验环境

（1）每三四个学生组成一个测试小组，或不分组也可以，单个同学就能完成实验；

（2）带有 Windows 或 Mac OS 操作系统的 PC 机。

7.5 实验过程简述

（1）PMD 下载与安装；

（2）CPD 的使用；

（3）PMD 的使用。

7.6 实验详细过程

1. PMD 安装

PMD 是一款采用 BSD 开源协议(BSD 开源协议是一个给予使用者很大自由的协议)发布的 Java 程序代码检查工具,可以检查 Java 代码中是否含有未使用的变量、是否含有空的抓取块、是否含有不必要的对象等。

扫描右边的二维码,下载最新版的 PMD。PMD 是一个开源代码分析器,可以查找常见编程缺陷,例如未使用的变量、空 catch 代码块、不必要的对象创建等,支持 Java、JavaScript、PLSQL、Apache Velocity、XML、XSL。

安装好 PMD 插件后可以发现,它由 CPD 和 PMD 两个部分组成。

2. CPD 的使用

CPD 是用来检查重复代码的(例如通过复制粘贴得到的代码),其使用很简单,右击,选择 PMD→Find Suspect Cut And Paste 菜单,如图 7-1 所示。

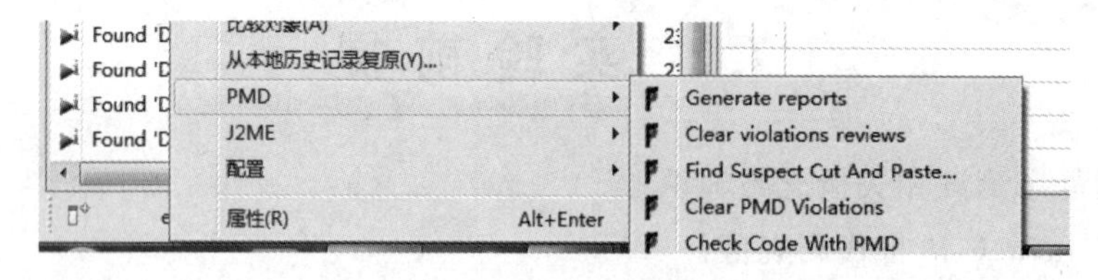

图 7-1 选择 CPD 菜单

选择相应的语言和格式后,单击"确认"按钮,在 CPD View 中就可以看到 CPD 的报告了,可以发现有两处代码是重复的,如图 7-2 所示。

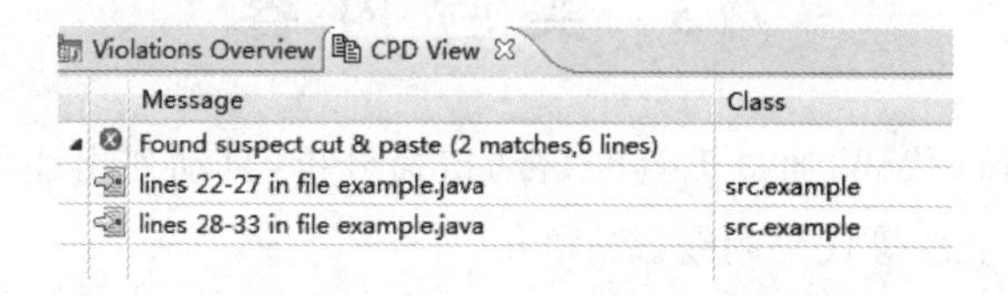

图 7-2 CPD 缺陷视图

还可以发现包资源管理器的项目下多了一个目录 reports,打开可以发现以 cpd-开头的文件,这个就是 CPD 检查重复代码后的报告文件,其扩展名取决于上一步指定的报告类型,可以是文本、XML 和 CSV 三种格式之一。这里假定上一步指定输出格式为文本文件,如图 7-3 所示,打开就可以看到具体的代码重复情况,包括出现的行号和具体重复的代码段。

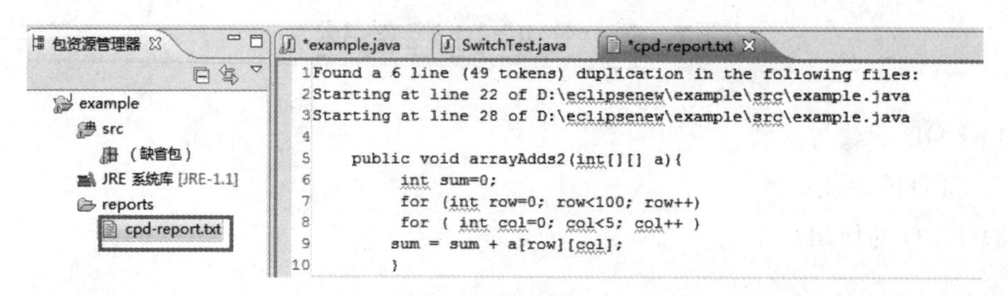

图 7-3 CPD 的缺陷报告

3. PMD的使用

PMD是静态代码检查工具,用来检查代码是否规范,它定义了一组检查规则。

查看PMD自带的一组代码规则,选择菜单Window→Preferences→PMD→Rules Configuration即可,如图7-4所示。

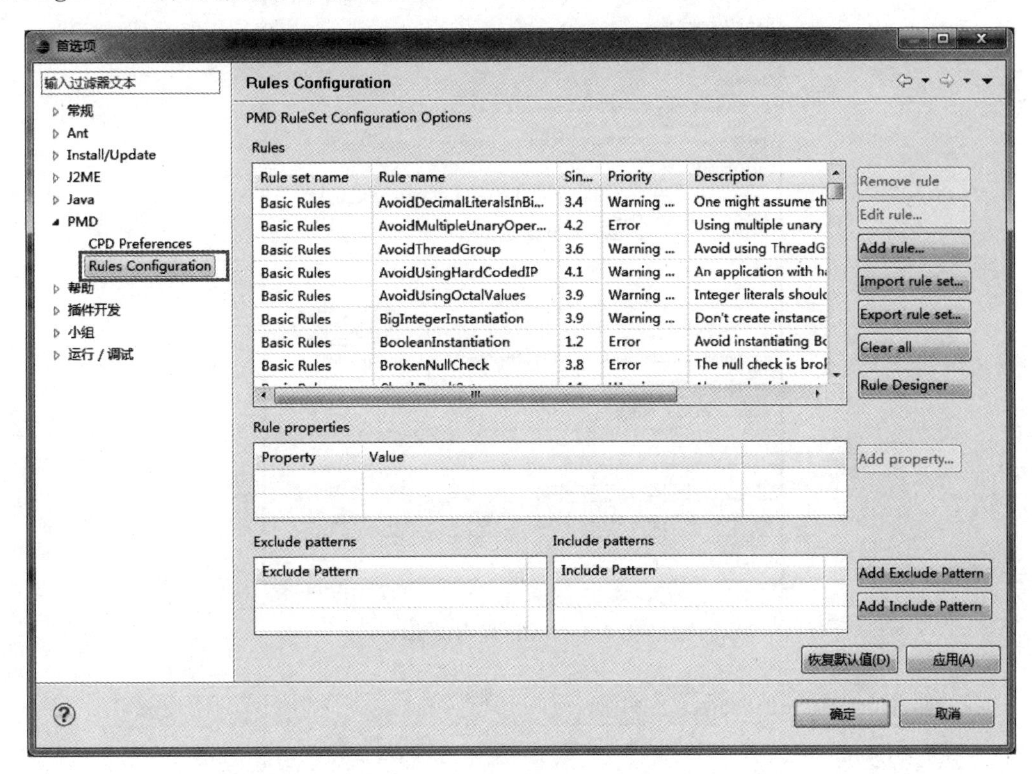

图7-4　PMD的规则设置

在这里可以自定义规则或对已有规则进行增加、删除和修改,也可以导入已经做好的规则文件。团队的代码开发可以利用导入和导出的功能,实现统一的代码规范,方便代码检查、优化和管理。

还可以选择一个规则,单击Edit Rule按钮,打开规则编辑窗口,如图7-5所示,查看规则的详细内容。单击Open in Browser按钮,可以打开PMD网站对规则的详细解释,如图7-6所示。

在项目上右击,选择菜单PMD→Check Code With PMD即可执行PMD检查菜单,如图7-7所示。

按照设置好的规则,PMD检查相应的可能缺陷。在Violations Overview里还会对千代码行和每个方法中的缺陷率进行统计,如图7-8所示。

在项目上右击,选择菜单PMD→Generate reports即可生成PMD报告,如图7-9所示。

在包资源管理器的reports文件夹中可以生成各种形式的报告,如图7-10所示为PMD缺陷报告。

通过PMD检查结果发现找到了这段代码中的许多问题,如类名首字母没有大写、有太短的变量、操作数在判定表达式里赋值、catch代码段为空等。

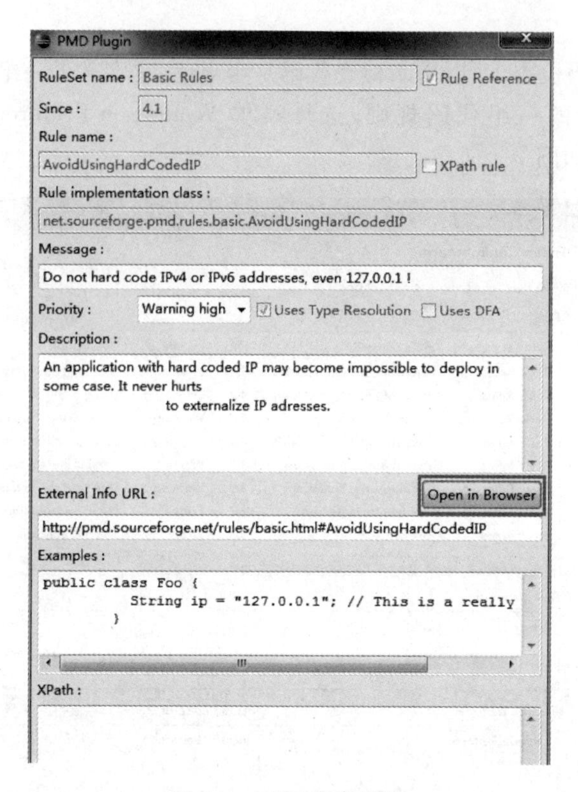

图 7-5 PMD 规则编辑

AvoidUsingHardCodedIP

Since: PMD 4.1

An application with hard coded IP may become impossible to deploy in some case. It never hurts to externalize IP adresses.

This rule is defined by the following Java class: net.sourceforge.pmd.rules.basic.AvoidUsingHardCodedIP

Example:

```
public class Foo {
  String ip = "127.0.0.1"; // This is a really bad idea !
}
```

This rule has the following properties:

Name	Default value	Description
pattern	^"[0-9]{1,3}\.[0-9]{1,3}\.[0-9]{1,3}\.[0-9]{1,3}"$	Regular Expression

图 7-6 具体规则链接网站说明

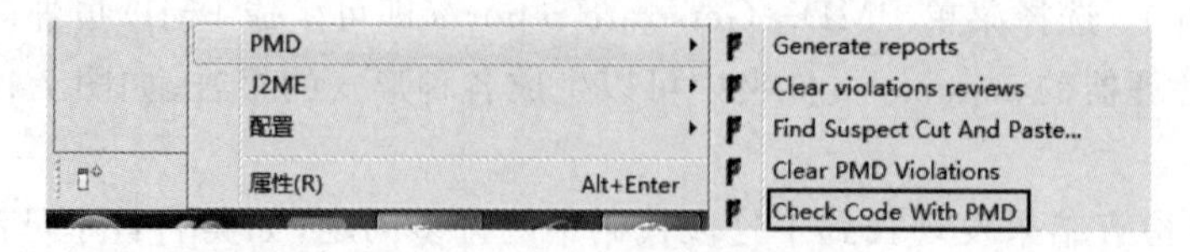

图 7-7 执行 PMD 检查菜单

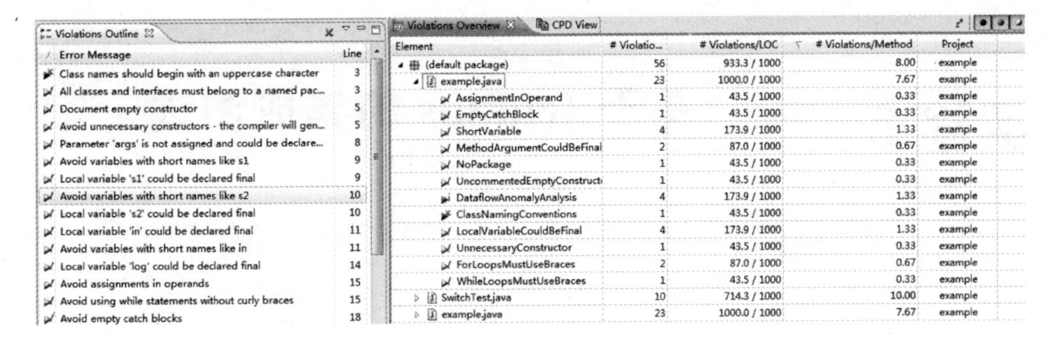

图 7-8　PMD 的缺陷统计

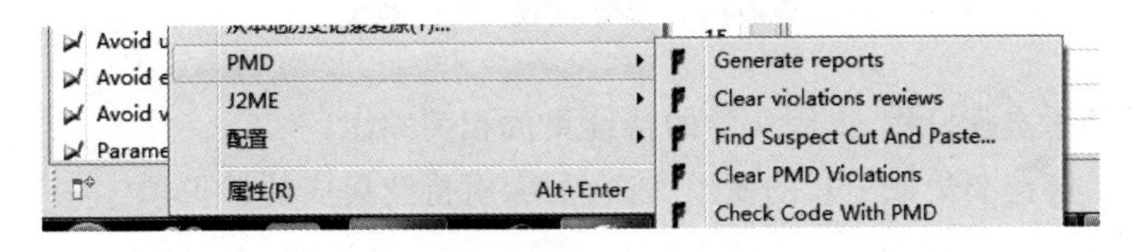

图 7-9　生成 PMD 报告

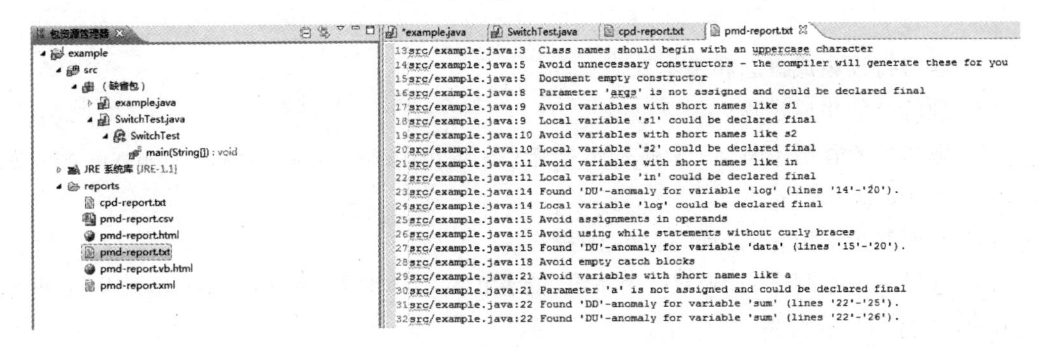

图 7-10　PMD 缺陷报告

实验 8 基于 Jenkins 的集成测试

（共 4 学时）

8.1 实验目的

（1）通过动手实际操作，巩固所学的持续集成相关知识；

（2）初步了解持续集成工具的使用方法，加深对持续集成的认识。

8.2 实验前提

（1）学习持续集成概念和基本知识；

（2）理解持续集成过程；

（3）熟悉配置管理工具 SVN 的基本操作（参考 http://www. www. visualsvn. com 及 tortoisesvn. tigtis. org）；

（4）掌握基于 Eclipse 工具的 Java 编程；

（5）选择一个被测试的 Web 应用系统，能够正常编译部署，本例中选择开源 Web 框架 Jeesite 作为持续集成对象。

8.3 实验内容

针对被测试的 Web 应用系统（本例中为开源 Web 框架 Jeesite）进行持续集成环境搭建，并集成构建工具、版本管理工具、静态测试/分析工具，实现 Jenkins 的持续集成。

8.4 实验环境

（1）每 6～9 个学生组成一个测试小组，其中一位同学担任组长，协调全体测试者的工作。

（2）基础硬件清单如下：

① 至少准备 1 台 Windows XP 以上操作系统的客户端（可根据参加实验的人数指定），需要安装 IE 8 以上浏览器或火狐浏览器等。

② 准备 3 台 Windows 服务器，分别用于部署 Jenkins、Outlook 邮件服务器、SVN 存储服务器。如果没有服务器，也可以用 PC 或虚拟机代替。

③ 交换机 1 台，网线若干，用于所有硬件设备组网（或利用已有局域网，将所有硬件设备接入，做到网络互通即可）。

（3）持续集成对象：本实验以 Jeesite 框架作为持续集成对象，Jeesite 网站（www.jeesite.com）源代码需要转换成 Eclipse 工程，若需要部署网站还要安装 MySQL 数据库，学生可自行拓展，具体都可按照源代码 doc 目录中提供的帮助文档进行操作。本书中 Jeesite 源代码已编译打包好，实验时可直接使用配套资料中的 jeesite-master 文件夹。

（4）Java 环境：需要在持续集成服务器（即 Jenkins 服务器）上安装 Eclipse 和 Java 运行环境（JDK7.0 及以上），以便本地调试 Web 应用系统。Eclipse 安装路径需要记录，如本实验中使用的路径是 C:\eclipse-jee-juno-win32\eclipse，具体安装步骤参考附录 A。

（5）邮件服务器：持续集成环境需要有邮件服务系统，本实验中选用局域网内的 Outlook 邮件服务系统，邮件服务器搭建步骤参考附录 B。

（6）SVN 环境配置：需要进行持续集成的 Jeesite 网站源代码，必须受控于配置管理环境。在本实验中使用配置管理工具 SVN 控制代码，SVN 相关环境部署参考附录 C。

8.5 实验过程简述

（1）进行小组分配和成员分工，完成实验环境的搭建，讨论并确定集成方案；

（2）下载并部署 Jenkins 持续集成环境；

（3）在完成邮件服务系统部署的前提下，完成邮件系统与 Jenkins 的集成，确保可使用 Jenkins 环境发送邮件；

（4）在完成 SVN 环境部署并将 Jeesite 代码签入 SVN 服务器的前提下，完成版本管理工具 SVN 与 Jenkins 的集成，确保成功获取源代码；

（5）在 Jenkins 环境下，完成对构建工具 Ant 的集成，成功编译获取的源代码；

（6）在 Jenkins 环境下，完成对 CheckStyle 工具的集成，用于编译并检查代码规范，完成对 Findbugs 和 PMD 工具的集成，用于对源代码进行静态分析；

（7）实现“持续”集成，根据收集到的结果数据（图、表）进行分析，识别代码规范和编译问题。

8.6 实施持续集成环境的部署运行过程

1. 确定集成方案

选用 Jenkins 作为持续集成工具，并在 Jenkins 中集成 Outlook 邮件服务系统、SVN 版本控制工具、Ant 构建工具以及静态分析工具 Checkstyle、Findbugs、PMD，进行后续持续集成的工作。

如表 8-1 所示给出了基础环境清单，供测试者参考，对应 IP 地址可根据实际情况另行设置。环境构成拓扑如图 8-1 所示。本实验中相关软件和服务的部署工作参见附录 D，相关安装包、插件与源代码等可通过本书的配套资料查看使用。

表 8-1 基础环境清单

序号	角　色	操作系统	软件工具
1	Jenkins 服务器 * 1 (包含编译环境、部署环境)	Windows 2008 (192.104.103.101)	安装 Java、Eclipse、Jenkins 获取 Jar 包 checkstyle 获取并解压部署 Ant、Findbugs、PMD
2	邮件服务器 * 1	Windows 2003 (192.104.103.102)	部署 Outlook
3	SVN 存储服务器 * 1	Windows/Linux (192.104.103.90)	部署 Visual SVN-Server
4	客户端 * N	Windows XP/7 (192.104.103.X)	Java、Eclipse、TortoiseSVN

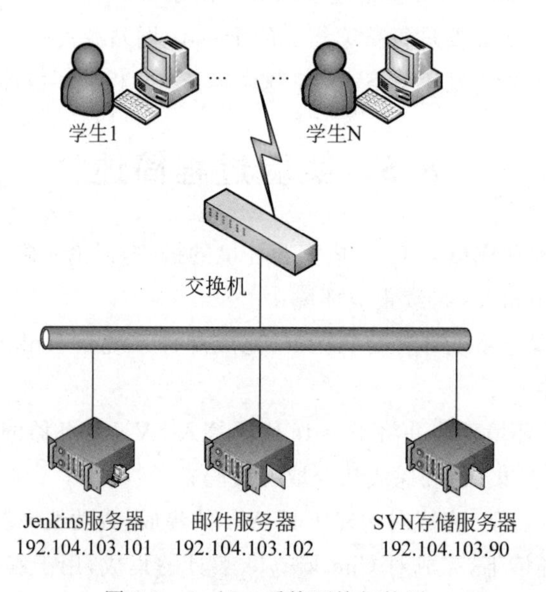

图 8-1 Jenkins 系统环境拓扑图

2. Jenkins 的下载与安装

Windows 版本的 Jenkins 可以从官方网站(jenkins-ci.org)中下载，本实验中使用的版本是 jenkins 1.642.4，打开安装包后按照提示即可完成安装。Jenkins 基于 Web 服务，以服务的方式启动，默认访问端口为 8080。安装成功后，在本地访问的地址是 http://localhost:8080/。客户端远程访问时，替换 localhost 为服务器 IP 地址即可，即 http://192.104.103.101:8080/。启动后，进入 Jenkins 主界面，如图 8-2 所示。

在左侧菜单栏内单击“新建”菜单，在新窗口中输入项目名称 test_jeesite 并选中“构建一个自由风格的软件项目”，如图 8-3 所示。

单击 OK 按钮后项目创建成功，当前环境下默认单击“保存”按钮即可。然后进入该项目，在界面左侧栏中单击“立即构建”菜单，构建结束后，构建历史栏(Build History)中会出现本次构建的结果，如图 8-4 所示，首次执行成功。若此步骤报错，则根据错误提示信息排查基础环境和 Jenkins 的安装是否有误。

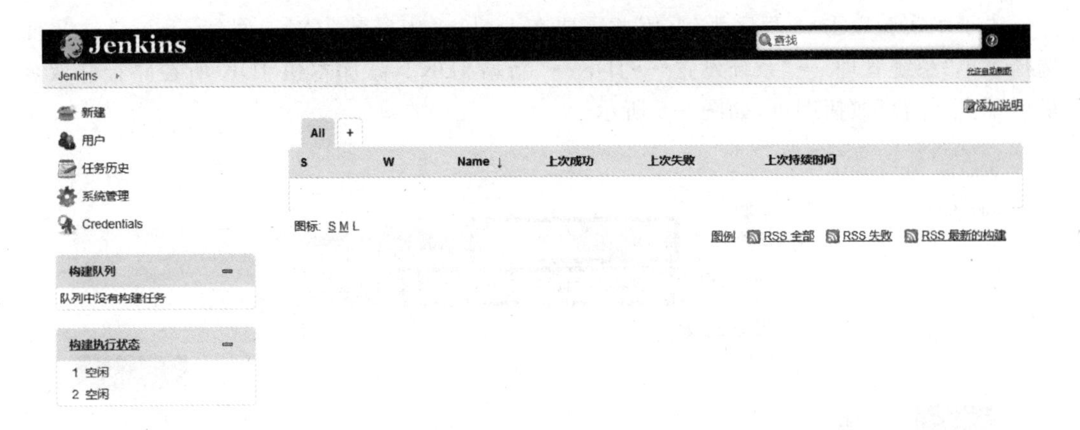

图 8-2 Jenkins 主界面

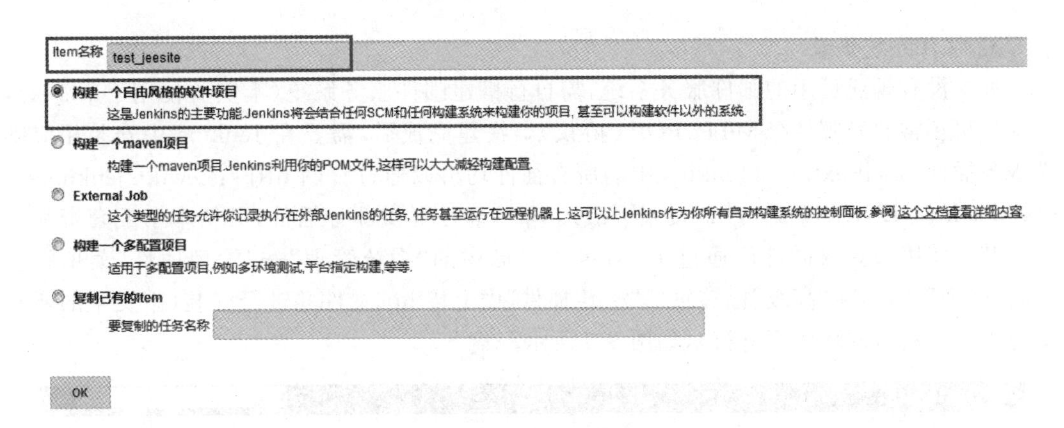

图 8-3 Jenkins 新建项目

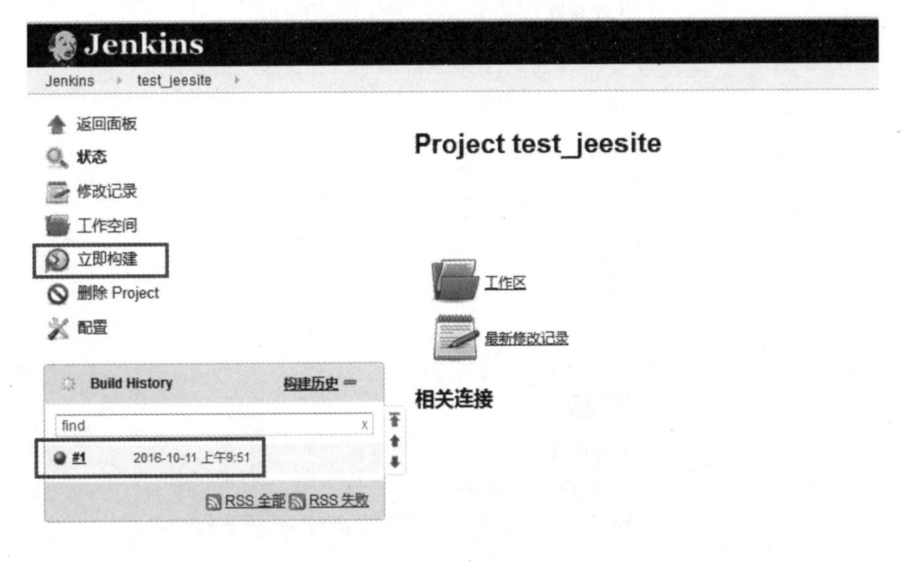

图 8-4 Jenkins 项目 test_jeesite 主界面

由于本实验以 Java 程序为例，因此需要在 Jenkins 中安装 JDK。回到 Jenkins 主界面，选择菜单"系统管理"→"系统设置"→JDK→"新增 JDK"，添加本机 JDK 所在路径并取名，最后单击"保存"按钮即可，如图 8-5 所示。

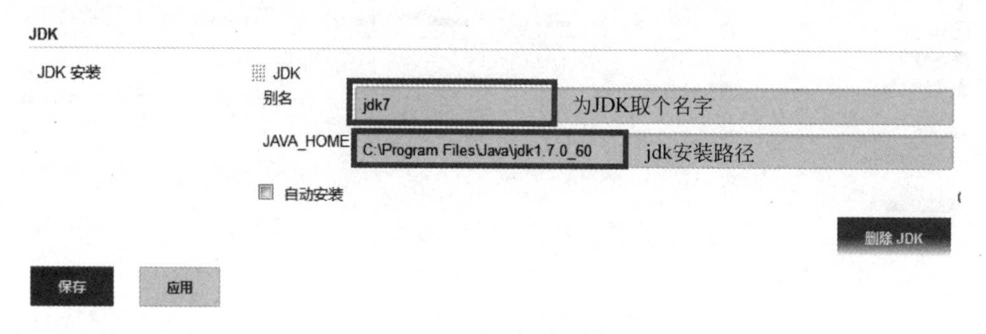

图 8-5　Jenkins 系统设置 JDK 路径

3. 邮件系统集成

如果没有现成可用的邮件服务系统，需自行搭建邮件服务系统（本实验使用 Outlook），并保证可正常收发邮件（SMTP、POP3 协议）。搭建完成后，需要在 Jenkins 中安装相应邮件服务插件 email-ext. hpi（Jenkins 中的所有插件均可以通过官网 https://wiki.jenkins-ci.org/display/JENKINS/Plugins 搜索下载）。本实验已提供部分插件，可从本书配套资料中自行获取使用。获取插件后通过 Jenkins 主界面中的"系统管理"→"管理插件"菜单打开"插件管理"窗口，在"高级"标签页的"上传插件"中上传 hpi 文件并进行安装（下文中的所有安装默认在局域网环境下进行），如图 8-6 所示。

图 8-6　在"插件管理"中上传插件

若安装失败，查看失败原因是否为缺少其他插件，如 token-macro 等，若缺少，需要下载并安装，具体可参考“8.9 节常见问题”。邮件插件安装完成后如图 8-7 所示。注意：插件安装完成需要重启 Jenkins 服务使之生效，重启服务操作可通过右击“我的电脑”→“管理”→“配置”→“服务”中，在“服务”窗口中找到 Jenkins 服务，单击鼠标右键菜单中的“重新启动”按钮进行重启。

图 8-7　邮件插件安装完成

附录 B 中已搭建 Outlook 邮件服务器，并创建了 student1、student2、student3 账号。在“系统管理”→“系统设置”→“邮件通知”栏中输入 SMTP 服务器地址 192.104.103.102，填写“用户默认邮箱后缀”为@jsc.com，勾选“通过发送测试邮件测试配置”，填写收件人后，单击 Test configuration，界面会提示发送成功，配置如图 8-8 所示。

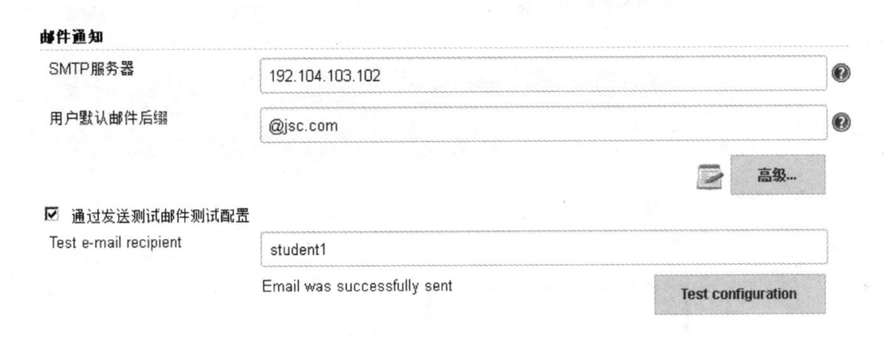

图 8-8　局域网邮箱测试配置

同样，还需要在 Extended E-mail Notification 栏中输入 SMTP server 和邮箱后缀，如图 8-9 所示。

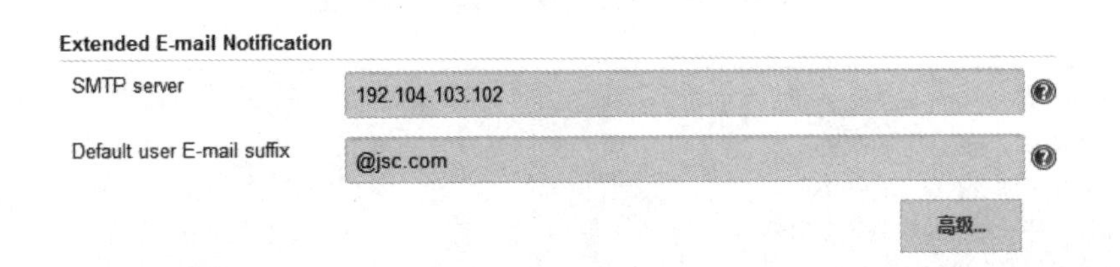

图 8-9　局域网邮箱配置

配置保存后，进入 test_jeesite 项目，单击右侧的“配置”按钮，在项目配置页面中增加 Editable Email Notification，设置接收邮件的用户（可设置多个用户，以英文逗号字符间隔）、邮件主题、邮件内容，并设置 Always Send To Recipient List，如图 8-10 所示。

其中邮件内容（Default Content）可以参考如下内容进行填写：

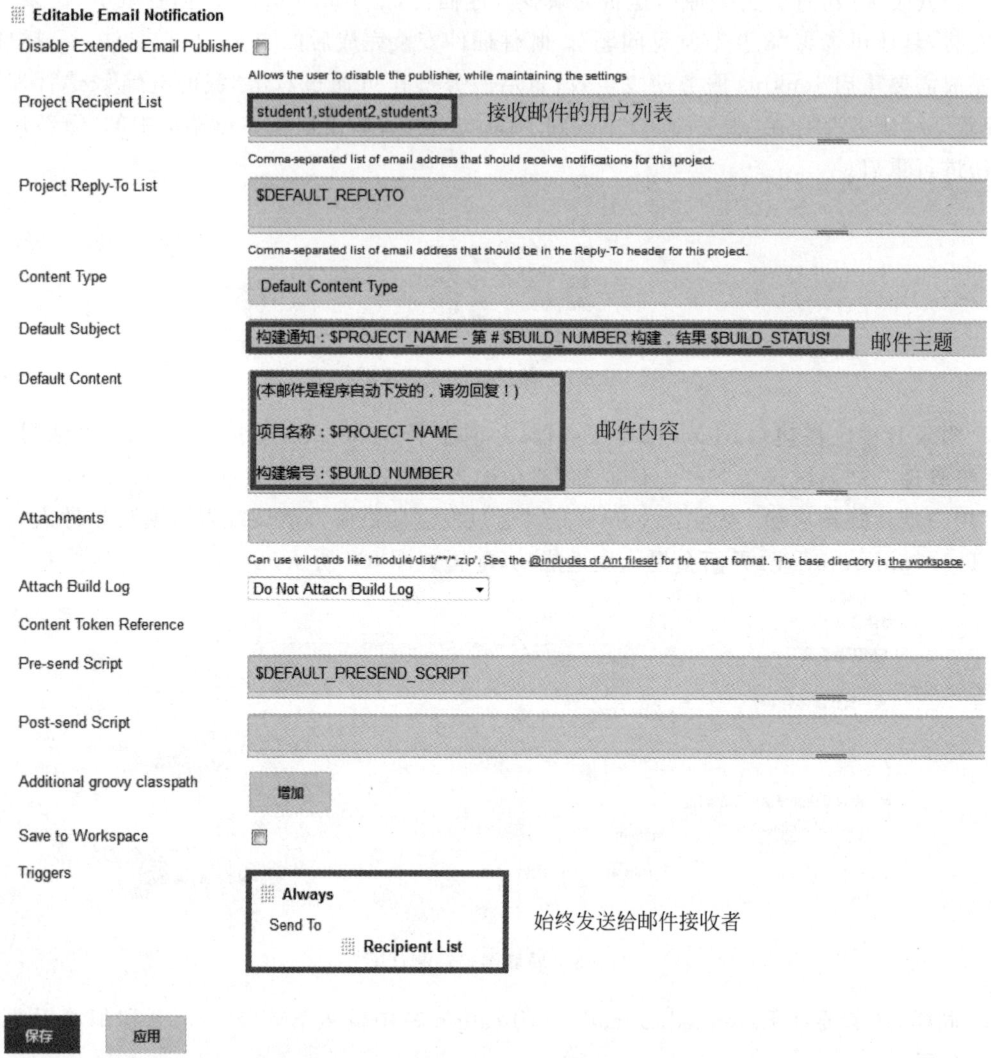

Editable Email Notification
Disable Extended Email Publisher
Allows the user to disable the publisher, while maintaining the settings
Project Recipient List
student1,student2,student3 接收邮件的用户列表
Comma-separated list of email address that should receive notifications for this project.
Project Reply-To List
$DEFAULT_REPLYTO
Comma-separated list of email address that should be in the Reply-To header for this project.
Content Type
Default Content Type
Default Subject
构建通知：$PROJECT_NAME - 第 # $BUILD_NUMBER 构建，结果 $BUILD_STATUS! 邮件主题
Default Content
(本邮件是程序自动下发的，请勿回复！)
项目名称：$PROJECT_NAME
构建编号：$BUILD_NUMBER
邮件内容
Attachments
Can use wildcards like 'module/dist/**/*.zip'. See the @includes of Ant fileset for the exact format. The base directory is the workspace.
Attach Build Log
Do Not Attach Build Log
Content Token Reference
Pre-send Script
$DEFAULT_PRESEND_SCRIPT
Post-send Script
Additional groovy classpath
增加
Save to Workspace
Triggers
Always
Send To
Recipient List
始终发送给邮件接收者
保存 应用

图 8-10　项目中接收用户邮箱配置

```
(本邮件是程序自动下发的,请勿回复!)
项目名称: $ PROJECT_NAME
构建编号: $ BUILD_NUMBER
svn 版本号: $ {SVN_REVISION}
构建状态: $ BUILD_STATUS
触发原因: $ {CAUSE}
项目地址: $ {Jenkins_URL}job/ $ {PROJECT_NAME}
文件签入记录: $ {Jenkins_URL}job/ $ {PROJECT_NAME}/changes
本次构建地址: $ {Jenkins_URL}job/ $ {PROJECT_NAME}/ $ {BUILD_NUMBER}
构建日志: $ {Jenkins_URL}job/ $ {PROJECT_NAME}/ $ {BUILD_NUMBER}/console
```

保存成功后,单击“立即构建”按钮,构建完成后,设置的接收用户邮箱中将收到一封来自系统的邮件,邮件内容如图 8-11 所示。如果此步骤不能正常收到邮件,请检查邮件系统

是否正常以及邮件系统与Jenkins的集成过程是否有误。

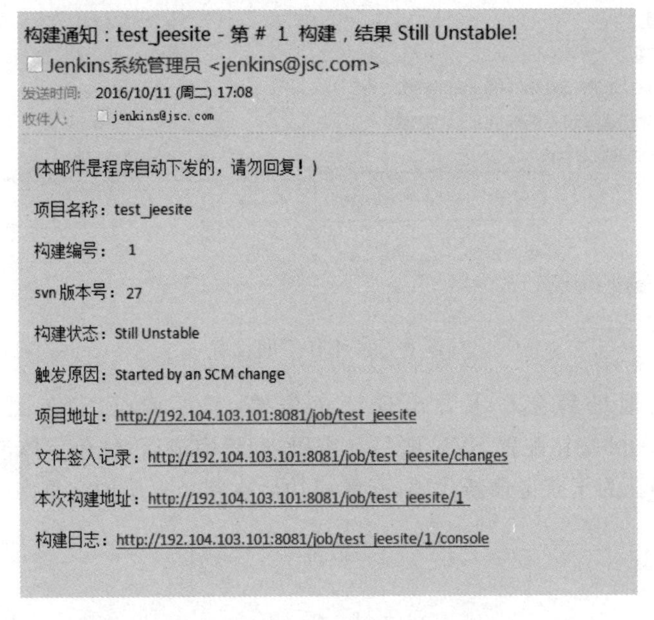

图 8-11　邮件接收用户接收到的邮件内容

另外，若有在线邮件系统，如网易126邮箱等，可以直接在"系统管理"→"系统设置"菜单中配置其SMTP服务器和邮件后缀，如图8-12所示。该步骤不是必需的，若没有在线邮箱系统可用，可跳过此步骤。

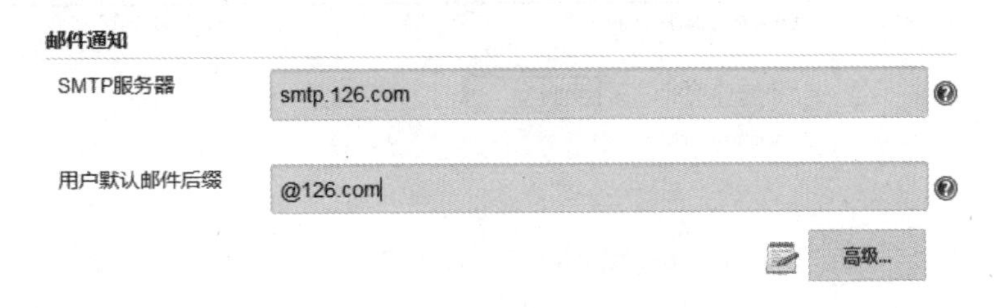

图 8-12　126邮箱配置

4. SVN服务器集成

附录C中已完成SVN服务器和客户端的相关部署，并可通过客户端进行签入签出。部署完成后，首先需要在Jenkins中安装SVN插件Subversion.hpi，同样地，安装过程中可能会出现mapdb-api.hpi、scm-api.hpi等依赖包缺失的问题，需要先行安装完成后方可进行Subversion插件的安装。如出现类似问题还可参见"8.9节常见问题"学习解决。安装完成后需要重启Jenkins使插件生效。

重启后回到Jenkins主界面，进入test_jeesite项目的配置页面，勾选"高级项目选项"中的"使用自定义的工作空间"选项，指定项目工作空间路径，如图8-13所示，使用路径C:\workspace\jeesite-master\(需预先在本地自行创建该路径)。

在"源码管理"列表中选择Subversion，输入SVN项目源代码路径(路径获取步骤参考附录B，本实验中SVN地址为https://192.104.103.90/svn/jeesite)，如图8-14所示，要注

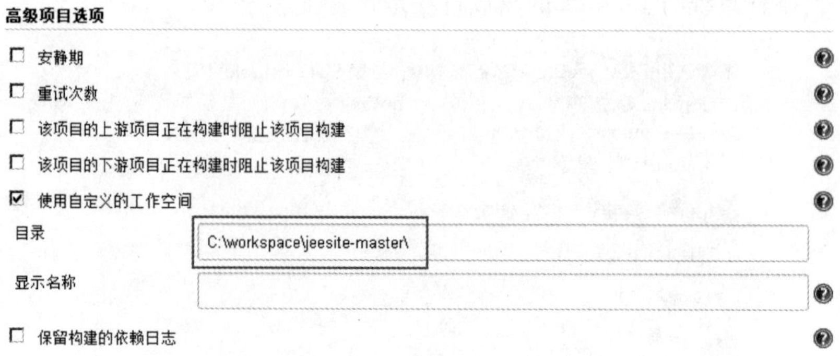

高级项目选项

☐ 安静期

☐ 重试次数

☐ 该项目的上游项目正在构建时阻止该项目构建

☐ 该项目的下游项目正在构建时阻止该项目构建

☑ 使用自定义的工作空间

目录 C:\workspace\jeesite-master\

显示名称

☐ 保留构建的依赖日志

图 8-13　工作空间设置

意的是首次输入地址后会在下方出现红色告警，需要验证 SVN 账号和密码，单击 Credentials 中的 Add 按钮配置 SVN 账号和密码，配置完成后，红色字体消失表示可以成功连接 SVN 服务器。为了获得最新代码，配置成功后在路径末尾加字符串@HEAD。

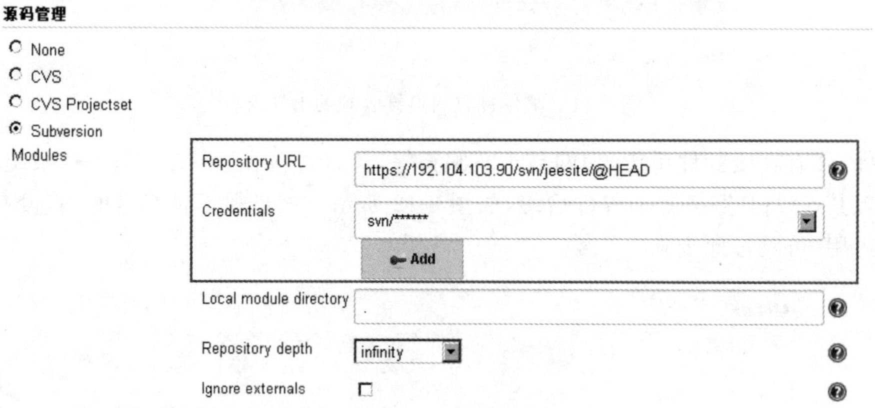

源码管理

○ None

○ CVS

○ CVS Projectset

◉ Subversion

Modules

Repository URL https://192.104.103.90/svn/jeesite/@HEAD

Credentials svn/******

Add

Local module directory .

Repository depth infinity

Ignore externals ☐

图 8-14　SVN 设置

保存 SVN 设置后，单击左侧菜单栏中的“立即构建”菜单，在自定义的工作空间路径中出现 Jeesite 网站的源代码，在 test_jeesite 项目的 console output 中可查看详细代码签出记录。

以上为手动构建过程，持续集成需要实现自动构建，在 test_jeesite 项目的“构建触发器”列表中选择 Poll SCM，设置日程表内容为“0 1 * * *”，如图 8-15 所示，即每天凌晨 1 点检查 SVN 服务器中是否有代码更新，若有任何更新则自动构建。为了查看实时效果，设置日程表为“* * * * *”，即只要有更新就会自动构建。其他三种构建触发器的方法可自行尝试。

设置为实时构建后，可修改源代码中的 Article. java 和 SiteDao. java 或其他代码后签入 SVN(具体步骤参见附录 C 中“SVN 相关操作”)，修改后查看 test_jeesite 项目的最新一次构建，可以看到源代码的修正版本号以及修正的内容提示，如图 8-16 所示。进入最新一次构建结果，在 Console Output(控制台输出)界面，查看此时的构建是因为 SCM 检测到了代

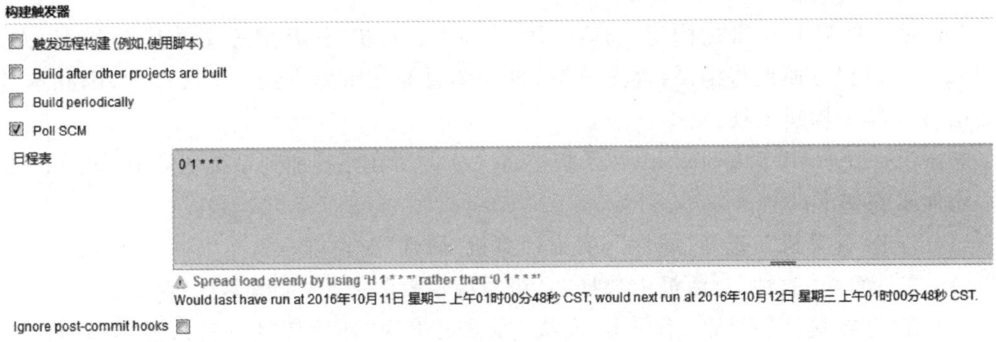

构建触发器

触发远程构建 (例如,使用脚本)

Build after other projects are built

Build periodically

Poll SCM

日程表 0 1 * * *

Spread load evenly by using 'H 1 * * *' rather than '0 1 * * *'

Would last have run at 2016年10月11日 星期二 上午01时00分48秒 CST; would next run at 2016年10月12日 星期三 上午01时00分48秒 CST.

Ignore post-commit hooks

图 8-15　构建触发器设置

码变化才启动的,如图 8-17 所示。如果此处没能正常显示构建结果,请根据控制台输出详情检查 SVN 是否连接成功。

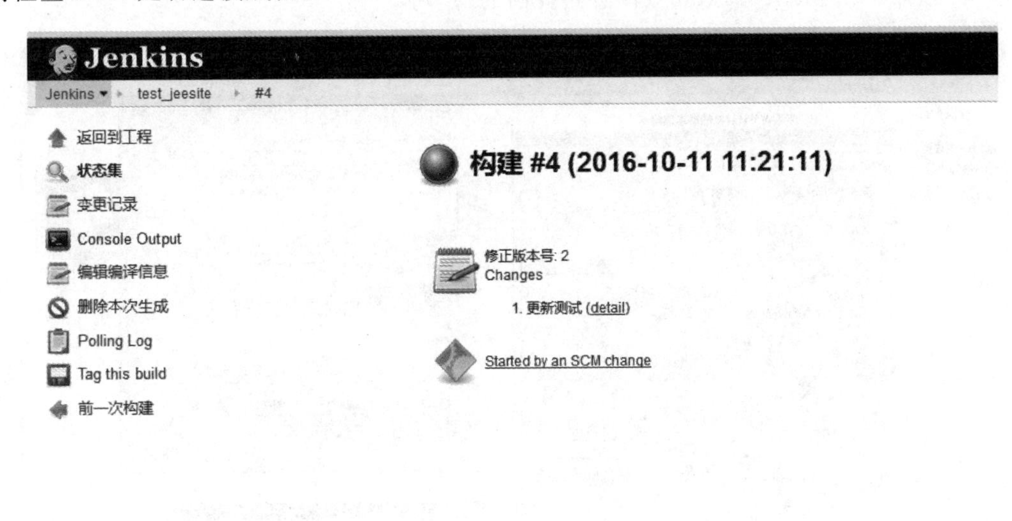

图 8-16　最新一次构建

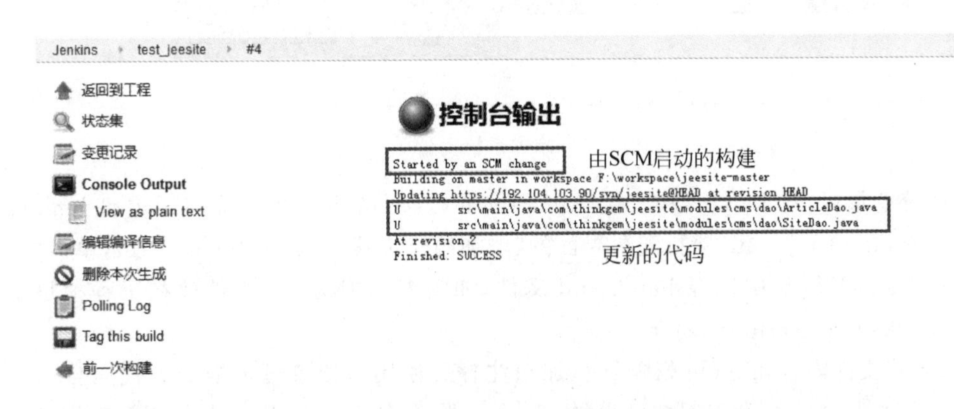

图 8-17　构建触发器启动的控制台输出

至此,Jenkins 服务基本已搭建完成,下面将进行构建及分析工具的集成。

5. Ant 工具集成

Ant 是一种基于 Java 的构建工具，采用 Java 类进行扩展，其配置文件基于 XML 方式。使用 Ant 可以很方便地将编译、静态分析、自动部署等操作集成到一个文件中，因此本实验中使用 Ant 作为构建工具。

解压 apache-ant-1.9.9-bin.zip，在系统中将 Ant 的所在路径加到系统变量中，如图 8-18 所示。添加步骤如下：

（1）右击“计算机”，选择“属性”，弹出计算机“属性”对话框；

（2）在计算机“属性”对话框中选择“高级系统设置”，弹出“系统属性”对话框；

（3）在“系统属性”对话框中单击“高级”标签页中的“环境变量”按钮，弹出“环境变量”对话框；

（4）在“环境变量”对话框中的“系统变量”栏内，双击选择 Path 并在最后添加 Ant 应用所在的路径，例如解压后 Ant 包所在路径为 C:\apache-ant-1.9.7\bin，则在 Path 中添加字符串";C:\apache-ant-1.9.7\bin"（注意路径前的“;”）。

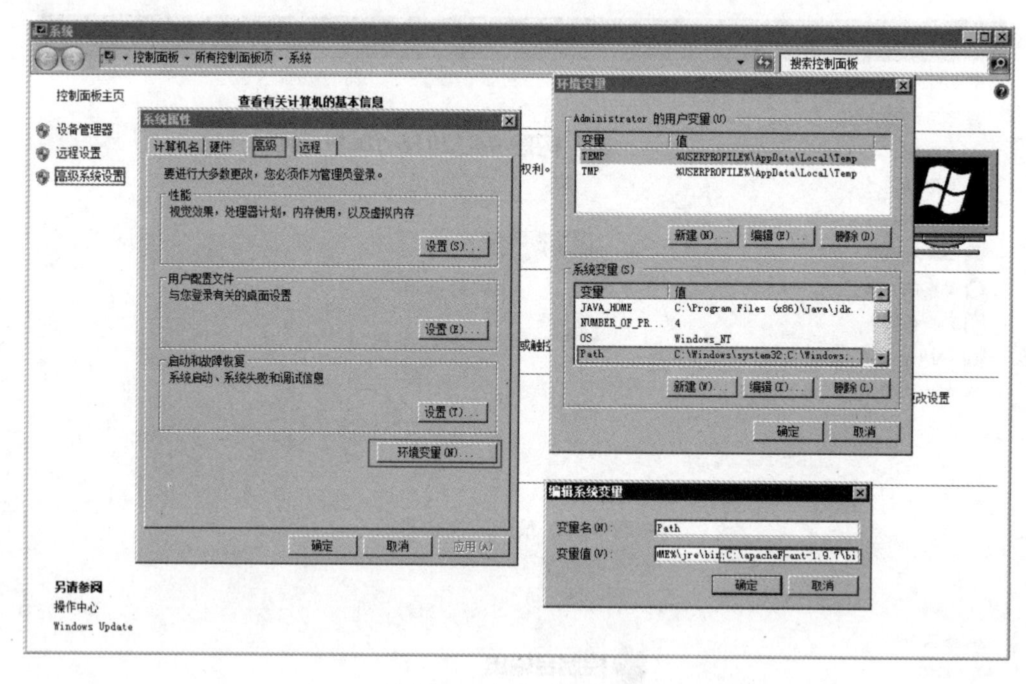

图 8-18　添加系统变量

添加系统变量后，在 Jenkins 中安装 Ant Plugin 插件 ant.hpi，安装完成后重启 Jenkins 服务使之生效，在 test_jeesite 项目配置界面的“增加构建步骤”中选择 Invoke Ant，单击“高级”按钮，在 Build File 栏中选择 build.xml 文件，如图 8-19 所示，该文件放在工程根目录下，即 F:\workspace\jeesite-master。

build.xml 文件内容如下（可删除红色加粗注释后使用），读者可根据如下代码自行创建 build.xml 文件（本书配套资料中已提供 build 文件，命名为 build1.xml，使用时需将其名称改为 build.xml）。若出现报错，则根据提示信息进行修改，一般是由于格式转换时带来的格式错误，例如出现空格等。

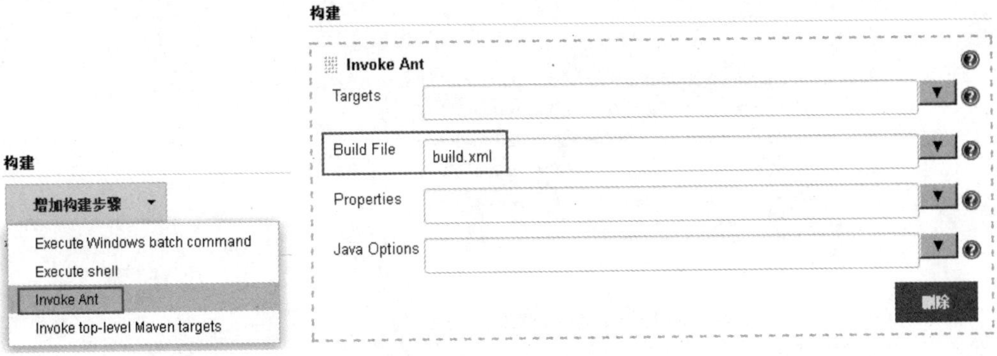

构建

增加构建步骤

Execute Windows batch command
Execute shell
Invoke Ant
Invoke top-level Maven targets

构建

Invoke Ant
Targets
Build File build.xml
Properties
Java Options
删除

图 8-19　使用 Ant 方式构建设置

```
<?xml version = "1.0" encoding = "UTF8" standalone = "no"?>
<project basedir = "." default = "build" name = "jeesite">
    <property environment = "env"/>

  <! -- 此处是 Eclipse 所在路径 -- >
   <property name = "ECLIPSE_HOME" value = "../../tools/eclipse - jee - indigo - SR2 - win32 -
x86_64/eclipse"/>
    <property name = "debuglevel" value = "source,lines,vars"/>
    <property name = "target" value = "1.6"/>
    <property name = "source" value = "1.6"/>
    <property name = "codesrc" value = "src/main/java/com/thinkgem/jeesite" /><! -- Jessite
源代码路径 -- >

   <path id = "jeesite.classpath">
        <pathelement location = "target/test - classes"/>
        <pathelement location = "target/classes"/>
        <fileset dir = "src/main/webapp/WEB - INF/lib"> <! -- 设置引用类路径 -- >
            <include name = " * .jar"/>
            </fileset>
    </path>
    <target name = "init">
        <copy includeemptydirs = "false" todir = "target/test - classes">
            <fileset dir = "src/test/java">
                <include name = " ** / * .xml"/>
                <include name = " ** / * .jsp"/>
                <include name = " ** / * .java"/>
                <exclude name = " ** / * .launch"/>
                <exclude name = " ** / * .java"/>
            </fileset>
        </copy>
        <copy includeemptydirs = "false" todir = "target/classes">
            <fileset dir = "src/main/java">
                <include name = " ** / * .xml"/>
                <include name = " ** / * .jsp"/>
                <include name = " ** / * .java"/>
                <exclude name = " ** / * .launch"/>
                <exclude name = " ** / * .java"/>
```

```
                </fileset>
            </copy>
            <copy includeemptydirs="false" todir="target/classes">
                <fileset dir="src/main/resources">
                    <exclude name="**/*.launch"/>
                    <exclude name="**/*.java"/>
                    <exclude name="**/*.java"/>
                </fileset>
            </copy>
        </target>
        <target name="clean"><!--清理旧结果-->
            <delete dir="out"/>
            <delete file="checkstyle_report.xml"/>
            <delete file="findbugs_report.xml"/>
            <delete file="pmd_report.xml"/>
        </target>
    <!--构建总命令,build执行之前先执行clean和buildwar-->
    <target depends="clean,buildwar" name="build"/>
    <!--构建工程,构建之前先执行初始化init步骤-->
        <target depends="init" name="build-project">
            <echo message="${ant.project.name}: ${ant.file}"/>
            <echo message="Compiling java code "/>
            <javac debug="true" debuglevel="${debuglevel}" destdir="target/test-
classes" source="${source}" encoding="utf-8" includeantruntime="on" target="
${target}">
                <src path="src/test/java"/>
                <include name="**/*.xml"/>
                <include name="**/*.jsp"/>
                <include name="**/*.java"/>
                <classpath refid="jeesite.classpath"/>
            </javac>
            <javac debug="true" debuglevel="${debuglevel}" destdir="target/classes"
source="${source}" encoding="utf-8" includeantruntime="on" target="${target}">
                <src path="src/main/java"/><!--javac编译代码所在的路径-->
                <include name="**/*.xml"/>
                <include name="**/*.jsp"/>
                <include name="**/*.java"/>
                <classpath refid="jeesite.classpath"/>
            </javac>
            <javac debug="true" debuglevel="${debuglevel}" destdir="target/classes"
source="${source}" encoding="utf-8" includeantruntime="on" target="${target}">
                <src path="src/main/resources"/>
                <exclude name="**/*.java"/>
                <classpath refid="jeesite.classpath"/>
            </javac>
            <echo message="Compiling java code end"/>
        </target>
        <!--将项目打包成war包-->
        <target name="buildwar" depends="build-project" description="create War packet">
            <echo message="packeting war"/>
            <war destfile="out/jeesite.war" webxml="src/main/webapp/WEB-INF/web.xml"
duplicate="fail">
                <fileset dir="src/main/webapp/" excludes="**/.svn/**"/>
```

```
                <classes dir="target/classes">
                    <include name="**/*"/>
                    <include name="target/classes/test.property"/>
                    </classes>
        </war>
                <echo>Create War finished</echo>
    </target>
    <target description="Build all projects which reference this project. Useful to propagate changes." name="build-refprojects"/>
    <target description="copy Eclipse compiler jars to ant lib directory" name="init-eclipse-compiler">
        <copy todir="${ant.library.dir}">
            <fileset dir="${ECLIPSE_HOME}/plugins" includes="org.eclipse.jdt.core_*.jar"/>
        </copy>
        <unzip dest="${ant.library.dir}">
            <patternset includes="jdtCompilerAdapter.jar"/>
            <fileset dir="${ECLIPSE_HOME}/plugins" includes="org.eclipse.jdt.core_*.jar"/>
        </unzip>
    </target>
    <target description="compile project with Eclipse compiler" name="build-eclipse-compiler">
        <property name="build.compiler" value="org.eclipse.jdt.core.JDTCompilerAdapter"/>
        <antcall target="build"/>
    </target>
</project>
```

文件设置保存后，单击“立即构建”菜单，构建完成后，在本次构建的控制台输出(Console Output)界面中可查看编译信息，如图 8-20 所示。

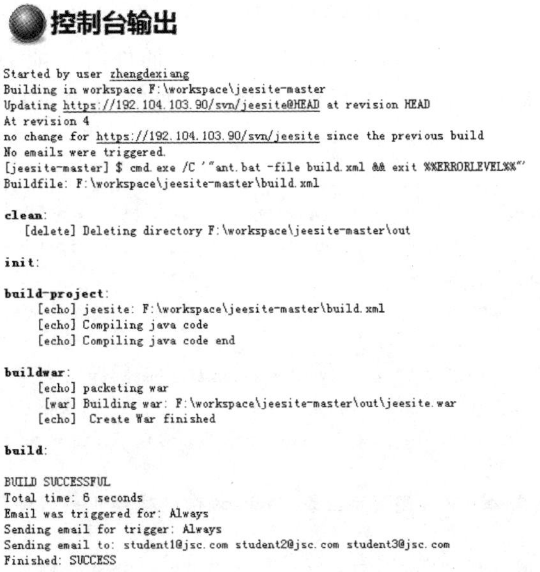

控制台输出

```
Started by user zhengdexiang
Building in workspace F:\workspace\jeesite-master
Updating https://192.104.103.90/svn/jeesite@HEAD at revision HEAD
At revision 4
no change for https://192.104.103.90/svn/jeesite since the previous build
No emails were triggered.
[jeesite-master] $ cmd.exe /C '"ant.bat -file build.xml && exit %%ERRORLEVEL%%"'
Buildfile: F:\workspace\jeesite-master\build.xml

clean:
   [delete] Deleting directory F:\workspace\jeesite-master\out

init:

build-project:
     [echo] jeesite: F:\workspace\jeesite-master\build.xml
     [echo] Compiling java code
     [echo] Compiling java code end

buildwar:
     [echo] packeting war
      [war] Building war: F:\workspace\jeesite-master\out\jeesite.war
     [echo]  Create War finished

build:

BUILD SUCCESSFUL
Total time: 6 seconds
Email was triggered for: Always
Sending email for trigger: Always
Sending email to: student1@jsc.com student2@jsc.com student3@jsc.com
Finished: SUCCESS
```

图 8-20　Ant 构建后的控制台输出

需要注意的是，控制台输出中的构建步骤是根据配置的 build. xml 进行的，即根据如下几行进行配置：

```
...
<target depends = "clean,buildwar" name = "build"/>
<target depends = "init" name = "build - project">
...
    <target name = "buildwar" depends = "build - project" description = "create War packet">
...
```

注：build 相当于 main 入口，先进行 clean 和 buildwar 操作，而 buildwar 操作之前先进行 build-project 操作，build-project 之前又要先进行 init 操作。即顺序为：clean→init→build-project→buildwar→build。

6. 静态分析工具的集成

持续集成过程中可以对代码的质量进行一定的检查，对于 Java 开发的代码来说，常用的工具主要有 Checkstyle、Findbugs、PMD 等。其中 Checkstyle 主要针对 Java 的代码开发规范进行检查；Findbugs 检查类或 jar 文件，将字节码与缺陷模式进行对比，发现可能出现的缺陷；PMD 有增强代码质量的功能，可以帮助发现代码中的缺陷。

在 Ant 构建的基础上，集成 Checkstyle、Findbugs、PMD 等静态分析/测试工具，帮助对集成的源代码进行检查。本实验中使用的测试工具版本分别为 Checkstyle 6. 17、Findbugs 3. 0. 1、PMD 5. 4. 2。

在第 5 步 Ant 集成中使用的 build. xml 中，添加三种工具的相关路径信息，需要注意的是添加完成后需要将原 build 文件末尾的"</project>"剪切至更新后的文件末尾，使其符合语法要求(也可直接调用光盘内提供的 build2. xml 文件，注意使用时需要将其改名为 build. xml 并覆盖原 build 文件)。同时需要在 Jenkins 中安装相应插件(插件下载网站：https://wiki. jenkins-ci. org/display/JENKINS/Plugins)，包括 Checkstyle Plug-in、FindBugs Plug-in、PMD Plug-in 以及 Violations Plug-In，在安装插件时可能会出现缺少依赖项的问题，可以根据相应错误提示安装缺少的插件，具体可参见"8. 9 节常见问题"。

Checkstyle 路径信息添加内容如下：

```
< taskdef resource = " com/puppycrawl/tools/checkstyle/ant/checkstyle - ant - task.
properties" classpath = "third/checkstyle - 6.17 - all.jar"/> <! -- 程序所在路径,需要创建
工程根目录下的 third 目录 -->
< target name = " check - style" description = " Generates a report of code convention
violations.">
<! -- 调用指定的 xml 解析规则文件 my_checks.xml ,checkstyle 自带,可删减 -->
    < checkstyle config = " third/my_ checks. xml" failureProperty = " checkstyle. failure"
classpath = "third/checkstyle - 6.17 - all.jar" failOnViolation = "false">

<! -- 生成检查结果 xml 文件到指定目录,Jenkins 中的插件也可以使用这个 xml 结果文件解析
为可视化图表 -->
        <formatter type = "xml" tofile = " checkstyle_report.xml" />
        <fileset dir = " ${codesrc}" includes = " ** / * .java" />
```

```
    </checkstyle>

<!-- 通过指定的xsl模版文件生成一份html报告 -->
      <xslt in="checkstyle_report.xml"
        out=" checkstyle_report.html" style="third/checkstyle-author.xls" />
</target>
```

Findbugs 路径信息添加内容如下：

```
<property name="findbugs.dir" location="third/findbugs-3.0.1" /><!-- 程序所在路径 -->
      <path id="findbugs.path">
          <fileset dir="${findbugs.dir}" includes="**/*.jar" />
      </path>
<taskdef name="findbugs" classname="edu.umd.cs.findbugs.anttask.FindBugsTask"
classpathref="findbugs.path"/>
   <target name="findbugs" depends="build-project" description="用Findbugs检查代码错
误.">
          <echo>Begin to check bugs in use Findbugs</echo>
          <findbugs home="${findbugs.dir}" output="xml"
              outputFile="findbugs_report.xml"><!-- 指定生成的结果文件 -->
              <sourcePath path="${codesrc}" /><!-- 源代码路径 -->
              <class location="target/classes" /><!-- build-project过程中生成class路
径 -->
          </findbugs>
          <echo>End of check bugs</echo>
</target>
```

PMD 路径信息添加内容如下：

```
<path id="pmd.classpath">
    <fileset dir="third/pmd-bin-5.4.2\lib\"><!-- 程序所在路径 -->
      <include name="**/*.jar">
      </include>
   </fileset>
</path>

<target name="pmdcheck">
        <taskdef name="pmd" classname="net.sourceforge.pmd.ant.PMDTask" classpathref="
pmd.classpath"/>
              <pmd rulesetfiles="third/pmd-javaall.xml" encoding="UTF-8"><!-- 指定规
则文件pmd-javaall.xml,程序可修改 -->
              <formatter type="xml" toFile="pmd_report.xml" toconsole="false"/>
              <fileset dir="${codesrc}"><!--- 源代码所在路径,检查Java文件 -->
                  <include name="**/*.java"/>
              </fileset>
        </pmd>
</target>
```

并对 build. xml 中的原有信息修改如下：

```
将<target depends = "clean, buildwar" name = "build"/> 修改为
<target depends = "clean, buildwar, check - style, findbugs, pmdcheck" name = "build"/>
```

在工作空间目录下新建 third 文件夹，用来保存三种工具及其相关文件，其包含内容如图 8-21 所示，可直接使用光盘中提供的 third 文件夹。最后，通过项目配置中"增加构建后操作步骤"中的 Report Violations 配置 Violations 插件，如图 8-22 所示。

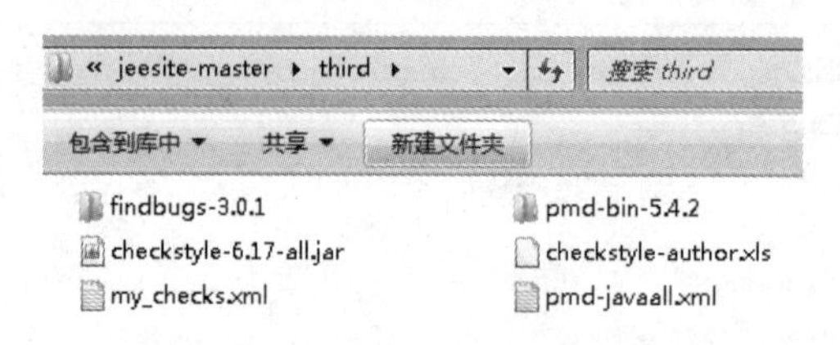

图 8-21 third 路径下的内容

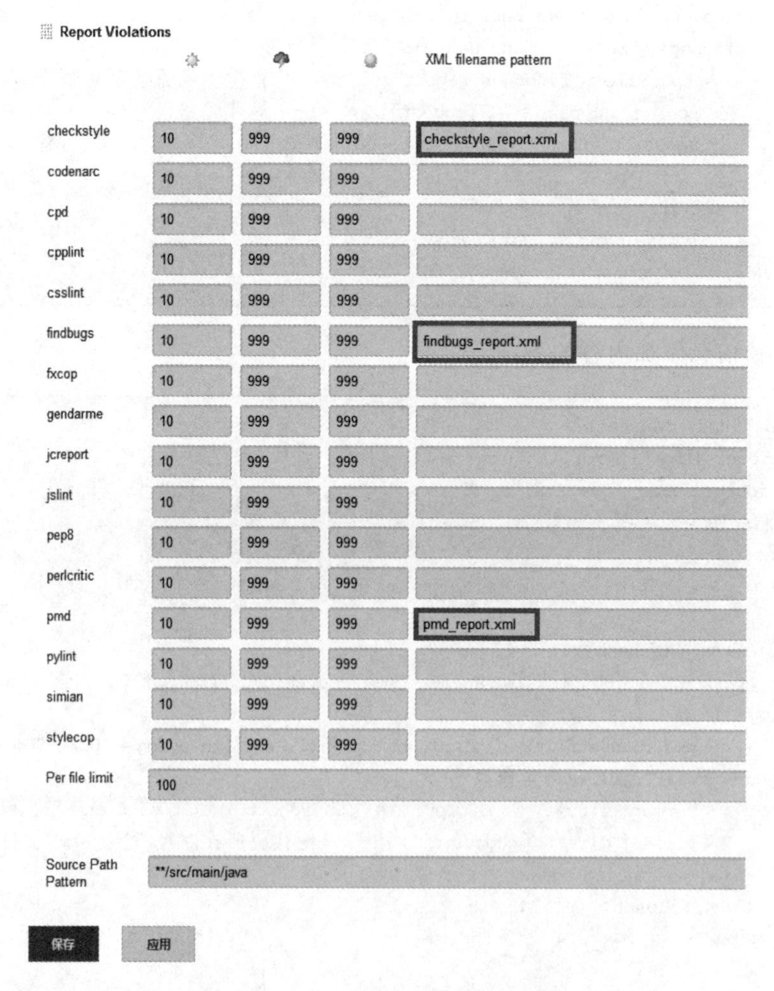

图 8-22 Violations 在项目中的设置

手动进行立即构建，项目静态分析的结果如图 8-23 和图 8-24 所示。

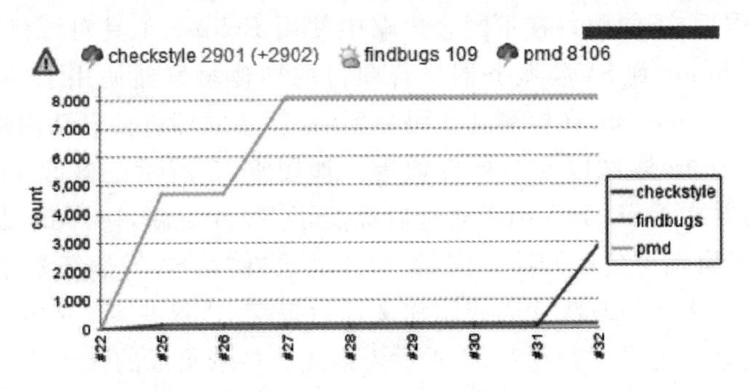

图 8-23 Violations 的图表展示

```
File: CKFinderFilesServlet.java Lines 1 to 11
 1 package com.thinkgem.jeesite.common.servlet;
 2
 3 import java.io.File;
 4 import java.io.FileInputStream;
 5 import java.io.FileNotFoundException;
 6 import java.io.IOException;
 7 import java.io.UnsupportedEncodingException;
 8
 9 import javax.servlet.ServletException;
10 import javax.servlet.http.HttpServlet;
11 import javax.servlet.http.HttpServletRequest;
```

```
File: CKFinderFilesServlet.java Lines 19 to 88
19
20 import com.thinkgem.jeesite.common.config.Global;
21 import com.thinkgem.jeesite.common.web.CKFinderConfig;
22
23 /**
24  * 查看CK上传的图片
25  * @author wenin819@gmail.com
26  *
27  */
28 public class CKFinderFilesServlet extends HttpServlet {
29
30     private static final long serialVersionUID = 4595639013502930224L;
31     private Logger logger = LoggerFactory.getLogger(getClass());
32     private static final String userfilesPath = CKFinderConfig.CK_BASH_URL;
33
34
35
36
37
38
39                                                        tResponse resp) {
40
41
42         if(index > 0) {
43             filepath = filepath.substring(index + userfilesPath.length());
44         }
45         try {
46             filepath = UriUtils.decode(filepath, "UTF-8");
47         } catch (UnsupportedEncodingException e1) {
```

Type	Class	Description
checkstyle	ConstantNameCheck	名称 'userfilesPath' 必须匹配表达式：'^[A-Z][A-Z0-9]*(_[A-Z0-9]+)*$'。
pmd	VariableNamingConventions	Variables that are final and static should be all capitals, 'userfilesPath' is not all capitals.
pmd	CommentRequired	fieldCommentRequirement Required

图 8-24 静态分析代码在 Jenkins 中的展示

7. “持续”集成的实现

完成上述步骤后，不同用户在不同客户端中使用 Eclipse 工具对源代码进行修改，编译通过后，将更新 commit 到 SVN 服务器。若项目的构建触发器使用了“* * * * *”的 Poll SCM 方式，那么 jenkins 在检测到代码更新后，就会立即进行自动构建，如代码下载、代码编译、代码静态分析/测试以及结果反馈等。如图 8-25 所示是修改 Log4jManager.java 中的部分源代码，并在 Eclipse 中编译通过后提交了 SVN 更新，Jenkins 服务器在构建触发器的条件下进行了自动构建后的结果图，类似步骤已在“4. SVN 服务器集成”中有过演示。实验中可尝试多人、多次修改源代码或添加文件后提交 SVN 更新，观察项目的持续集成情况，并查看项目的修改记录。如图 8-26 所示为第 4 次持续集成的代码修改记录。

控制台输出

```
Started by an SCM change                    由Jenkins构建触发器触发自动构建
Building remotely on Jeesite_slave in workspace F:\workspace\jeesite-master
Updating https://192.104.103.90/svn/jeesite@HEAD at revision HEAD
U         src\main\java\com\thinkgem\jeesite\common\log\Log4jManager.java    源代码更新的文件
At revision 4
No emails were triggered.
[jeesite-master] $ cmd.exe /C '"ant.bat -file build.xml && exit %%ERRORLEVEL%%"'
Buildfile: F:\workspace\jeesite-master\build.xml
                                                                 构建过程
clean:
   [delete] Deleting directory F:\workspace\jeesite-master\out
   [delete] Deleting: F:\workspace\jeesite-master\checkstyle_report.xml
   [delete] Deleting: F:\workspace\jeesite-master\findbugs_report.xml
   [delete] Deleting: F:\workspace\jeesite-master\pmd_report.xml

init:

build-project:
     [echo] jeesite: F:\workspace\jeesite-master\build.xml
     [echo] Compiling java code
    [javac] Compiling 1 source file to F:\workspace\jeesite-master\target\classes
    [javac] 警告: [options] 未与 -source 1.6 一起设置引导类路径
    [javac] 1 个警告
     [echo] Compiling java code end

buildwar:
     [echo] packeting war
      [war] Building war: F:\workspace\jeesite-master\out\jeesite.war
     [echo]  Create War finished

check-style:
[checkstyle] Running Checkstyle 6.17 on 161 files
     [xslt] Processing F:\workspace\jeesite-master\checkstyle_report.xml to F:\workspace\jeesite-master\checkstyle_report.html
     [xslt] Loading stylesheet F:\workspace\jeesite-master\third\checkstyle-author.xls

findbugs:
     [echo] Begin to check bugs in use Findbugs
 [findbugs] Executing findbugs FindBugsTask from ant task
 [findbugs] Running FindBugs...
 [findbugs] Warnings generated: 109
 [findbugs] Missing classes: 255
 [findbugs] Calculating exit code...
 [findbugs] Setting 'missing class' flag (2)
 [findbugs] Setting 'bugs found' flag (1)
 [findbugs] Exit code set to: 3
 [findbugs] Java Result: 3
 [findbugs] Classes needed for analysis were missing
 [findbugs] Output saved to findbugs_report.xml
     [echo] End of check bugs

pmdcheck:
Removed misconfigured rule: LoosePackageCoupling  cause: No packages or classes specified
      [pmd] 十月 12, 2016 9:30:47 上午 net.sourceforge.pmd.PMD removeBrokenRules
      [pmd] 警告: Removed misconfigured rule: LoosePackageCoupling  cause: No packages or classes specified

build:

BUILD SUCCESSFUL
Total time: 36 seconds
Build step 'Report Violations' changed build result to UNSTABLE
Email was triggered for: Always
Sending email for trigger: Always             邮件反馈
Sending email to: jenkins@jsc.com
Finished: UNSTABLE
```

图 8-25　代码修改后第 4 次持续集成

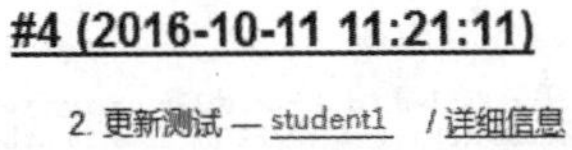

#4 (2016-10-11 11:21:11)

2. 更新测试 — student1 / 详细信息

图 8-26　第 4 次持续集成的代码修改记录

8.7　结果分析与总结

实验结果分为三部分：第一部分是持续集成环境搭建是否成功及原因；第二部分是数据分析，了解持续集成构建时间、反馈时间是否及时。发现的代码问题是否符合规范需求；第三部分是系统是否能够进行持续的集成操作。

本实验的重点难点在于搭建持续集成环境过程中对 Jenkins 的理解、Ant 构建环境的搭建，以及其他工具的集成和安装，其中根据实际情况对 build.xml 的配置值得深入理解和学习。

通过本次实验，可加强对持续构建、持续集成测试的学习，熟悉代码管理工具 SVN 中的签入签出操作，学习使用 Ant 工具及代码的静态测试技术工具进行构建和测试的方法。

8.8　练习与思考

（1）实验中使用的项目是 Java 的开源工程 Jeesite，尝试将其他工程代码进行持续集成。

（2）实验中使用 Ant 作为构建工具，尝试使用 Maven 作为构建工具进行持续集成。

（3）尝试对项目配置中的其他参数进行修改，深入理解其中的各项功能。

8.9　常 见 问 题

（1）在邮件服务器搭建步骤中，DNS、POP3 等服务安装时可能会出现相关 dll 文件缺失问题，可通过下载系统镜像（载入时安装程序会自动筛选出需要的 dll 文件）或对应 dll 文件进行安装来修复。

（2）在 Jenkins 中安装相应 hpi 插件时，若出现安装失败，可查看详情，若出现如图 8-27 和图 8-28 所示的红色框内的提示信息，则是由于缺失相关依赖插件，可通过安装相应插件修复该问题。本实验内提供部分常见 hpi 文件，若有更多需要可自行下载。

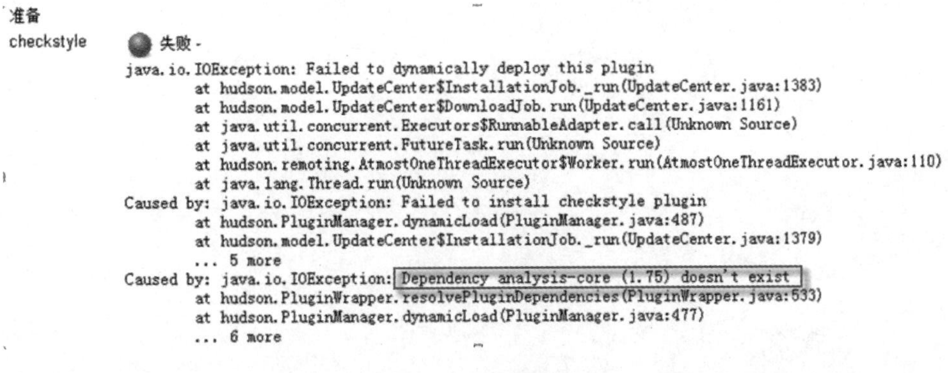

```
准备
checkstyle    失败 -
java.io.IOException: Failed to dynamically deploy this plugin
        at hudson.model.UpdateCenter$InstallationJob._run(UpdateCenter.java:1383)
        at hudson.model.UpdateCenter$DownloadJob.run(UpdateCenter.java:1161)
        at java.util.concurrent.Executors$RunnableAdapter.call(Unknown Source)
        at java.util.concurrent.FutureTask.run(Unknown Source)
        at hudson.remoting.AtmostOneThreadExecutor$Worker.run(AtmostOneThreadExecutor.java:110)
        at java.lang.Thread.run(Unknown Source)
Caused by: java.io.IOException: Failed to install checkstyle plugin
        at hudson.PluginManager.dynamicLoad(PluginManager.java:487)
        at hudson.model.UpdateCenter$InstallationJob._run(UpdateCenter.java:1379)
        ... 5 more
Caused by: java.io.IOException: Dependency analysis-core (1.75) doesn't exist
        at hudson.PluginWrapper.resolvePluginDependencies(PluginWrapper.java:533)
        at hudson.PluginManager.dynamicLoad(PluginManager.java:477)
        ... 6 more
```

图 8-27　失败详细信息 1

准备
findbugs

● 失败 -

```
java.io.IOException: Failed to dynamically deploy this plugin
        at hudson.model.UpdateCenter$InstallationJob._run(UpdateCenter.java:1383)
        at hudson.model.UpdateCenter$DownloadJob.run(UpdateCenter.java:1161)
        at java.util.concurrent.Executors$RunnableAdapter.call(Unknown Source)
        at java.util.concurrent.FutureTask.run(Unknown Source)
        at
hudson.remoting.AtmostOneThreadExecutor$Worker.run(AtmostOneThreadExecutor.java:110)
        at java.lang.Thread.run(Unknown Source)
Caused by: java.io.IOException: Failed to install findbugs plugin
        at hudson.PluginManager.dynamicLoad(PluginManager.java:487)
        at hudson.model.UpdateCenter$InstallationJob._run(UpdateCenter.java:1379)
        ... 5 more
Caused by: java.io.IOException: Dependency jfreechart-plugin (1.4) doesn't exist
        at hudson.PluginWrapper.resolvePluginDependencies(PluginWrapper.java:533)
        at hudson.PluginManager.dynamicLoad(PluginManager.java:477)
        ... 6 more
```

图 8-28　失败详细信息 2

参 考 文 献

[1] 朱少民.软件测试——基于问题驱动模式[M].北京：高等教育出版社，2017.

[2] David Thomas，Andrew Hunt.单元测试之道 Java 版.北京：电子工业出版社，2005.

[3] Roy Osherove 著.单元测试的艺术[M].金迎译.北京：人民邮电出版社，2014.

[4] Lasse Koskela 著.有效的单元测试[M].申键译.北京：机械工业出版社，2014.

[5] Petar Tahchiev 等著.JUnit 实战(第 2 版)[M].王魁译.北京：人民邮电出版社，2014.

[6] JUnit 4 文档.http://junit.org/junit4/cookbook.html.

[7] 梅扎罗斯著.xUnit 测试模式：测试码重构[M].付勇译.北京：清华大学出版社，2009.

[8] 徐宏革，等.白盒测试之道：C++test[M].北京：北京航空航天大学出版社，2011.

第2篇 Web应用的系列测试实验

单元测试、集成测试之后，我们可以试着开展系统层次的测试，包括系统功能测试、系统性能测试、系统安全性测试等。这里以 Web 应用来展示不同类型的系统测试，因为 Web 是当今软件服务的常见形态之一。除了 Web，还有各种操作系统（Windows、Mac OS、Linux 等）的本地应用，包括后端和前端，后端通常称为服务器，前端通常称为 Native Client。从测试角度看，它们与 Web 应用的测试思路、方法基本是一样的，只是采用的测试技术和工具不一样，因为特定的操作系统、特定的平台、特定的领域都有特定的计算机开发、诊断、调试、操作等技术。通过 Web 应用系统的测试实验，掌握系统功能、性能、安全性等测试技术之后，再结合特定领域的计算机技术和相应的测试工具，就可以开展其他应用领域的系统功能、性能、安全性等测试任务。如果觉得还不够，下一篇我们还进行移动应用 App 测试实验，进一步巩固所学的知识，进一步强化系统测试的技能。

在系统测试中，常见的系统测试任务来自于系统功能、性能和安全性的需求，虽然兼容性测试、可靠性测试在某些系统测试任务中也是不可缺少的，但这部分相对比较难，就不划在基本实验范畴之内，可以在老师的指导下，作为同学们自我提高的实践内容。

本篇就以 Web 应用作为实验对象，开展系统的功能测试、性能测试、安全性测试实验，这里侧重自动化测试，即采用测试工具、开发自动化脚本来完成相应的测试任务。手工测试相对容易一些，通过这些实验，提高同学们的系统测试能力，巩固所学的测试方法，以适应未来软件开发与测试的工作需求。

实验 9：Web 应用的功能测试

实验 10：Web 应用的性能测试

实验 11：Web 应用的安全性测试

实验9 Web应用的功能测试

（共4学时）

9.1 实验目的

（1）巩固所学的系统功能自动化测试方法，并能应用于特定的应用领域；

（2）提高使用系统Web功能自动化工具的能力。

9.2 实验前提

（1）掌握Web功能自动化测试方法，包括脚本编写、持续集成测试环境搭建；

（2）熟悉Web功能自动化测试过程和工具使用的基本知识；

（3）选择一个被测试的Web应用系统（TestLink）。

9.3 实验内容

针对被测试的Web应用系统进行功能自动化测试。

9.4 实验环境

（1）Windows 7或以上PC机；

（2）装好JDK 1.8或以上；

（3）装好Firefox，但保证在Firefox 46及以下版本，并在"选项"→"高级"→"更新"菜单中关闭更新（本实验中最新的Selenium WebDriver 2.53，不适配Firefox过高版本）。

9.5 实验过程简述

（1）先架设一个开源的Web产品，作为测试对象——该产品为TestLink，一款供测试工程师设计和管理测试suite、测试用例的Web产品；

（2）如何利用Firefox内的扩展——Selenium IDE，来录制TestLink中新建测试suite等基本业务逻辑，并将其转换成Java的Selenium WebDriver代码；

（3）如何用Intellij IDEA＋Maven＋TestNG来将这些初步的Selenium WebDriver代码，组装成可以半自动触发的测试脚本；

(4) 最后大致介绍如何用 Jenkins 来定时触发 TestNG 组成的自动化 suite，并将多次自动化测试归并为图形化报告，达到完全无人值守的全自动 Web 测试“机器人”。

9.6 具体的实验过程

1. 被测环境 TestLink 搭建

1) XAMPP 架设

通过 https://www.apachefriends.org/download.html 下载，下载的文件是 xampp-win32-5.6.24-0-VC11-installer.exe，执行该文件进行安装。安装中，Apache、MySQL、PHP 和 phpMyAdmin 必选，如图 9-1 所示。

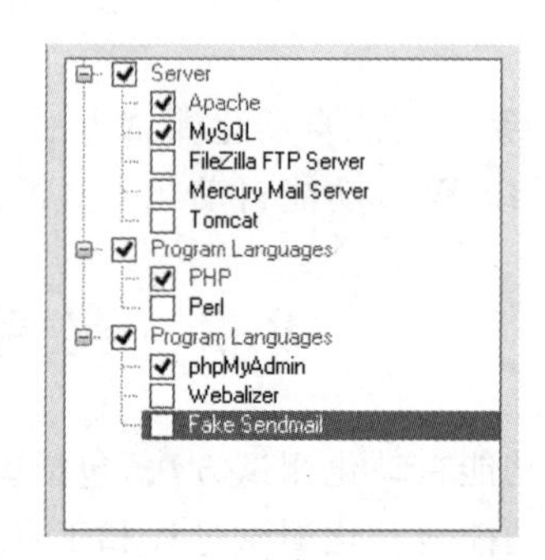

图 9-1　安装界面的局部

安装完成后，我们约定其安装目录叫作 $xampp，例如 C:/xampp。然后打开 XAMPP 带的 Panel，启动 Apache 和 MySQL，即单击对应的 Start 按钮，如图 9-2 所示。

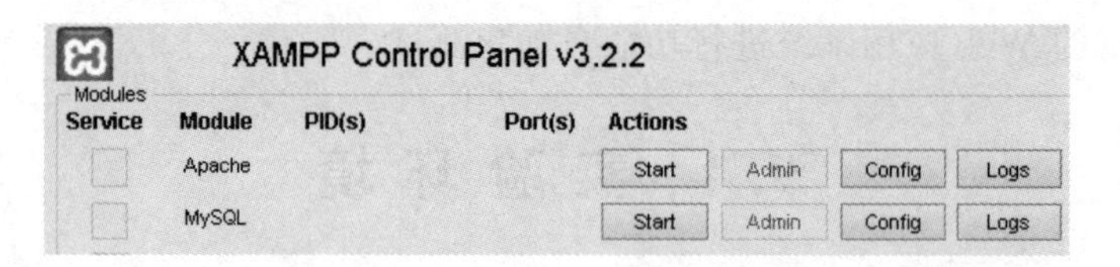

图 9-2　XAMPP 控制面板界面

在浏览器地址栏中输入 http://localhost/和 http://localhost/phpmyadmin/，若显示正常，则说明 XAMPP 安装成功，下面就可以安装 TestLink 了。如果显示不正常，则需要重新安装或借助网络找到问题的解决办法。

2) TestLink 安装

在 http://jaist.dl.sourceforge.net/project/testlink/TestLink%201.9/TestLink%201.9.14/中下载相应的 testlink 1.9.14.tar.gz，解压到 $xampp/htdocs 文件夹下。

安装 Testlink 可以参考官方网站的安装指导：http://testlink.sourceforge.net/docs/documents/installation.html 或 Testlink 中文社区文章：http://www.testlink.org.cn/category/install。

在浏览器地址栏中输入 http://localhost/testlink/install/index.php，按提示操作，如

果报下列错误：

```
Checking if /var/testlink/logs/ directory exists ...    Failed!
Checking if /var/testlink/upload_area/ directory exists ...   Failed!
```

这时需要修改 $xampp\htdocs\testlink\ config. inc. php 文件，修改方法如下。

(1) 查找到 $tlCfg->log_path = '/var/testlink/logs/';注释掉该句，添加如下内容：$tlCfg->log_path = '$testlinkDir/logs/';

(2) 查找到 $g_repositoryPath = '/var/testlink/upload_area/';注释掉该句，添加如下内容：$g_repositoryPath = '$testlinkDir/upload_area/';

注意：这里 $testlinkDir 应用前面 testlink 安装目录的全路径替换，如 C:/xampp/htdocs/testlink 后再刷新，如果通过，就可以继续下列安装步骤：database type 选择 MySQL，database host 填写 localhost，database name 填写 testlin，并填写 MySQL 数据库用户名和密码(Database login 为 root，Database password 为 **)。

这里会发现默认 XAMPP 里的 MySQL，root 是没有密码的，这里就要用到 http://localhost/phpmyadmin/，如图 9-3 所示，在 User accounts 里面把 root 对应 localhost 的密码改一下，再回到 TestLink 安装页面，填入 MySQL root 账户的密码。

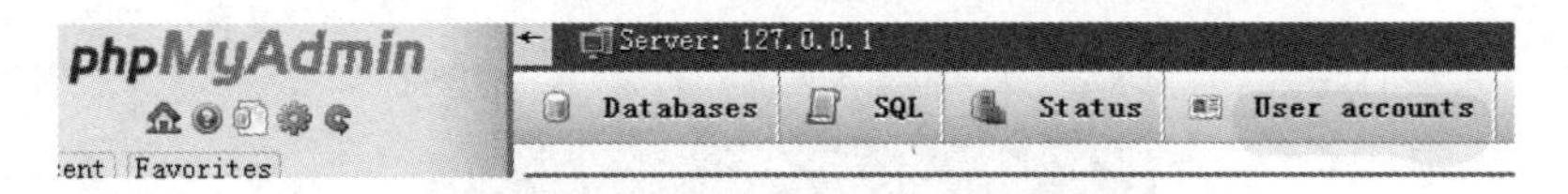

图 9-3 phpMyAdmin 操作界面的局部

最后 TestLink 安装完成后，会提示登录 TestLink 的默认用户名和密码，如图 9-4 所示。

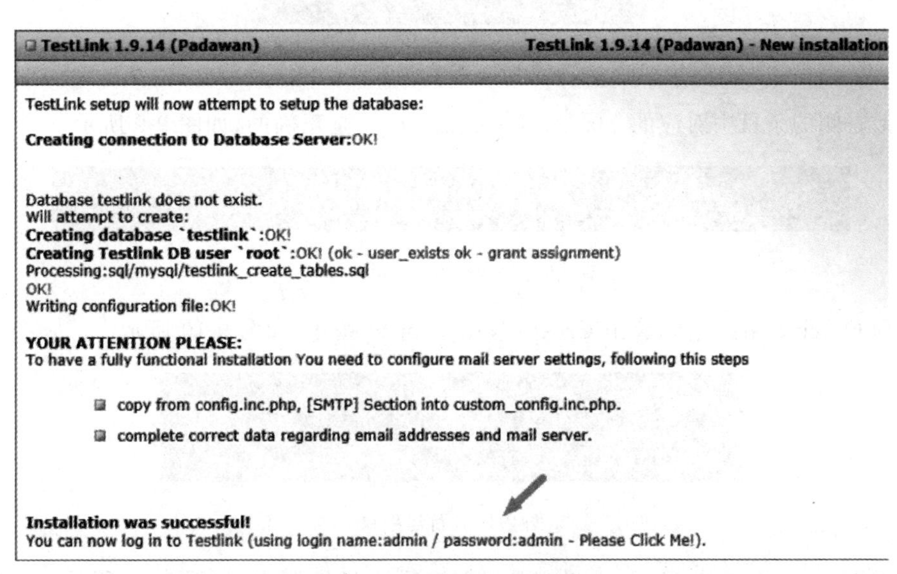

图 9-4 安装结束时的界面

2. 依托 TestNG+Selenium 进行功能自动化测试

1) Intellij IDEA 和 Maven 等 Web 测试开发环境搭建

首先，实验机器上安装好 Maven，环境变量中设置好 M2_HOME，可以进行如图 9-5 所示的验证。

图 9-5　验证

然后，启动 Intellij，在 Quick Start 的菜单 Configure→Settings 中输入 Maven，如图 9-6～图 9-8 所示。

图 9-6　Configure

图 9-7　Settings

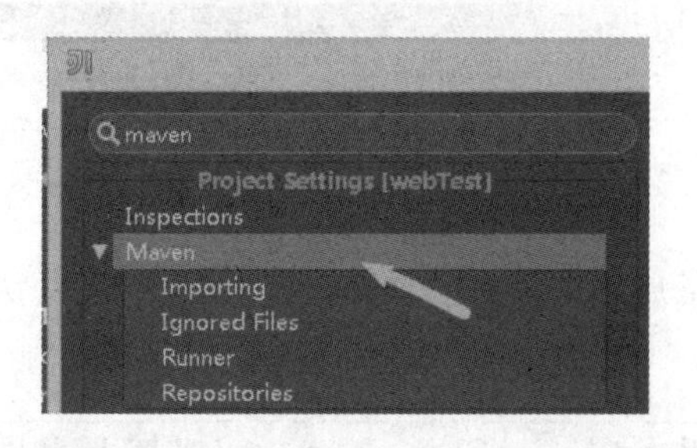

图 9-8　输入 Maven

确保右侧的条目中对应的 Maven home directory 是正确的，如图 9-9 所示。

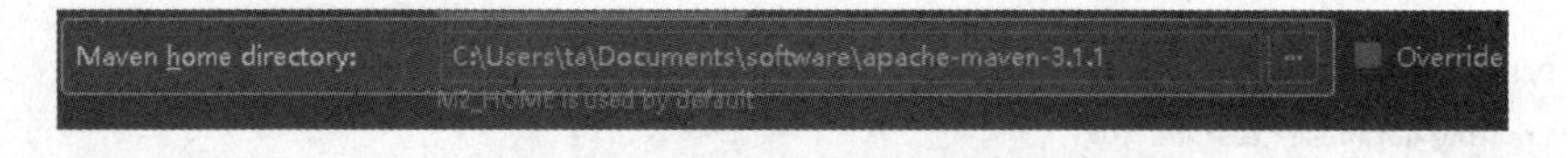

图 9-9　Maven home directory

回到 Quick Start 页面，单击 Create New Project 按钮，如图 9-10 所示。

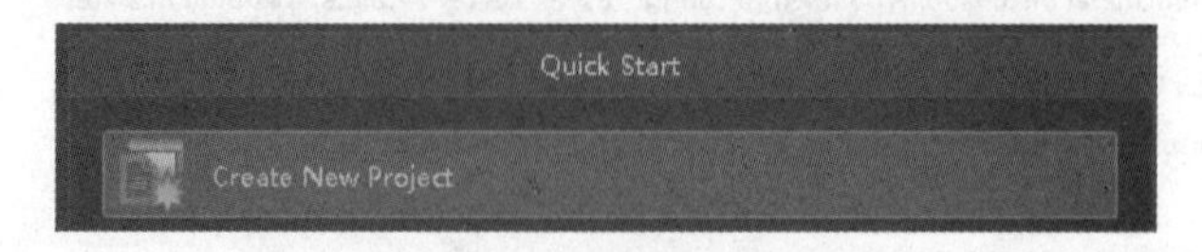

图 9-10　新建项目

选择 Maven，Project SDK 选择实验机器安装的 JDK 版本，如图 9-11 所示。

输入新项目相应的 GroupId、ArtifactId 等，如图 9-12 所示。

待新项目目录结构出现后，进入 pom. xml，如图 9-13 所示。

在 dependencies 节点下分别输入 selenium-java 和 testng 这两个 dependency 节点：

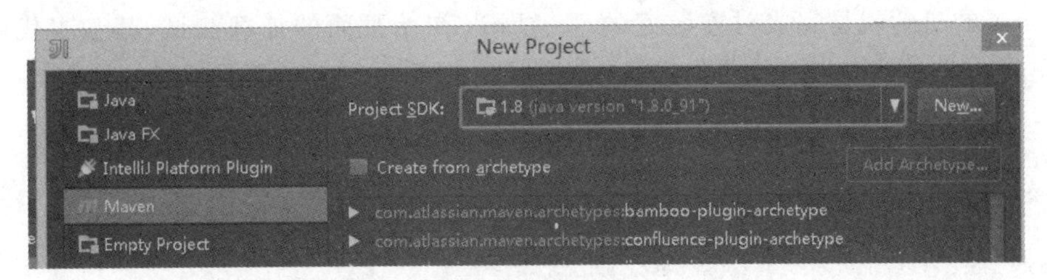

图 9-11　设置 JDK 版本

图 9-12　新建项目设置

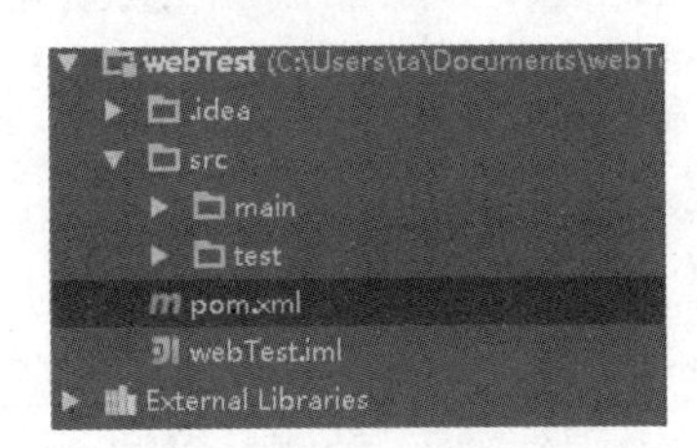

图 9-13　进入 pom. xml

```
<dependency>
        <groupId>org.seleniumhq.selenium</groupId>
        <artifactId>selenium-java</artifactId>
        <version>2.53.0</version>
</dependency>
<dependency>
     <groupId>org.testng</groupId>
     <artifactId>testng</artifactId>
     <version>6.1.1</version>
</dependency>
```

在 src/test/java 目录下建立名为 com. tongji 的 package，然后在该 package 下建立 testAll 类，如图 9-14 所示。

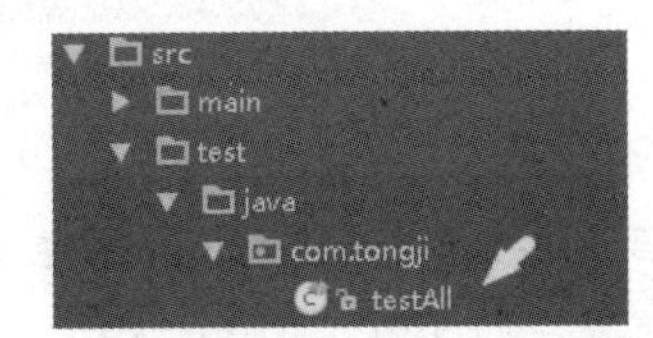

图 9-14　建立 testAll 类

这个类的目的就是完成对安装好的 TestLink 初始页面的加载测试，其基本代码如下(代码里面的 localFirfoxPath 要根据实际使用 PC 的 firefox. exe 路径赋值)：

```
import org.openqa.selenium.WebDriver;
import org.openqa.selenium.firefox.FirefoxDriver;
import org.testng.Assert;
import org.testng.annotations.BeforeClass;
import org.testng.annotations.Test;
import java.util.concurrent.TimeUnit;

public class testAll {
    private static WebDriver driver;

    @BeforeClass
    public void beforeClass() throws InterruptedException {
        String localFirfoxPath = "C://Program Files (x86)/Firefox/firefox.exe" ;
        System.setProperty("webdriver.firefox.bin", localFirfoxPath );
        driver = new FirefoxDriver();
        driver.manage().timeouts().implicitlyWait(30, TimeUnit.SECONDS);
    }

    @Test()
    public void testAll() throws Exception {
        String url = "http://localhost/testlink/login.php" ;
        driver.get(url) ;
        Assert.assertTrue( driver.getTitle().indexOf("TestLink") > -1 );
    }
}
```

最后，右击上面项目树状结构中的 testAll 类，在弹出的菜单中单击 Run 'testAll'，如图 9-15 所示。正常情况下，IDE 会启动实验机器的 Firefox，跳转到之前架设的 TestLink 页面，然后停在初始页面。

注 1：如果安装的 Intellij 中 testAll 类的弹出菜单中没有 Run(using Testng)选项，只需在 Quick Start→Configure→Plugins 菜单中输入 testng 后，TestNG-J 被 enable 即可，如图 9-16 所示。

图 9-15　Run 'testAll'菜单

图 9-16　选中 TestNG-J

注 2：如果实验环境不能拿到 selenium webdriver 对应的 jar 包(其放在 Google 相关的服务器上)，可将本机 maven 的配置(* /conf/setting. xml)中的 mirror 设为阿里云的，设置方法如下：

```
<mirror>
    <id>alimaven</id>
    <name>aliyun maven</name>
    <url>http://maven.aliyun.com/nexus/content/groups/public/</url>
    <mirrorOf>central</mirrorOf>
</mirror>
```

2）通过 Selenium IDE 录制测试脚本并转化为 WebDriver 脚本

在实验机的 Firefox 中，安装 Selenium IDE 插件，如图 9-17 所示。

打开该插件，录制 TestLink 中“新建测试项目”的一个脚本，如图 9-18 所示。

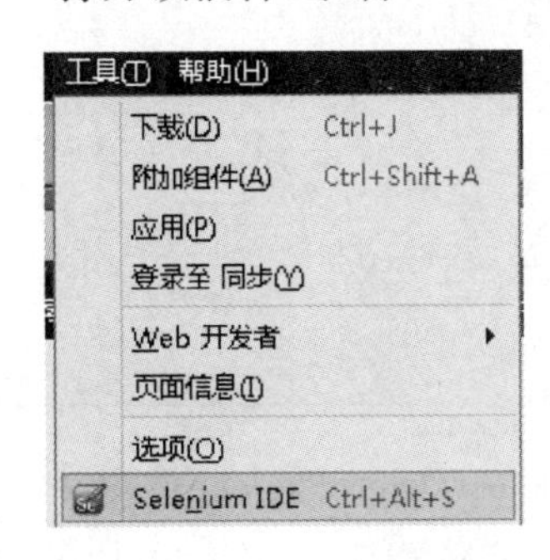

图 9-17　Selenium IDE 菜单

Command	Target	Value
type	name=tl_password	admin
clickAndWait	name=login_submit	
selectFrame	mainframe	
clickAndWait	link=Test Project Management	
clickAndWait	id=create	
type	name=tprojectName	abcdProject
type	name=tcasePrefix	abcd
clickAndWait	name=doActionButton	

图 9-18　Selenium IDE 脚本显示窗口

Selenium IDE 的 Options 中的 Clipboard Format 设置，如图 9-19 所示。

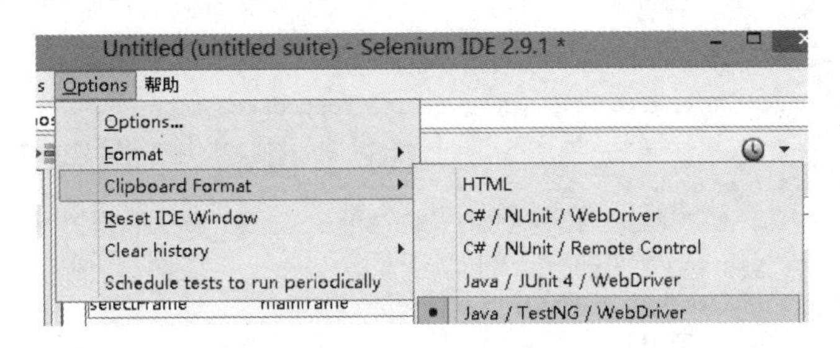

图 9-19　Selenium 脚本转化成不同格式的操作界面

若图 9-19 中的设置正确，则可以直接将 Selenium IDE 中的录制脚本复制到 Intellij 中，组成 testCreateProject，把 testAll 作为其依赖。注意修改不太适配 WebDriver 的这一行代码“driver.findElement(By.linkText("Test Project Management")).click();”，同时删除或注释掉其前面的 selectFrame 这一行，用“driver.get("http://localhost/testlink/lib/project/projectView.php");”代替。再执行该 Method，会发现 Selenium WebDriver 能够自动在 TestLink 中生成一个新的测试项目。

注： 请不要删除 IDE 录制时的 abcdProject，否则 http://localhost/testlink/lib/project/projectView.php 打开的页面中将没有 create 按钮。

```
@Test(dependsOnMethods = "testAll")
    public void testCreateProject() throws InterruptedException {
```

```
        driver.findElement(By.id("login")).clear();
        driver.findElement(By.id("login")).sendKeys("admin");
        driver.findElement(By.name("tl_password")).clear();
        driver.findElement(By.name("tl_password")).sendKeys("admin");
        driver.findElement(By.name("login_submit")).click();
        Thread.sleep(2000); // manually added
        driver.get("http://localhost/testlink/lib/project/projectView.php");
        Thread.sleep(1000); // manually added
        driver.findElement(By.id("create")).click();
        Thread.sleep(1000); // manually added
        driver.findElement(By.name("tprojectName")).clear();
        String projectName = "Project" + (new Random().nextInt(10000)) ;
        driver.findElement(By.name("tprojectName")).sendKeys(projectName);
        driver.findElement(By.name("tcasePrefix")).clear();
        driver.findElement(By.name("tcasePrefix")).sendKeys(projectName);
        driver.findElement(By.name("doActionButton")).click();
        Thread.sleep(1000);
    }
```

将变量 projectName 提高到类一级，以便被下一个步骤的 testDeleteProject 调用。

用同样的方法，生成一个验证“删除测试项目”的 Method，它依赖于 testCreateProject，执行时会找到其建立的 projectName 进行删除。到此，一个最简单的测试 Web 站点的自动化测试类就建好了。

```
@Test(dependsOnMethods = "testCreateProject")
    public void testDeleteProject() throws InterruptedException {
        driver.get("http://localhost/testlink/lib/project/projectView.php");
        Thread.sleep(1000);
        String xpathDeleteButton = "//tr/td[1]/a[contains(text(),'" + projectName + "'
)]/../following-sibling::td[7]";
        driver.findElement( By.xpath(xpathDeleteButton) ).click();
        Thread.sleep(1000);
        driver.findElement(By.id("ext-gen20")).click();
    }
```

3）组建测试 suite

以下操作是为自动化测试做准备，即让 TestNG+Selenium 项目脱离“人”，由“机器”接管它的运行。

首先通过在 pom.xml 中增加<build>和<properties>节点，使测试项目可以脱离 IDE 运行，代码如下：

```
<build>
    <plugins>
        <plugin>
            <artifactId>maven-compiler-plugin</artifactId>
```

```
            <configuration>
                <source>1.7</source>
                <target>1.7</target>
                <encoding>utf8</encoding>
            </configuration>
        </plugin>

        <plugin>
            <groupId>org.apache.maven.plugins</groupId>
            <artifactId>maven-surefire-plugin</artifactId>
            <version>2.17</version>
            <configuration>
                <suiteXmlFiles>
                    <suiteXmlFile>${suiteXmlFile}</suiteXmlFile>
                </suiteXmlFiles>
            </configuration>
        </plugin>

        <plugin>
            <groupId>org.apache.maven.plugins</groupId>
            <artifactId>maven-resources-plugin</artifactId>
            <version>2.3</version>
            <configuration>
                <encoding>UTF-8</encoding>
            </configuration>
        </plugin>
    </plugins>
</build>

<properties>
    <suiteXmlFile>testng.xml</suiteXmlFile>
</properties>
```

其次在/src/test/resources目录下建立mvnRun.xml作为mvn运行整个测试类的入口,代码如下:

```
<?xml version="1.0" encoding="UTF-8"?>
<suite name="Sample Suite">
    <test name="Sample Test">
        <classes>
            <class name="com.tongji.testAll" />
        </classes>
    </test>
</suite>
```

完成后,在cmd中进入webTest目录,就可以利用mvn直接运行该XML脚本。该输入会自动启动TestNG并触发Firefox执行我们设计的简单测试任务,如图9-20所示。

测试完后,cmd也会给出简化版的结果,如图9-21所示。

```
C:\Users\ta\Documents\webTest>mvn clean test -DsuiteXmlFile=src/test/resources/m
vnRun.xml
```

图 9-20 运行 XML 脚本

```
SLF4J: Failed to load class "org.slf4j.impl.StaticLoggerBinder".
SLF4J: Defaulting to no-operation (NOP) logger implementation
SLF4J: See http://www.slf4j.org/codes.html#StaticLoggerBinder for further detail
s.

-------------------------------------------------------
 T E S T S
-------------------------------------------------------
Running TestSuite
Tests run: 3, Failures: 0, Errors: 0, Skipped: 0, Time elapsed: 35.773 sec - in
TestSuite

Results :

Tests run: 3, Failures: 0, Errors: 0, Skipped: 0
```

图 9-21 简化版的结果

注：SLF4J 的报错可以忽略，因为测试类中暂时也没放 Logger。

3. 扩展一些测试用例

上文中主要介绍了组装简单的 project 添加和删除用例，用 TestNG 将这个存在依赖的逻辑运行起来。下面再增加一些用数据驱动的测试用例，来展示如何用 TestNG 来完成不同组成或不同边界的数据产生不同的测试结果。

这里选择的是比 project 增加或删除略微复杂一点的功能——对 User 的添加，并用数据驱动分别进行"正确 mail 输入"的正面测试、"错误 mail 输入"的负面测试。

首先使脚本更专业一些，把 testAll()改造成一个较规范的用于登录的函数，代码如下：

```
@Test
public void login() throws InterruptedException {

    String url = "http://localhost/testlink/login.php" ;
    driver.get(url) ;
    driver.findElement(By.id("login")).clear();
    driver.findElement(By.id("login")).sendKeys("admin");
    driver.findElement(By.name("tl_password")).clear();
    driver.findElement(By.name("tl_password")).sendKeys("admin");
    driver.findElement(By.name("tl_password")).sendKeys(Keys.TAB) ;
    driver.findElement(By.name("login_submit")).click();
    Thread.sleep(1000);
    for (int second = 0;; second++) {
        if (second >= 60) throw new Error() ;
        try { if ( driver.getCurrentUrl().indexOf("caller = login") > - 1 ) break; } catch
(Exception e) {}
        Thread.sleep(1000);
    }
}
```

然后编制数据驱动脚本，即正确的 mail 输入和错误的 mail 输入：

```
@DataProvider(name = "mailData")
public static Object[][] mailRightAndWrong() {
    return new Object[][]{ {"11111" , false } , { "ABC" + (new Random().nextInt(10000))
            +"@hello.com" , true} };
}
```

接着是主要测试用例，注意它使用了上面构建的两类测试数据(见第 1 行脚本)：

```
@Test(dependsOnMethods = {"login", }, dataProvider = "mailData")
public void testCreateUser( String mail ,boolean isMailOK )throws InterruptedException {
    driver.navigate().to("http://localhost/testlink/index.php?caller = login") ;
    Thread.sleep(1000);
    //切换到上方 bar
    driver.switchTo().defaultContent().switchTo().frame(0);
    // 单击上方 bar 中的 User/Role 按钮
    driver.findElement( By.xpath("//div[3]/a[3]/img") ).click();
    Thread.sleep(1000) ; // wait for the new page of User Manage..
    //切换到主 Frame
    driver.switchTo().defaultContent().switchTo().frame(1);
    driver.findElement(By.name("doCreate")).click();
    Thread.sleep(1000) ; // wait for the new page of creating User
    driver.findElement(By.name("login")).clear();
    driver.findElement(By.name("login")).sendKeys( mail );
    driver.findElement(By.name("firstName")).clear();
    driver.findElement(By.name("firstName")).sendKeys("111");
    driver.findElement(By.name("lastName")).clear();
    driver.findElement(By.name("lastName")).sendKeys("111");
    driver.findElement(By.id("password")).clear();
    driver.findElement(By.id("password")).sendKeys("Admin1111");
    driver.findElement(By.id("email")).clear();
    driver.findElement(By.id("email")).sendKeys( mail );
    driver.findElement(By.name("do_update")).click();
    Thread.sleep(2000);

    if(!isMailOK) {
        // 验证出现 Email address format 错误提示框，并单击它
        for (int second = 0; ; second++) {
            if (second >= 60) throw new Error();
            try {
                if ("OK".equals(driver.findElement(By.cssSelector("td.x - btn - mc")).
getText()))
                    break;
            } catch (Exception e) {
            }
            Thread.sleep(1000);
        }
        driver.findElement(By.cssSelector("td.x - btn - mc")).click();
```

```
    }else{
    Assert.assertTrue( driver.findElements(By.xpath("//tr/td/div[contains(text(),'"
 + mail
            +"')]")).size() != 0 );
    }
}
```

让 TestNG 运行这个测试函数,会发现它对两类测试数据进行测试,虽然行为大同小异(只是 mail 输入格式不同),却是针对不同行为进行判定的、两种不同的测试结果。

4. 将测试用例用于多个测试环境

在上面用到的主测试类中,可以添加如下代码:

```
@BeforeSuite
@Parameters({ "testEnv" })
public void beforeSuite( @Optional("insideTestEnv") String testEnv) throws
        InterruptedException, IOException {
    System.out.println("对应测试环境:" + testEnv );
}
```

而在 pom.xml 的 build→plugins 节点中,保证以下子节点存在:

```
<plugin>
    <groupId>org.apache.maven.plugins</groupId>
    <artifactId>maven-surefire-plugin</artifactId>
    <version>2.17</version>
    <configuration>
        <suiteXmlFiles>
            <suiteXmlFile>${suiteXmlFile}</suiteXmlFile>
        </suiteXmlFiles>
        <systemPropertyVariables>
            <propertyName>testEnv</propertyName>
        </systemPropertyVariables>
    </configuration>
</plugin>
```

这样用 Maven 触发测试类对应的 XML 时,使用“Mvn clean test -DsuiteXmlFile=***.xml -DtestEnv=***”,就可以通过 testEnv 变量——把这个专门定义测试环境的变量传入主测试类。主测试类则可以设计成根据该变量不同的值来读取一套不同的静态变量,从而起到一套 selenium 脚本适配多个测试环境的目的。

5. 依托 Jenkins 完成针对 TestNG 自动化测试及结果的持续集成

1) 搭建 Jenkins

“测试机器人,一方面它是一个测试的‘人’,即映射了测试工程师的智慧;一方面它是测试的‘机器’,即它是机器,可以脱离人独自运行,判断产品的对与错。”

也就是说,在大多数产品发布前,或期望正常运行时,利用 Jenkins 这样的集成工具,完成某些关键逻辑的测试，对产品缺陷进行识别和报警，才能真正体现自动化测试的价值。

首先在 Jenkins 官网(https://updates.jenkins-ci.org/download/war/)上下载最新的 Jenkins 的 war 包，放入本机的 Tomcat 目录下的 webapp 目录中，然后启动 Tomcat。

注：Tomcat 要设置为 8080 端口，以便与架设的 TestLink 端口错开。

安装成功后，应可进入 http://localhost:8080/jenkins2/，之后有两个选项"Install Suggested Plugins"和"Select Plugins to Install"，如不熟悉就选择第一项安装它的初始 Plugin(后期遇到新的需求再加其他)，如图 9-22 所示。

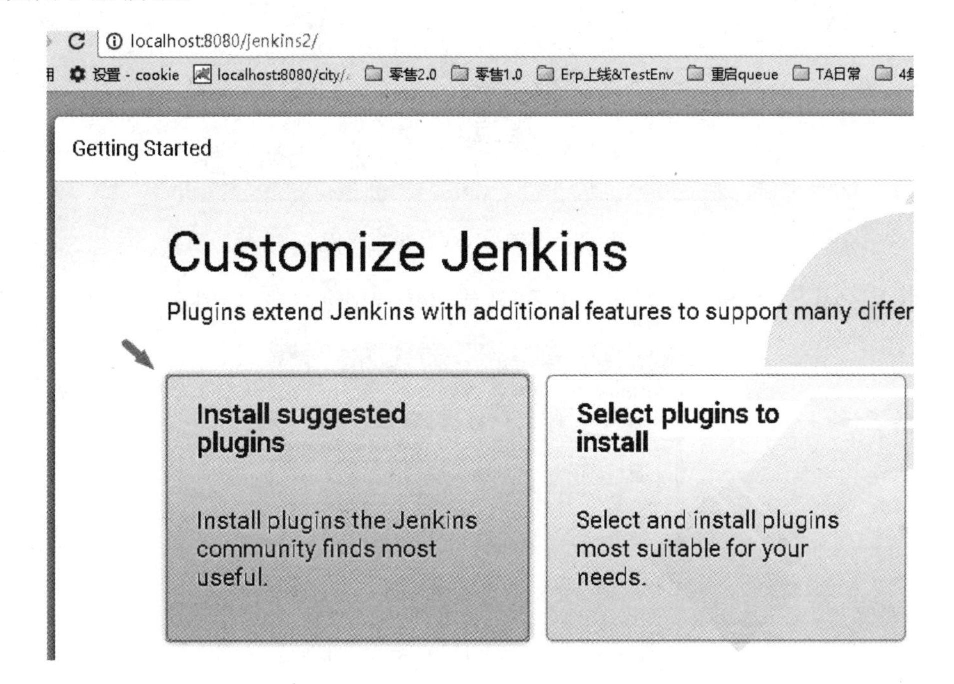

图 9-22 Jenkins 自定义(安装插件)

最后，看到 Jenkins 启动界面了，如图 9-23 所示。

图 9-23 Jenkins 启动后从 Web 页面看到的局部界面

2) 搭建 SVN Server 并令 Jenkins 触发自动化测试

在 https://www.visualsvn.com/server/download/上选择对应的 32bits 或 64bits Visual SVN 下载，然后按照 http://blog.163.com/crazy20070501@126/blog/static/1286594652013924104251272/的指导安装 Visual SVN。

注意由于 443 端口被 TestLink 所依托的 Apache 占用了，所以端口选择 8443，如图 9-24 所示。

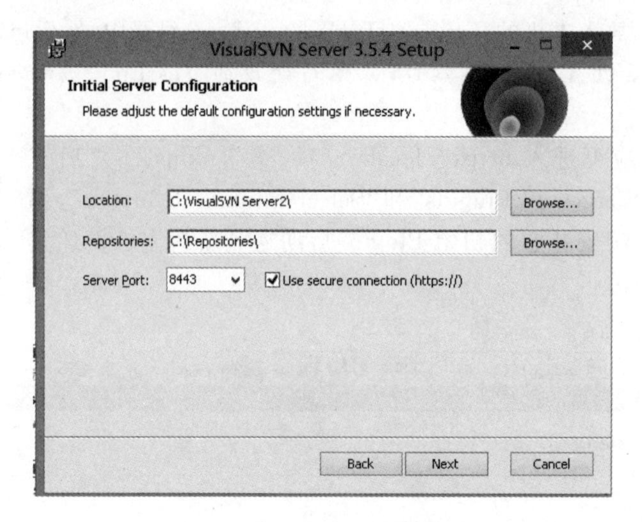

图 9-24　Visual SVN 设置界面

运行 Visual SVN Server Manager 后，新建 Repository 目录，如图 9-25 所示。

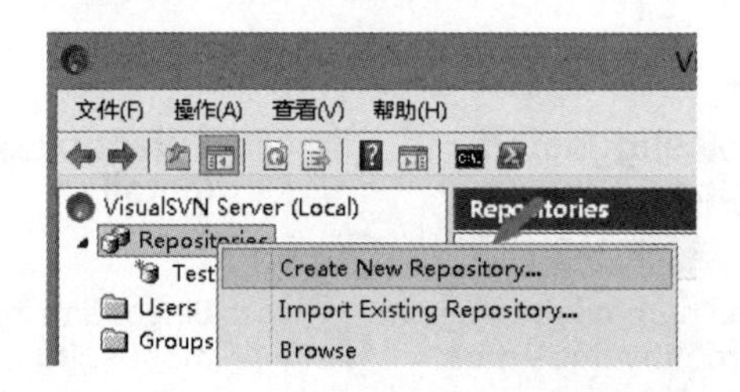

图 9-25　Visual SVN 新建 Repository 目录界面

将之前建立的项目目录，如 C://.../webTest，导入到新建好的 SVN Repository 目录中，如图 9-26 所示。

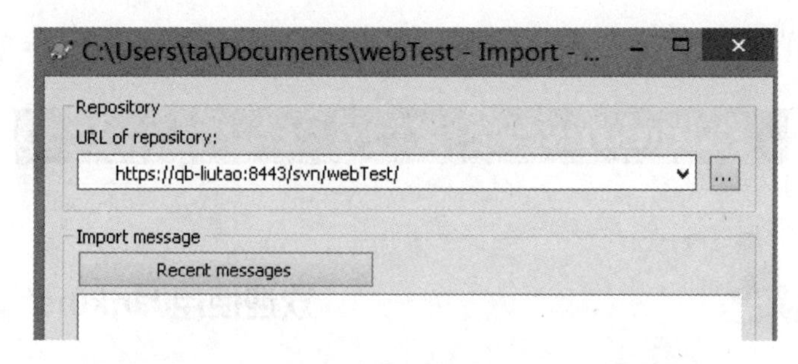

图 9-26　在 Visual SVN 中导入已有代码目录界面

在建立的 Jenkins 下新建一个自由风格的 Job——mvnRun，然后在这个 Job 中建立对 SVN Server 相应的 Repository URL 的映射，如图 9-27 所示。

输入在 Virtual SVN Manager 中设好的用户名和密码，然后建立一个 Execute Windows batch command，如图 9-28 所示。

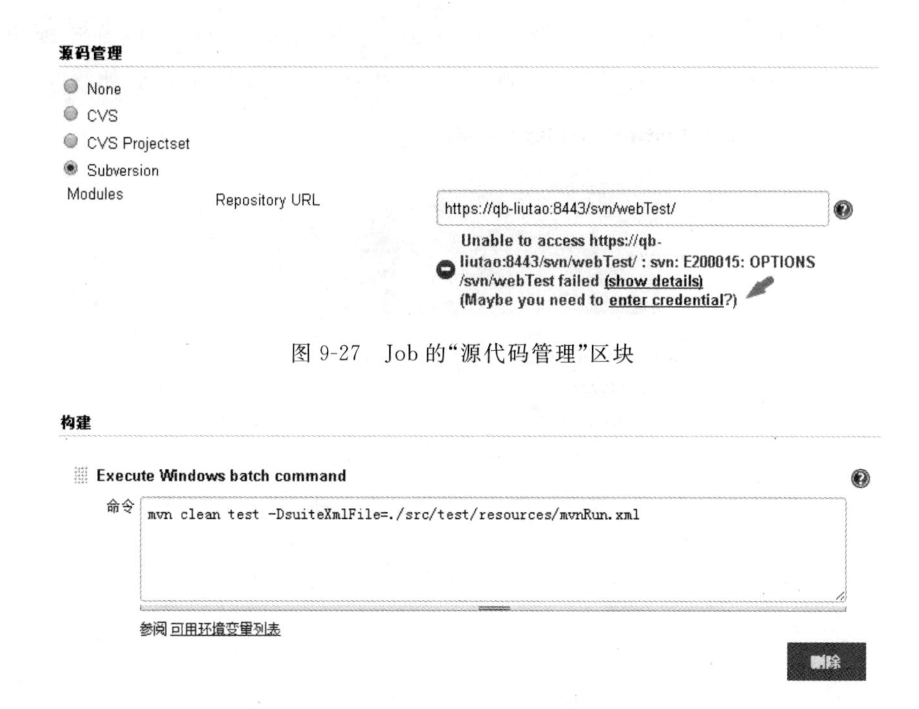

图 9-27　Job 的“源代码管理”区块

图 9-28　构建 Execute Windows batch command

执行该 Job，会发现 Jenkins 可以通过 Maven 启动 Firefox，完成自动化测试。

3）安装 TestNG 插件并生成图形化测试结果

如果想多次执行 TestNG 测试 Job 后，Jenkins 系统能较好地反映测试结果的趋势的话，应该先确保在 http://localhost:8080/jenkins2/pluginManager/中安装好能够汇总 TestNG 测试结果的插件——TestNG Results Plugin，效果如图 9-29 所示。

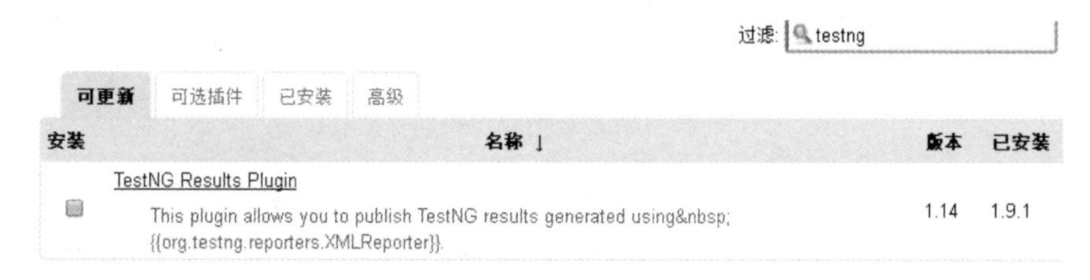

图 9-29　插件管理区块

再回到 Job 的配置，在“构建后操作”中加入对 TestNG Results 的配置，注意 TestNG XML report pattern 的文件路径如图 9-30 所示。

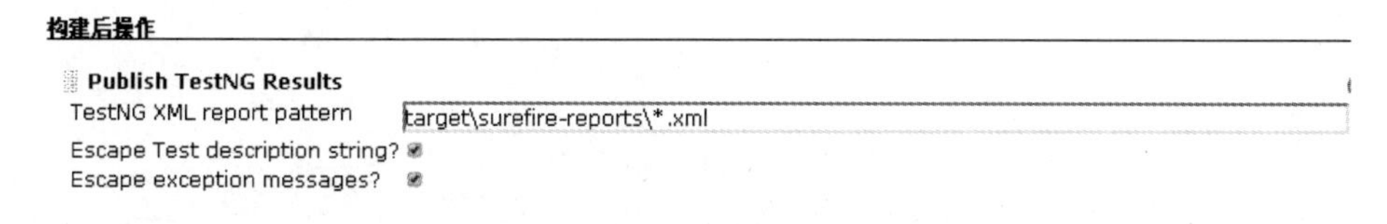

图 9-30　Job 的“构建后操作”区块

运行这个 Job 会发现，TestNG 测试会在 Job 执行 Maven 构建时被执行，测试的结果可

以在 http://localhost:8080/jenkins2/job/mvnRun/testngreports/ 中清晰地反映出来，并且 TestNG Results 可以以图表的形式反映多次 TestNG 测试结果的区别，如图 9-31 所示。

TestNG Results Trends

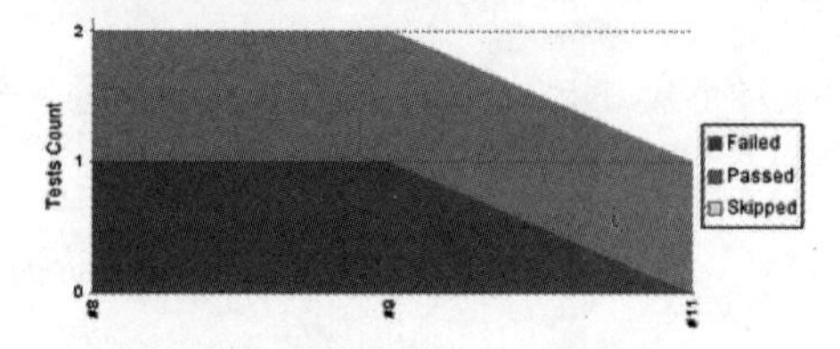

Latest Test Results (build #11)

- Total Tests: 1 (+1)
- Failed Tests: 0 (±0)
- Skipped Tests: 0 (±0)
- Failed Configurations: 0 (±0)
- Skipped Configurations: 0 (±0)

图 9-31　TestNG Results 区块

实验 10 Web 应用的性能测试

（共 2 学时）

10.1 实验目的

(1) 巩固所学的 Web 应用系统性能测试方法；

(2) 提高使用系统性能测试工具的能力。

10.2 实验前提

(1) 掌握系统性能测试方法，包括负载模式和场景设计；

(2) 熟悉系统性能测试过程和工具使用的基本知识；

(3) 选择一个被测试的 Web 应用系统(SUT)。

10.3 实验内容

针对被测试的 Web 应用系统进行性能测试。

10.4 实验环境

(1) 由 3～5 个学生组成一个测试小组，其中一位学生担任组长，协调大家的工作；

(2) 被测试的 Web 应用系统可以安装在局域网内一个独立的服务器上，也可以是外部 web 应用系统，本实验选择自己开发的、部署在阿里云上的 www.testzilla.org 作为被测试的 Web 应用系统；

(3) 共需要三台以上计算机(PC 或笔记本电脑)，都安装 Java 运行环境。在命令行方式下输入“java -version”，如果显示类似下列内容的信息，说明 Java 运行环境已就绪：

```
java version "1.8.0_31"
Java(TM) SE Runtime Environment (build 1.8.0_31 - b13)
Java HotSpot(TM) 64 - Bit Server VM (build 25.31 - b07, mixed mode)
```

(4) 保证网络连接，能够访问被测系统(SUT)，本实验中为 www.testzilla.org。

10.5 实验过程简述

(1) 明确性能测试对象,测试目的是获得主要的性能指标数据;
(2) 小组讨论性能测试方案和小组成员分工;
(3) 下载并部署性能测试工具;
(4) 针对 SUT 关键性业务的功能操作录制或开发脚本;
(5) 完成脚本参数化,如测试数据文件、用户自定义变量等配置;
(6) 针对 HTTP 协议,完成性能测试环境的设置,如断言、Cookie 管理、默认值等;
(7) 针对测试过程监控和数据收集完成相应的设置,如聚合报告、图形结果等;
(8) 针对不同的负载(如并发用户 100、500、1000 等),完成性能测试的执行过程;
(9) 根据收集到的测试数据(图、表)进行分析,识别出性能问题,判断系统性能是否满足事先定义的性能需求;
(10) 编写并提交性能测试报告。

10.6 实施具体的性能测试过程

1. 测试方案

针对 Web 服务器的性能测试,可以直接通过发送 HTTP 数据包来施加负载,根据所学到的知识和业务特点,选定关键业务来进行负载模拟,完成不同的负载、负载模式的性能测试,获得主要的性能指标数据,包括系统响应时间、数据吞吐量、系统资源(CPU、内存等)使用效率等。

Web 性能测试工具有很多,以 JMeter、Gatling、nGrinder、WebLoad、LoadRunner 等为代表,本实验选择大家熟悉的、开源的 JMeter 作为本次实验的性能测试工具,建议大家以后可以尝试选择 Gatling、nGrinder 等作为性能测试工具。

2. JMeter 的下载与安装

从 Apache 官方网站下载 JMeter,然后直接解压到相应目录下,就基本完成其安装。在 Linux/Mac OS 中 JMeter 一般会安装在/usr/local 目录下。输入 sh jmeter. sh 启动工具,可以在 Windows 下运行 jmeter. bat。启动后,进入 JMeter 主界面,如图 10-1 所示。

为了能够模拟分布式性能测试环境,需要部署三台主机,其中一台主机作为控制器(Master JMeter)、另外两台作为远程主机(Slave JMeter),如图 10-2 所示。这要求在 JMeter 配置文件 jmeter. properties 中设置 Remote hosts and RMI configuration 相关项(如 remote_hosts、server_port)的值,代码如下:

```
remote_hosts = 10.60.0.201:1099, 10.60.0.202:1099
# RMI port to be used by the server (must start rmiregistry with same port)
# To change the port to (say) 1234:
# On the server(s)
#  - set server_port = 1234
#  - start rmiregistry with port 1234
```

Apache JMeter (2.13 r1665067)

测试计划
工作台

测试计划

名称：测试计划

注释：

用户定义的变量

名称:	值

Detail　添加　Add from Clipboard　删除　Up　Down

独立运行每个线程组（例如在一个组运行结束后启动下一个）

Run tearDown Thread Groups after shutdown of main threads

函数测试模式

只有当你需要记录每个请求从服务器取得的数据到文件时
才需要选择函数测试模式。

选择这个选项很影响性能。

Add directory or jar to classpath　浏览...　删除　清除

Library

图 10-1　JMeter 主界面

```
client.tries = 3
client.retries_delay = 5000
# client.continue_on_fail = false
# To change the default port (1099) used to access the server:
#server.rmi.port = 1234
```

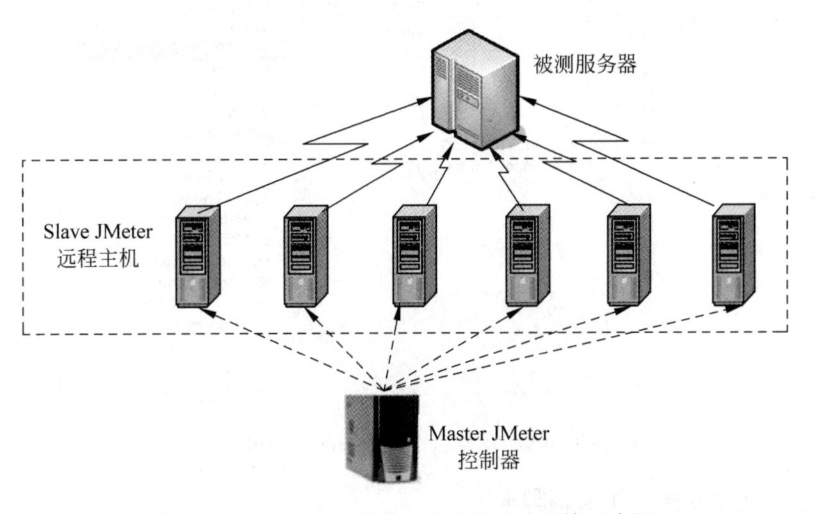

图 10-2　JMeter 构成分布式性能测试环境示意图

3. 建立性能测试计划

在页面左侧选择测试计划,在鼠标右键菜单中选择“添加”→Theads(user)→“线程组”命令建立一个线程组。JMeter是通过线程来模拟虚拟用户的,一个线程代表一个虚拟用户。线程组建立后,可以设置不同的参数值来模拟负载,如图10-3所示。然后,就可以在这个线程组中构建性能测试所需的各种负载,即在线程组上设置Sampler(采样器)、逻辑控制器、前置/后置处理器、监听器等,如图10-4所示。可以先执行命令“添加”→Sampler→“HTTP请求”进行设置,在服务器名中输入www.testzilla.org。

线程组
名称: 线程组
注释:
在取样器错误后要执行的动作
继续 Start Next Thread Loop 停止线程 停止测试 Stop Test Now
线程属性
线程数: 100
Ramp-Up Period (in seconds): 2
循环次数 永远 3
Delay Thread creation until needed
调度器

图10-3 线程组设置界面

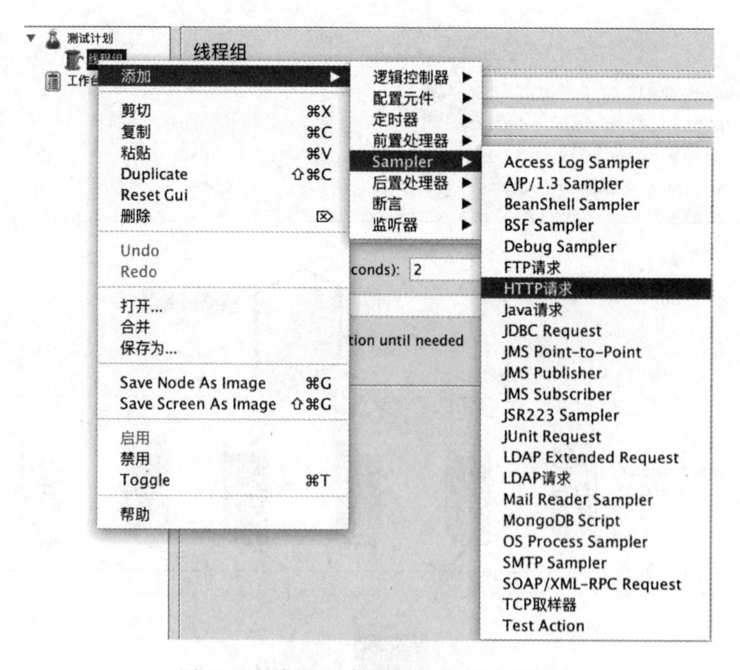

图10-4 线程组中可添加的各种组件

4. 确定关键业务操作并录制脚本

针对业务进行分析,了解哪些业务功能是用户最常用的、哪些业务功能需要客户端和服务器之间大量的数据交换、哪些业务功能需要服务器的大量计算，这些业务往往就是关键业务。www.testzilla.org 的关键业务操作主要有：

(1) 进入主页；

(2) 登录系统；

(3) 快速搜索；

(4) 产品列表；

(5) 创建产品；

(6) 我的问题；

(7) 新问题。

在脚本录制过程中，其操作过程应能覆盖上述关键业务操作。录制脚本是依靠工作台的代理服务器来实现的，即选择工作台并右击，选择菜单“添加”→“非测试元件”→“HTTP 代理服务器”，如图 10-5 所示，其中“目标控制器”选择“测试计划＞线程组”(如果选择“使用录制控制器”，需要在上面的线程组中增加“逻辑控制器＞录制控制器”)，“分组”选择“每个组放入一个新的控制器”，并设定包含模式和排除模式。

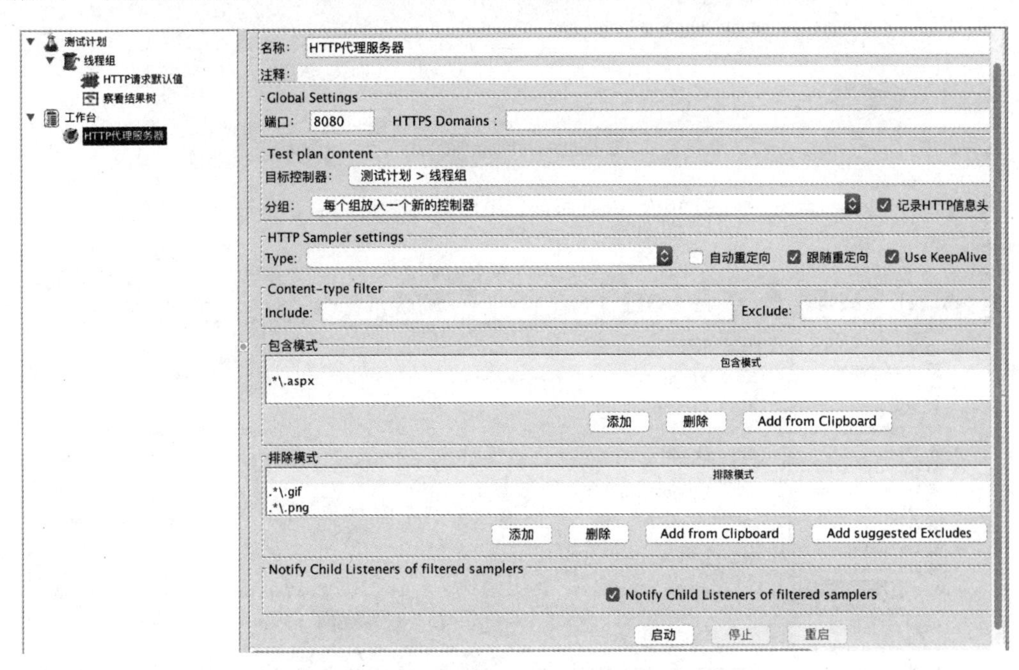

图 10-5 JMeter 录制脚本的代理服务器设置界面

同时，需要在网络配置上启动网络连接的 HTTP 代理服务器，如图 10-6 所示。然后，单击“HTTP 代理服务器”的“启动”按钮，就可以开始在浏览器中操作 www.testzilla.org 中选定的页面，可以在上面线程组中看到不断增长的脚本(新的 HTTP 负载)，即自动完成 Web 操作的脚本生成。

注：目前 JMeter 录制功能在 HTTPS(HTTP＋SSL)连接上会遇到问题，把它改成 HTTP 连接，问题就解决了。

录制的结果如图 10-7 所示，其中 489、490、…、546/products、558/product/1000、570/product/1000/create 都是录制控制器，在每个录制控制器下面就是 HTTP 请求，其请求的

路径是相对路径。可以浏览每个 HTTP 请求的具体细节(即右侧窗口中显示的内容),包括协议、发送方法(如 POST)、参数取值(如 issueTitle、issueCategory、productVersion 等)。在每个请求中已经自动设置了“HTTP 信息头管理器”,单击它就可以浏览如图 10-8 所示的相关信息。如果需要,还可以手动增加 HTTP cookie 管理、HTTP 授权管理器、HTTP 缓存管理器等配置元件。

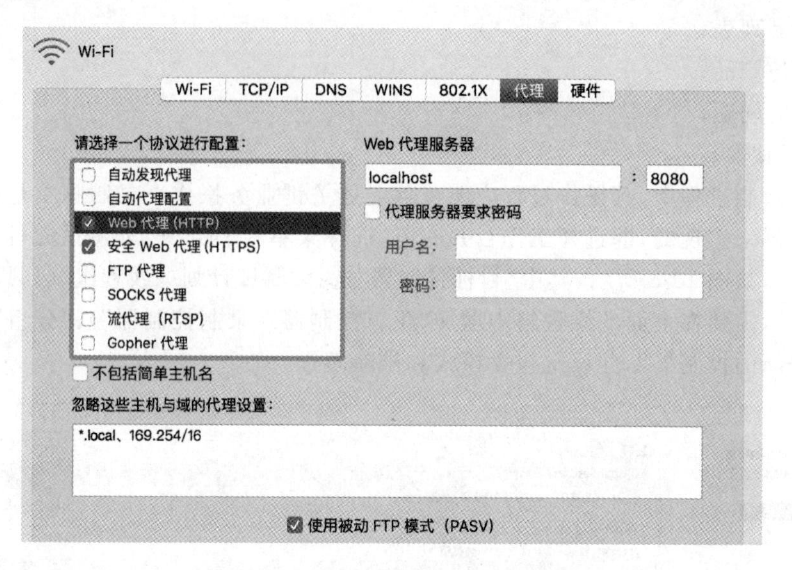

图 10-6　在网络配置中启动代理服务器

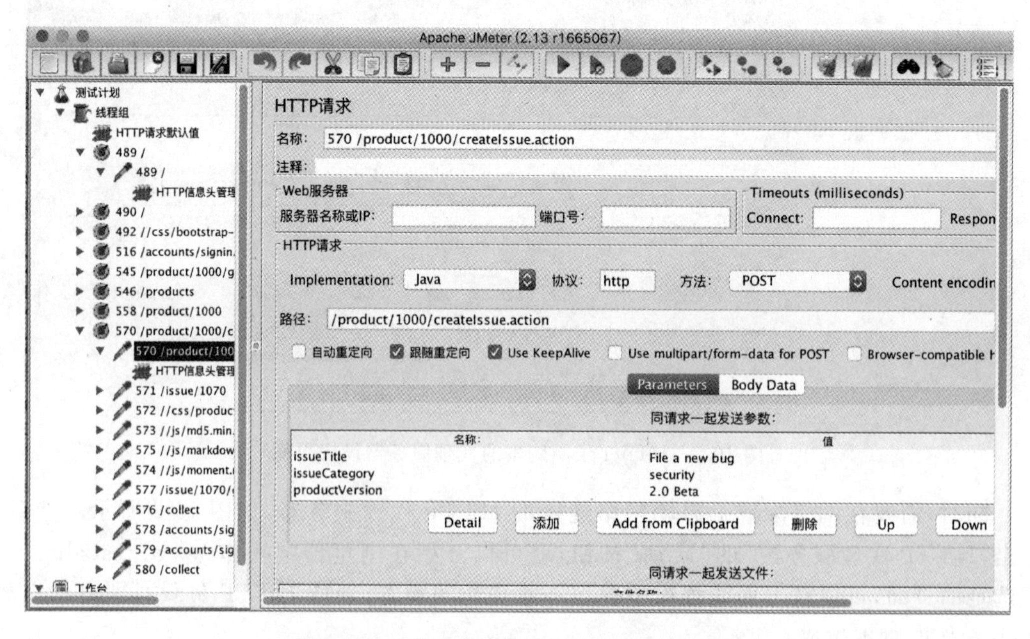

图 10-7　在线程组下自动生成性能测试脚本

录制控制器就是一种逻辑控制器,如果需要,还可以针对某请求增加循环控制器、交替控制器、随机控制器等,以改变其行为,但这里没什么必要。

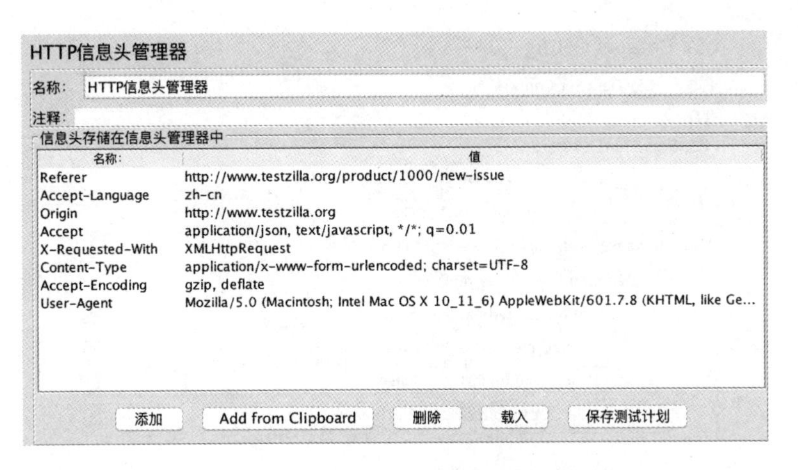

图 10-8　HTTP 信息头管理器显示窗口

5. 脚本参数化

在图 10-7 中，570/product/1000/create 请求中有比较多的参数，如 issueTitle、issueCategory、productVersion 等。假设要求 issueTitle 不能重复，如果不进行参数化处理(即通过变量来代替原有的具体取值)，多个虚拟用户同时提交时就会出错。另外一个请求页面——login 页面中的用户名和口令，一般也需要参数化，需要创建和定义数据文件来存储一批用户名和口令的取值，以完成参数化的工作。测试执行时，脚本中的变量会从数据文件中自动取值，完成登录。例如，在 516 /accounts/signin. action 请求中，将原来录制的 username、password 的具体取值修改为变量 ${USER}、${PASS}，如图 10-9 所示。然后增加配置元件 CSV Data Set Config，如图 10-10 所示，完成其配置，相应的测试数据就保存在 TestZilla_user. csv 文件中。

HTTP请求
名称: 516 /accounts/signin.action
注释:
Web服务器 服务器名称或IP: 端口号: Timeouts (milliseconds) Connect: Response:
HTTP请求 Implementation: HttpClient4 协议: http 方法: POST Content encoding: UTF-8
路径: /accounts/signin.action
自动重定向 跟随重定向 Use KeepAlive Use multipart/form-data for POST Browser-compatible headers
Parameters Body Data
同请求一起发送参数:

名称:	值	编码?	包含等于?
username	${USER}		✓
password	${PASS}		✓
rememberMe	false		✓

Detail 添加 Add from Clipboard 删除 Up Down

图 10-9　JMeter 在 HTTP 请求中参数化的示例

登录是否成功，可以通过设置断言来判断，如图 10-11 所示。如果登录成功，那么“个人资料”就会出现，这样“响应文本”中就会包含这些文字信息。如果仅仅判断是否成功请求，就选择“响应代码”，填入 200。

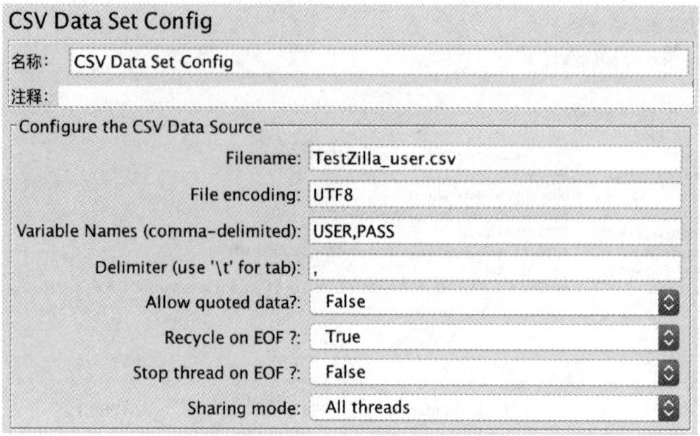

图 10-10 测试数据文件配置示例

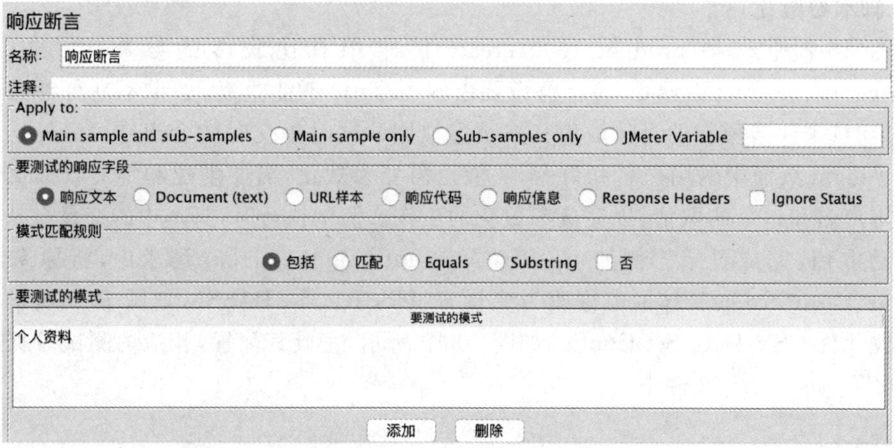

图 10-11 JMeter 响应断言设置界面

6. 设置监控器

若要监控性能测试执行过程，就需要增加“监听器”中的“监视器结果”“查看结果树”等元件。同时，若要获得性能测试的具体数据结果，还需要增加“监听器”中的聚合图(Aggregate Graph)、聚合报告(图 10-12)、总结报告(Summary Report)、图形结果(图 10-13)，甚至可以选择“保存响应到文件”，然后通过其他工具来处理这些数据。

7. 执行

执行分为两部分，先启动代理(Agent)，然后再启动控制器。

(1) 产生负载的机器(即 10.60.0.201 和 10.60.0.202)上需要启动 Agent，而 Agent 的启动是执行 JMeter-server.bat，出现如下信息：

```
Found ApacheJMeter_core.jar
Created remote object: UnicastServerRef [liveRef: [endpoint:[10.60.0.201:50884] (local),
objID:[7fa8fd5b:1578488e612: - 7fff, 2421185885146147548]]]
```

(2) 控制器(即 JMeter 服务器)上运行 JMeter.bat 或 jmeter.sh，并选择 Run→Remote

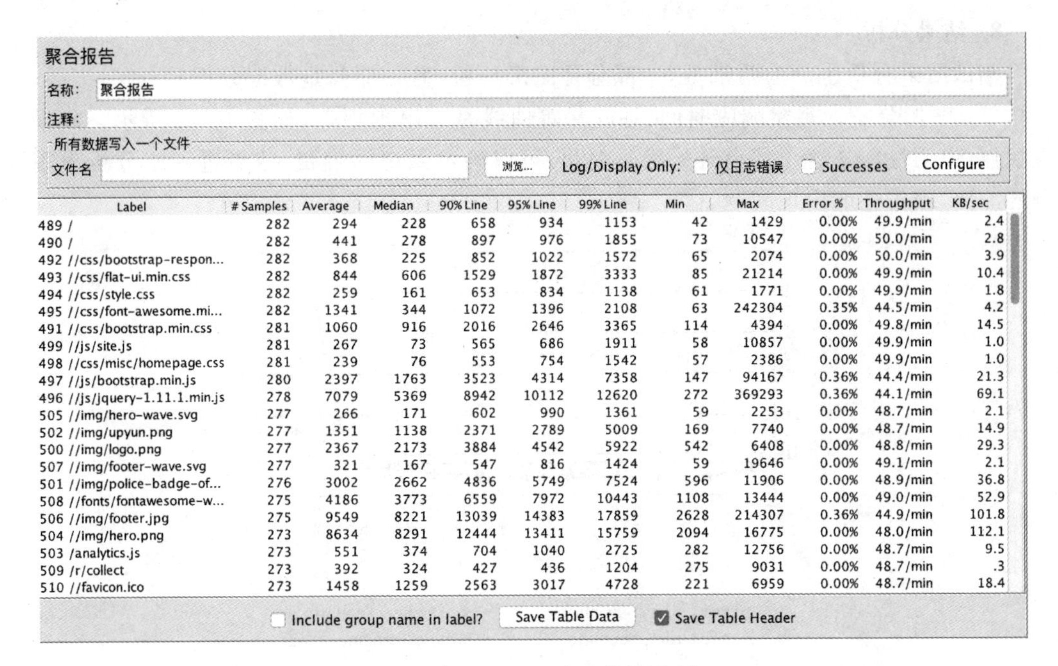
聚合报告

名称: 聚合报告

注释:

所有数据写入一个文件

文件名 浏览... Log/Display Only: 仅日志错误 Successes Configure

Label	# Samples	Average	Median	90% Line	95% Line	99% Line	Min	Max	Error %	Throughput	KB/sec
489 /	282	294	228	658	934	1153	42	1429	0.00%	49.9/min	2.4
490 /	282	441	278	897	976	1855	73	10547	0.00%	50.0/min	2.8
492 //css/bootstrap-respon...	282	368	225	852	1022	1572	65	2074	0.00%	50.0/min	3.9
493 //css/flat-ui.min.css	282	844	606	1529	1872	3333	85	21214	0.00%	49.9/min	10.4
494 //css/style.css	282	259	161	653	834	1138	61	1771	0.00%	49.9/min	1.8
495 //css/font-awesome.mi...	282	1341	344	1072	1396	2108	63	242304	0.35%	44.5/min	4.2
491 //css/bootstrap.min.css	281	1060	916	2016	2646	3365	114	4394	0.00%	49.8/min	14.5
499 //js/site.js	281	267	73	565	686	1911	58	10857	0.00%	49.9/min	1.0
498 //css/misc/homepage.css	281	239	76	553	754	1542	57	2386	0.00%	49.9/min	1.0
497 //js/bootstrap.min.js	280	2397	1763	3523	4314	7358	147	94167	0.36%	44.4/min	21.3
496 //js/jquery-1.11.1.min.js	278	7079	5369	8942	10112	12620	272	369293	0.36%	44.1/min	69.1
505 //img/hero-wave.svg	277	266	171	602	990	1361	59	2253	0.00%	48.7/min	2.1
502 //img/upyun.png	277	1351	1138	2371	2789	5009	169	7740	0.00%	48.7/min	14.9
500 //img/logo.png	277	2367	2173	3884	4542	5922	542	6408	0.00%	48.8/min	29.3
507 //img/footer-wave.svg	277	321	167	547	816	1424	59	19646	0.00%	49.1/min	2.1
501 //img/police-badge-of...	276	3002	2662	4836	5749	7524	596	11906	0.00%	48.9/min	36.8
508 //fonts/fontawesome-w...	275	4186	3773	6559	7972	10443	1108	13444	0.00%	49.0/min	52.9
506 //img/footer.jpg	275	9549	8221	13039	14383	17859	2628	214307	0.36%	44.9/min	101.8
504 //img/hero.png	273	8634	8291	12444	13411	15759	2094	16775	0.00%	48.0/min	112.1
503 /analytics.js	273	551	374	704	1040	2725	282	12756	0.00%	48.7/min	9.5
509 /r/collect	273	392	324	427	436	1204	275	9031	0.00%	48.7/min	.3
510 //favicon.ico	273	1458	1259	2563	3017	4728	221	6959	0.00%	48.7/min	18.4

Include group name in label? Save Table Data Save Table Header

图 10-12　JMeter 聚合报告示例

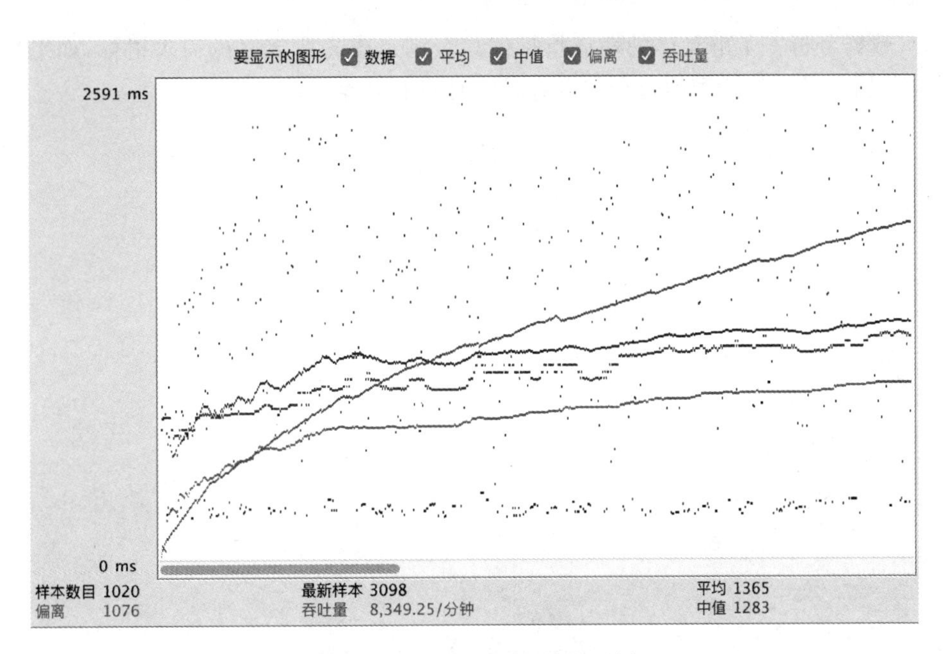

图 10-13　JMeter 图形结果示例

Start 菜单项，在这里可以看到远程启动菜单下面有 10.60.0.201 和 10.60.0.202 两个 IP 地址，代表远程的两台主机，单击它们启动远程 JMeter 服务。

(3) 在控制器上启动脚本(单击▶按钮)，这些脚本会在远程机器上执行。若之前设置的线程数是 100，则远程两台机器都会执行 100，这样实际的虚拟用户数是 200。如果想要执行 1000，只要将控制器上的线程数改为 500，再重新启动脚本就可以了。

8. 结果分析

测试结果分析也分为两部分，一部分是图形分析，另一部分是数据分析。

(1) 图形分析。观察响应时间、吞吐量等曲线是否出现拐点，如图 10-14 所示。如果出现拐点，说明性能从这个拐点开始极具恶化，可以确定系统的容量，或者进一步分析出现拐点的原因，报告性能出现问题。

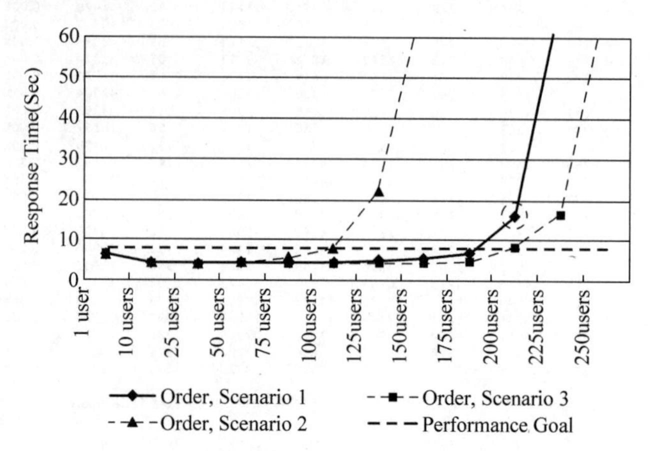

图 10-14 系统随并发用户数增加而呈现的响应时间变化

(2) 数据分析。了解具体的性能指标值是否满足事先所定义的需求指标，如平均响应时间是否过长、最大值是否超过用户可容忍的时间上限等。

实验 11 Web 应用的安全性测试

（共 4 学时）

11.1 实验目的

（1）巩固所学的 Web 应用系统安全性测试方法；

（2）提高使用系统安全性测试工具的能力。

11.2 实验前提

（1）掌握系统安全性测试方法，包括功能安全性测试和渗透测试；

（2）熟悉系统安全性测试过程和工具使用的基本知识；

（3）选择一个被测试的 Web 应用系统（SUT）。

11.3 实验内容

针对被测试的 Web 应用系统进行安全性测试。

11.4 实验环境

（1）由 3～5 个学生组成一个测试小组，其中一位学生担任组长，协调大家的工作；

（2）被测试的 Web 应用系统可以安装在局域网内一个独立的服务器上，也可以是外部 Web 应用系统。若是外部 Web 应用系统，渗透测试前请获取相关授权。本实验选择 DVWA（http://www.dvwa.co.uk），该 Web 应用系统部署在局域网的服务器上；

（3）共需要两台计算机（PC 或笔记本电脑），一台安装测试工具、一台部署被测 Web 应用系统，都安装 Java 运行环境。在命令行方式下输入“java -version”，如果显示类似下列内容的信息，说明 Java 运行环境已就绪：

```
java version "1.8.0_31"
Java(TM) SE Runtime Environment (build 1.8.0_31 - b13)
Java HotSpot(TM) 64 - Bit Server VM (build 25.31 - b07, mixed mode)
```

（4）网络连接，能够访问被测系统（SUT），如 localhost:8080/WebGoat。

11.5　实验过程简述

（1）明确安全性测试对象，测试目的是验证系统功能安全性、扫描系统安全漏洞及安全渗透攻击；

（2）小组讨论安全性测试方案和小组成员分工；

（3）下载并部署被测系统 DVWA；

（4）下载并部署安全性测试工具；

（5）针对 SUT 安全性相关业务的功能操作，设计安全测试用例；

（6）使用浏览器来探索 SUT 提供的功能。使用爬虫找到 SUT 相关的所有 URL，打开各个 URL，单击所有按钮，填写并提交所有表单；

（7）主动扫描，利用安全性测试工具对找到的 SUT 的所有 URL 进行主动扫描，寻找基本的系统漏洞；

（8）手动进行渗透测试，对寻找到的系统漏洞进行确认，并通过漏洞对 SUT 进行渗透测试，找到更多的漏洞；

（9）编写并提交安全性测试报告。

11.6　实施具体的安全性测试过程

1. 测试方案

针对 Web 安全性测试，根据所学到的知识和业务特点，制定安全性测试方案。

安全性测试过程中，可以从系统部署与基础结构、身份验证、授权、配置管理、敏感数据、异常管理、审核和日志记录等几个方面入手设计安全测试用例，在渗透测试方面可以直接通过安全性测试工具发送 HTTP 请求和接收 HTTP 响应来进行漏洞扫描和渗透测试。

Web 安全性测试工具的种类很多，而且各有各的特点，基于白盒的源代码安全性分析工具有 Fortify SCA、Checkmarx CxSuite、Armorize CodeSecure 和 Coverity Prevent 等，基于黑盒的安全性测试工具有漏洞扫描类的 IBM APPScan、安恒 WebScan、开源的 OWASP ZAP、Burp Suite、Metasploit 等，这里选择大家熟悉的、开源的 OWASP ZAP 作为本次实验的安全性测试工具。

2. DVWA 的下载与安装

DVWA (Dam Vulnerable Web Application)是用 PHP 和 MySQL 编写的一套用于常规 Web 漏洞教学和检测的 Web 脆弱性测试程序，能够发现 SQL 注入、XSS、盲注等一些常见的安全漏洞，该环境依赖于.Net Framework 3.5、PHP 和 MySQL 服务器。

从 DVWA 的官网(http://www.dvwa.co.uk)下载 DVWA 安装包，放在 Apache 服务器的 www 文件夹下，并开启 MysQL 服务。修改 DVWA 配置文件 config\config.inc.php 如下，设置 MySQL 数据库的地址、数据库名称、数据库用户名和数据库密码，以及默认的安全级别：

```
$ _DVWA = array();
$ _DVWA[ 'db_server' ] = 'localhost';
$ _DVWA[ 'db_database' ] = 'dvwa';
$ _DVWA[ 'db_user' ] = 'root';
$ _DVWA[ 'db_password' ] = 'root';
$ _DVWA['default_security_level'] = "low";
```

在浏览器地址栏中输入 http://localhost/DVWA/setup.php，单击 Create / Reset Database 按钮创建数据库。创建成功后，在浏览器地址栏中输入 http://localhost/DVWA，默认用户名/密码为 admin/password，进入主页，如图 11-1 所示。

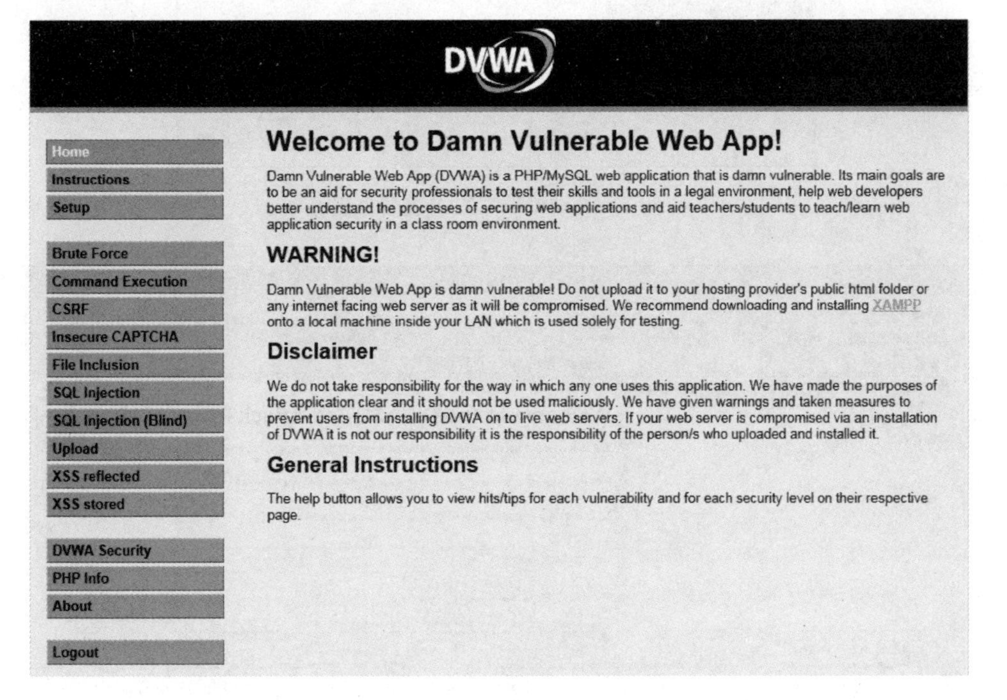

图 11-1　DVWA 主界面

3. ZAP 的下载与安装

从 OWASP 官方网站(https://www.owasp.org/index.php/OWASP_Zed_Attack_Proxy_Project)下载 ZAP，不同的操作系统下载不同版本的 ZAP 进行安装。双击 Windows 版本安装程序，然后单击 Next 按钮按照说明进行安装，如图 11-2 所示。

在 Linux 或 Mac OS 中，OWASP ZAP 一般会安装在/usr/local 目录下，将 tar 包解压缩后，通过输入 zap.sh 启动安装程序。

安装完成后，可通过"开始"菜单或脚本启动 ZAP 应用程序，OWASP ZAP 主界面如图 11-3 所示。

4. 配置代理

使用 ZAP 进行漏洞扫描前，需要配置 ZAP 代理服务器以及设置浏览器代理。

在 ZAP 中选择菜单"工具"→"选项"→"本地代理"，设置本地代理地址为 localhost、端口号为 8081，如图 11-4 所示。

图 11-2 OWASP ZAP 安装界面

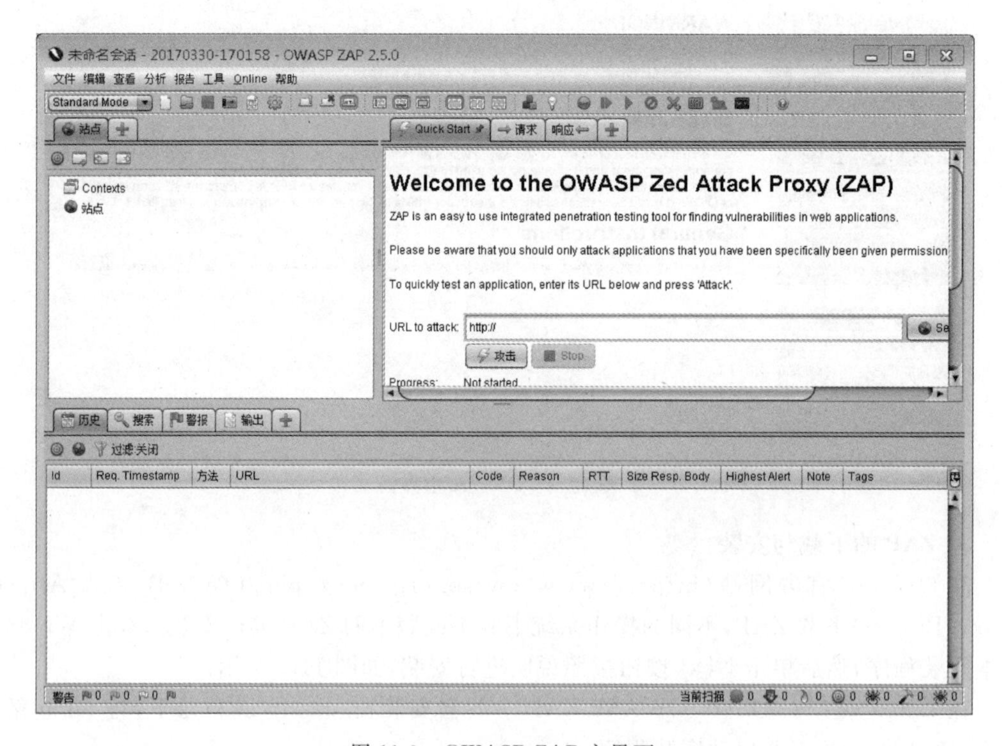

图 11-3 OWASP ZAP 主界面

在浏览器中设置代理服务器地址，使得能够通过在浏览器中选择网页链接来捕获HTTP 请求，方便使用工具对 SUT 进行探索。

IE 浏览器中，选择菜单“工具”→“Internet 选项”→“连接”→“局域网设置”，在弹出的对话框中勾选“为 LAN 使用代理服务器(这些设置不用于拨号或 VPN 连接)”，如图 11-5 所示。

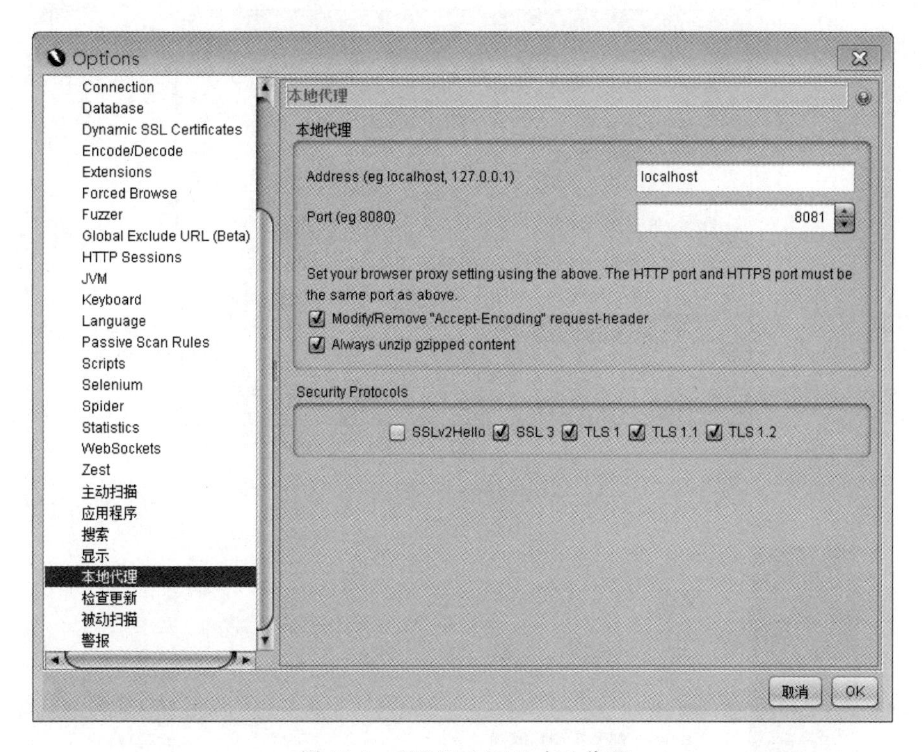

图 11-4　OWASP ZAP 本地代理

火狐浏览器中,选择菜单"打开"→"选项"→"高级"→"网络",单击"连接"选项后的"设置"按钮,在弹出的对话框中选中"手动配置代理",输入 HTTP 代理和端口,如图 11-6 所示。

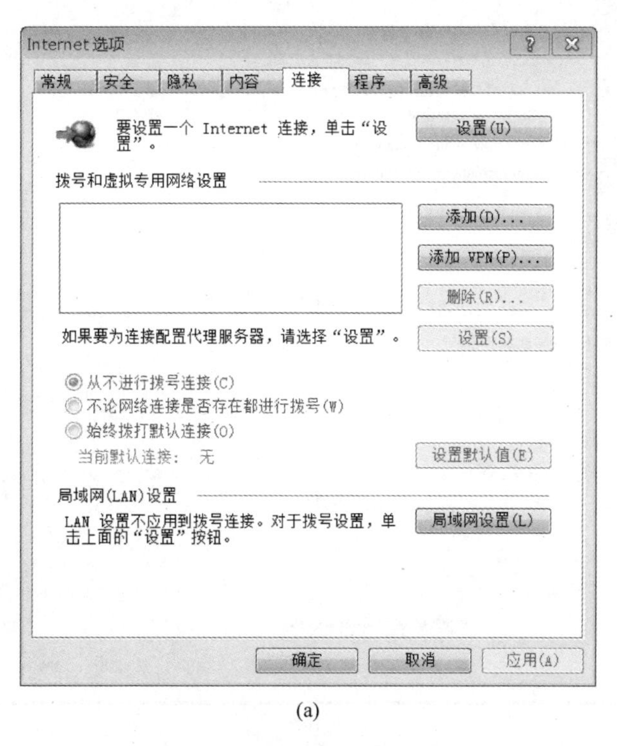

(a)

图 11-5　IE 浏览器代理设置

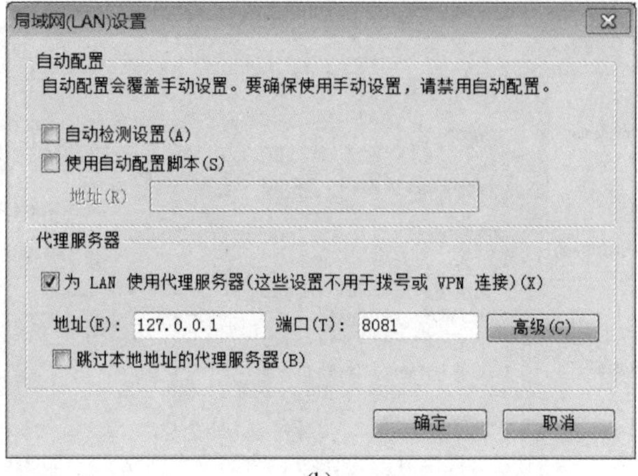

(b)

图 11-5 （续）

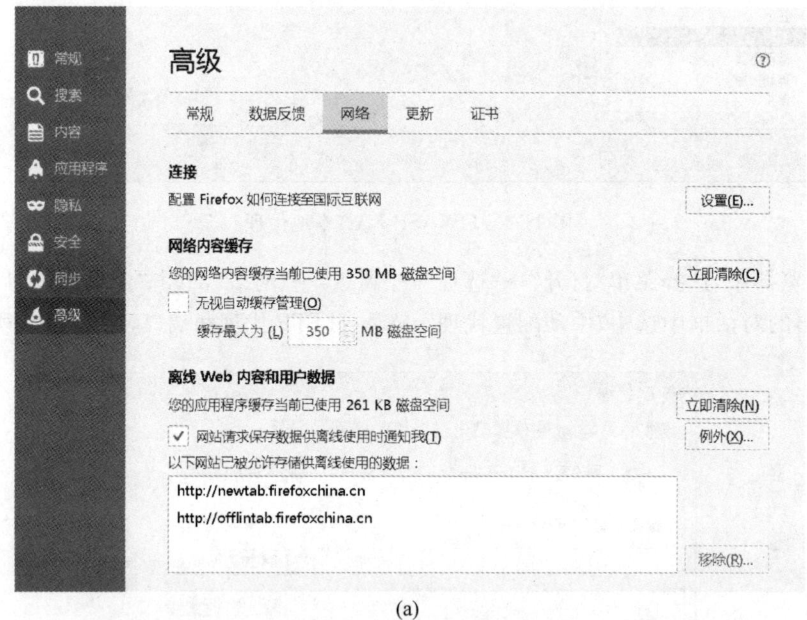

(a)

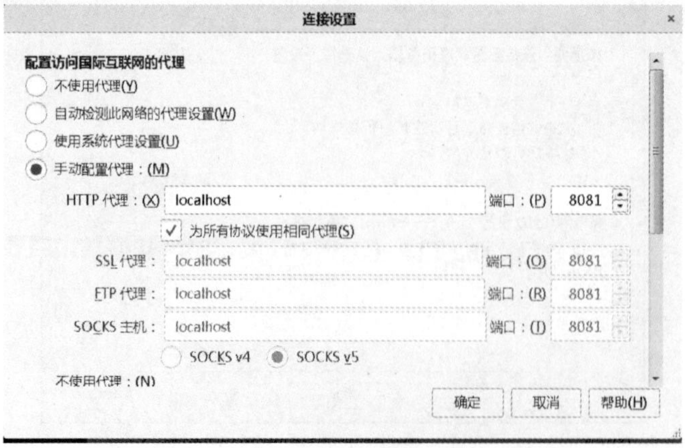

(b)

图 11-6 火狐浏览器代理设置

5. 设置环境

根据 SUT 提供的功能，打开各个 URL，单击所有按钮，填写并提交所有表单，用户所有的操作都会被 ZAP 记录下来并显示在站点和历史记录中。例如在浏览器地址栏中输入 localhost/DVWA，ZAP 站点中将出现“http://localhost”，历史列表中出现三条记录，记录 HTTP 方法、获取 localhost 站点的网页信息和样式信息，如图 11-7 所示。

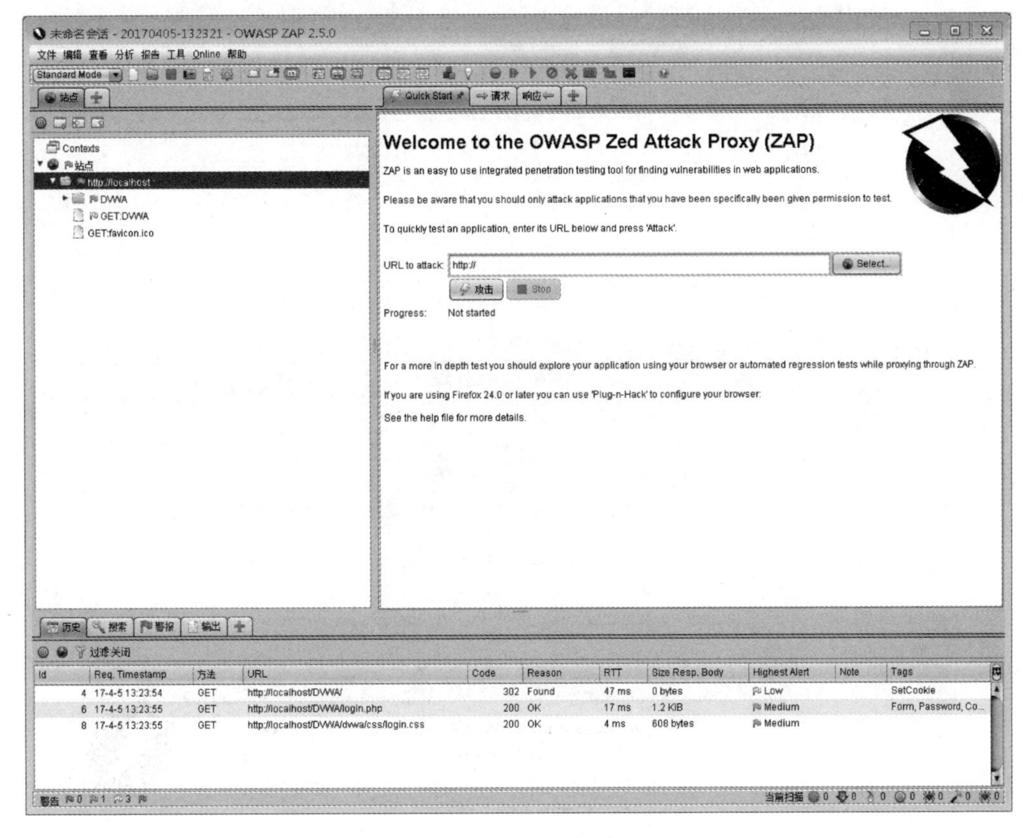

图 11-7　ZAP 站点及历史记录

由于网站可能引用了大量其他网站的 Javascript 脚本、CSS 样式等，因此在对网站进行自动扫描爬取前要设置环境，将无关链接与被扫描对象加以区分。

在站点 DVWA 处，在鼠标右键菜单中选择 Include in Context→New Context，如图 11-8 所示，在 Contexts 目录下将出现 DVWA 环境。

在浏览器地址栏中输入 localhost/DVWA，输入用户名 admin、密码 password，单击 Login 按钮登录系统。此时，在站点树下会出现“POST:login. php(Login, password, username)”，选择鼠标右键菜单中的 Flag as Context→DVWA :Form based Auth Login Request，如图 11-9 所示。在弹出的对话框中设置认证信息及用户信息，如图 11-10 和图 11-11 所示。

6. 探索 SUT

使用浏览器来探索 SUT 提供的功能。使用 ZAP 爬虫找到 SUT 相关的所有 URL，打开各个 URL，单击所有按钮，填写并提交所有表单。在站点 DVWA 上右击，选择菜单“攻击”→“爬行”，在弹出的对话框中选择环境和用户，单击 Start Scan 按钮，如图 11-12 所示。

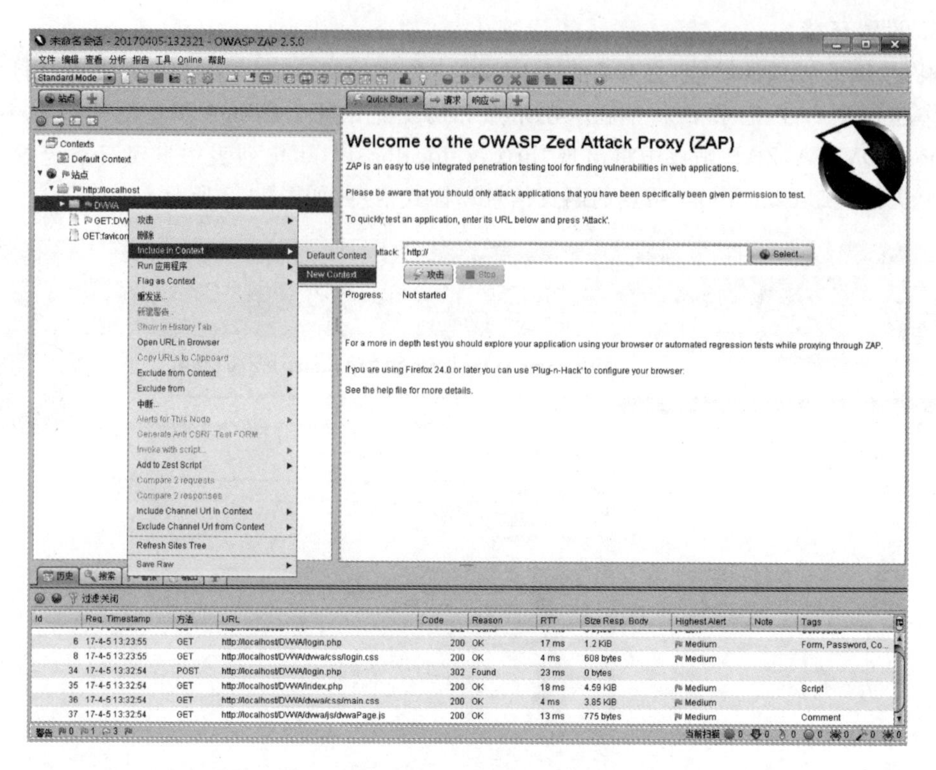

图 11-8　ZAP 设置环境

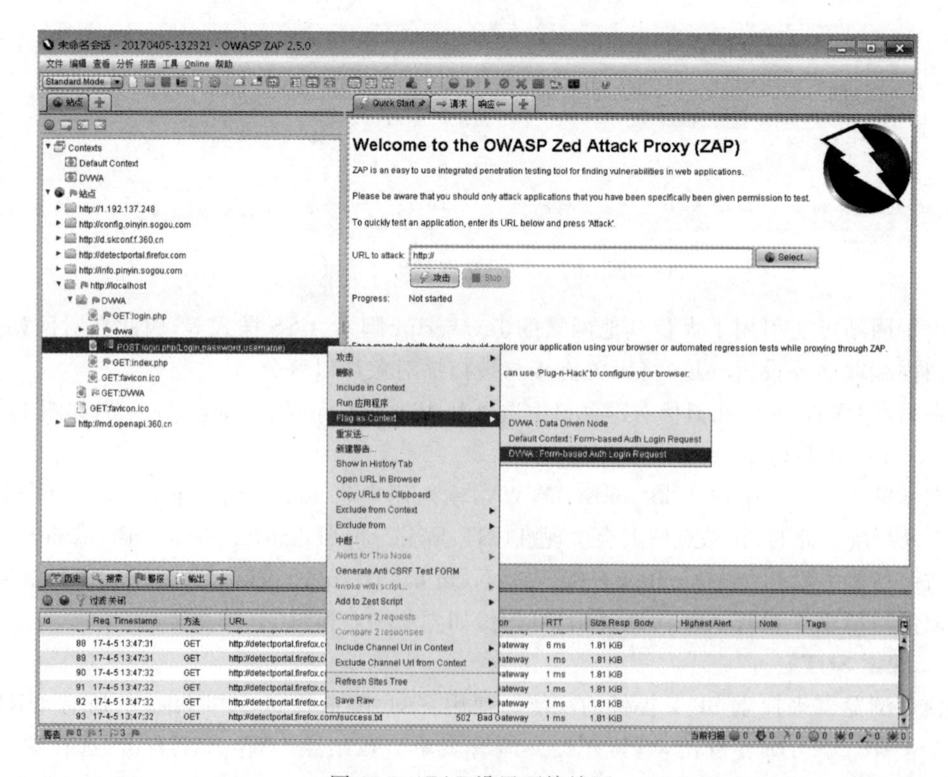

图 11-9　ZAP 设置环境认证

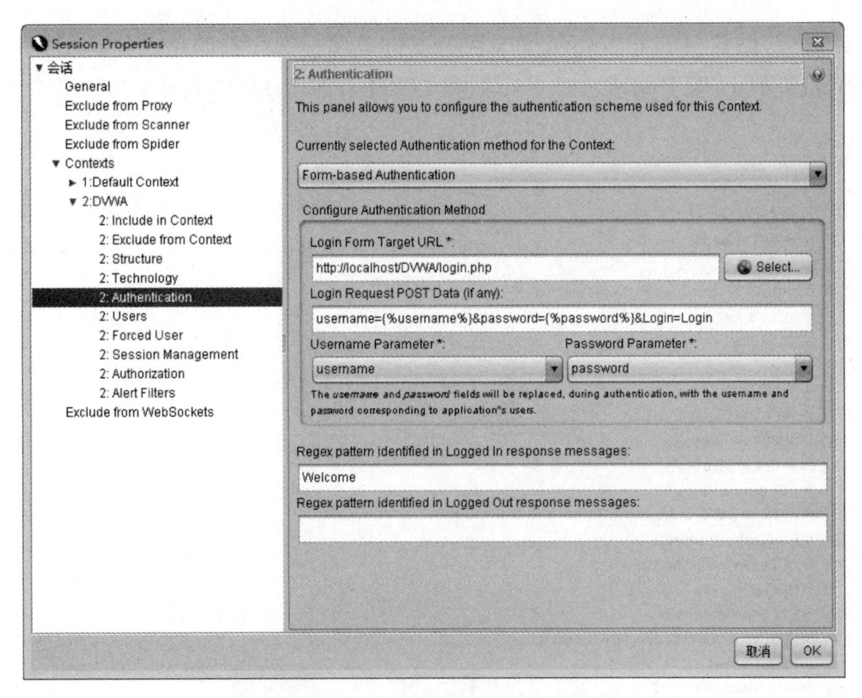

图 11-10 ZAP 环境属性认证设置

图 11-11 ZAP 环境属性用户设置之添加用户

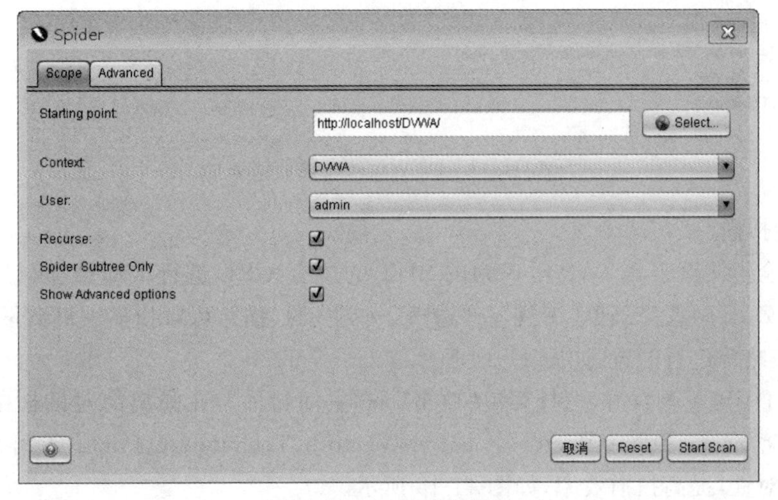

图 11-12 ZAP 爬行设置

爬行完成后，站点树的 localhost/DVWA 下将呈现一棵完整的站点树，而且对每个页面都分析出了相应的 HTTP 请求方法(GET 和 POST)，如图 11-13 所示。

```
站点
  http://localhost
    DVWA
      GET:login.php
      GET:about.php
      dvwa
      POST:login.php(Login,password,username)
      GET:index.php
      GET:favicon.ico
      GET:dvwa
      GET:instructions.php
      GET:setup.php
      GET:security.php
      GET:phpinfo.php
      GET:logout.php
      GET:instructions.php(doc)
      POST:setup.php(create_db)
      GET:security.php(phpids)
      GET:ids_log.php
      GET:security.php(test)
      POST:security.php(seclev_submit,security)
      GET:dvwa(C)
      vulnerabilities
        GET:brute
        GET:exec
        GET:captcha
        GET:csrf
        GET:fi(page)
        GET:sqli
        GET:sqli_blind
        GET:upload
        GET:xss_r
        GET:xss_s
        GET:brute(Login,password,username)
        POST:captcha(Change,password_conf,password_current,password_new,recaptcha_challenge_field,recaptcha_response_field,
        POST:exec(ip,submit)
        GET:csrf(Change,password_conf,password_current,password_new)
        GET:sqli_blind(Submit,id)
        GET:sqli(Submit,id)
        GET:xss_r(name)
        POST:upload(MAX_FILE_SIZE,Upload,uploaded)
        POST:xss_s(btnSign,mtxMessage,txtName)
    GET:DVWA
    GET:favicon.ico
```

图 11-13 DVWA 站点爬行结果

7. 主动扫描

利用安全性测试工具 ZAP 对找到的 SUT 的所有 URL 进行主动扫描，寻找基本的系统漏洞。在 ZAP 中选择菜单“工具”→“选项”→“主动扫描”，可对扫描主机数量、线程数量、延迟、扫描策略等进行配置，如图 11-14 所示。

在站点 DVWA 上右击，选择菜单“攻击”→“主动扫描”，在弹出的对话框中进行配置，用户可以配置 Scope、Input Vectors、Custom Vectors、Technology、Policy 等相关参数，使扫描更具有针对性，提高扫描效率，如图 11-15 所示。

在“主动扫描”对话框中，单击 Scope 标签，选择环境为 DVWA，用户为 admin，单击

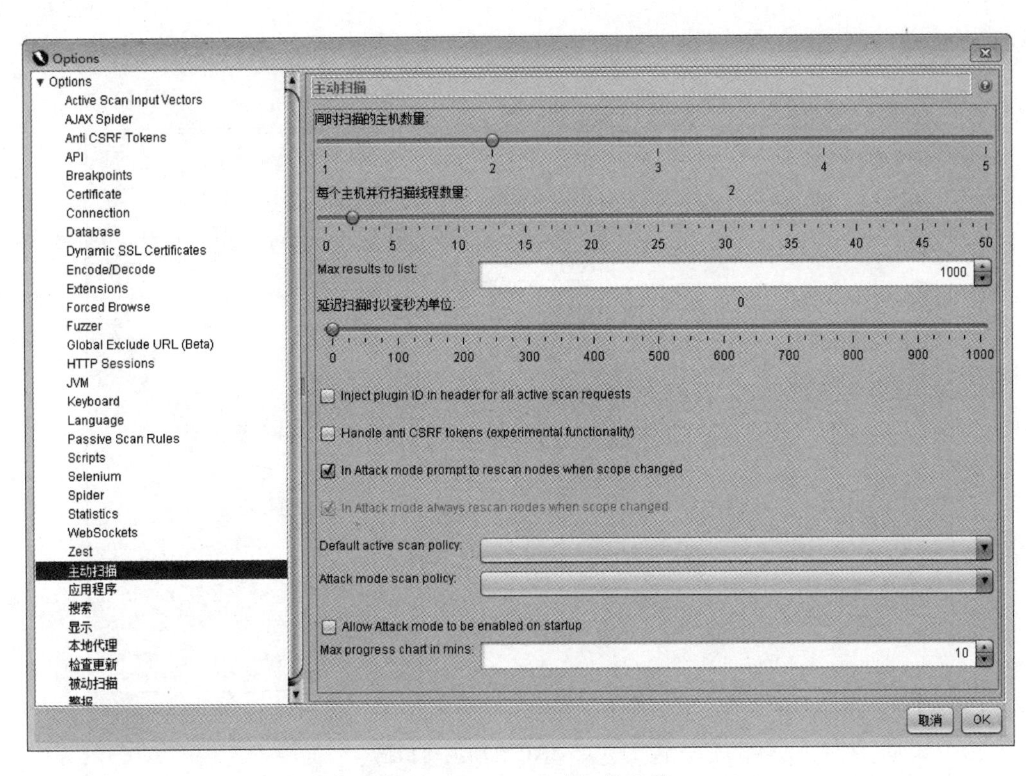

图 11-14　ZAP 主动扫描配置

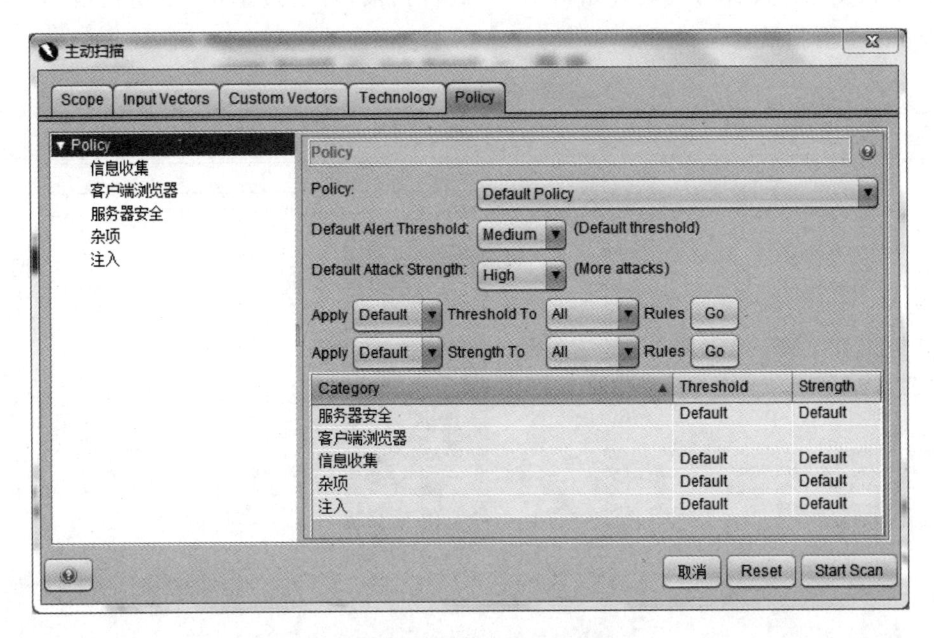

图 11-15　ZAP 主动扫描策略

Start Scan 按钮，启动扫描器对 SUT 进行主动扫描，如图 11-16 所示（由于 DVWA 网站的特殊性，http://localhost/DVWA/vulnerabilities/csrf/页面为修改密码，因此会影响后续分析的环境认证，应先在站点树上删除 vulnerabilities/csrf，最后再加上该站点）。

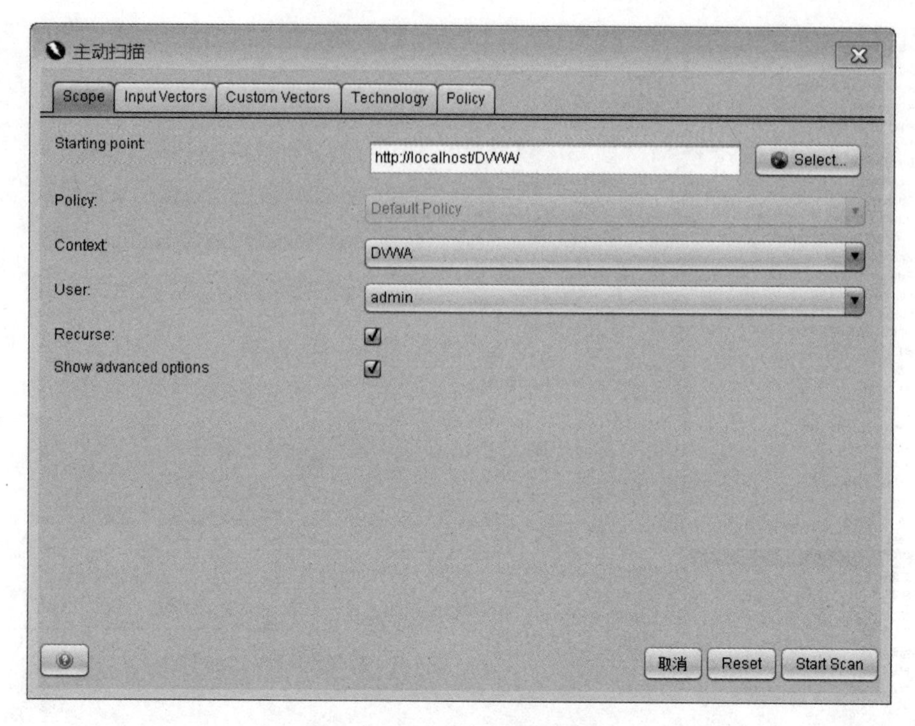

图 11-16　ZAP 启动主动扫描

ZAP 根据用户设置的策略开始对 SUT 进行扫描，可通过单击“主动扫描”列表中的按钮来查看扫描过程和进度，如图 11-17 所示。

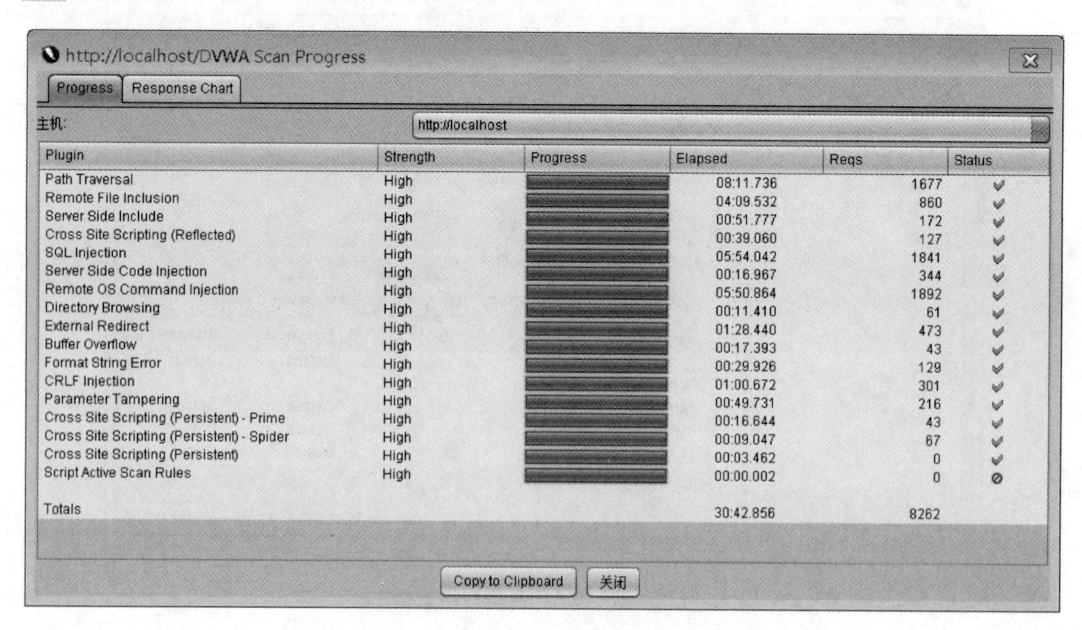

图 11-17　ZAP 主动扫描过程和进度

在“主动扫描”对话框中，单击 Response Chart 按钮可以查看服务器响应状态和每秒响应数，如图 11-18 所示。

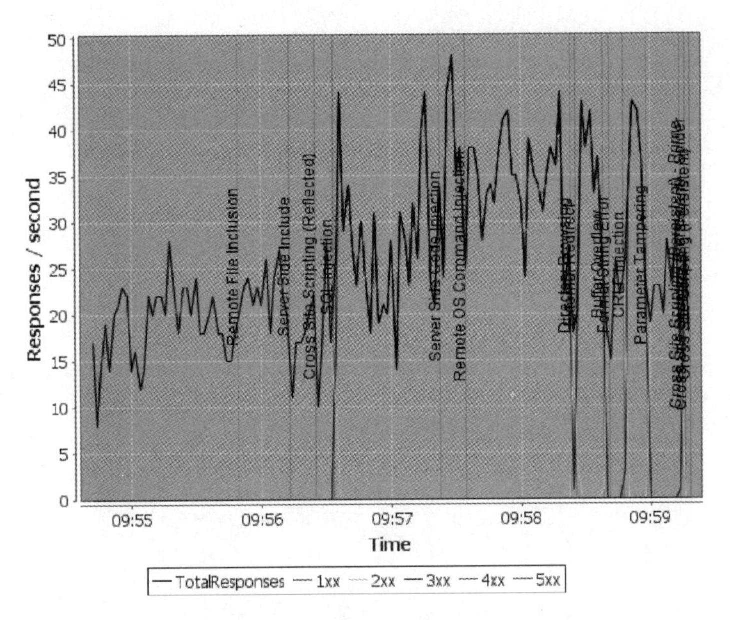

图 11-18　ZAP 主动扫描响应图

8. 手动渗透测试

OWASP 每年会发布检测出的十大最关键的安全问题(OWASP Top10),ZAP 工具的主动扫描功能可以测试 OWASP Top10 中的一个子集。仅使用 ZAP 工具的自动检测功能来检测所有的安全漏洞是非常困难的,有时甚至是不可能完成的,所以需要进行手动渗透测试,一方面是对寻找到的系统漏洞进行确认,另一方面是通过漏洞对 SUT 进行渗透测试,对 OWASP Top10 中剩下的安全问题进行测试,以找到更多的漏洞。

可以在浏览网页时使用 ZAP 代理,设置中断点,然后在数据发送至服务器之前对请求信息进行手动修改,如图 11-19 所示。也可以在“历史”标签页中针对有疑问的请求,修改请求参数并重新发送,如图 11-20 所示。

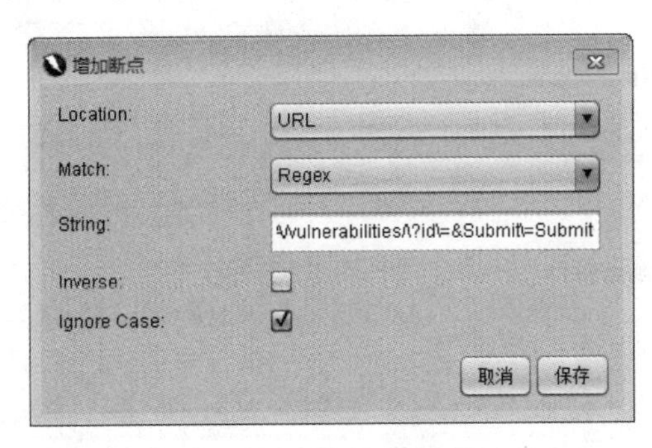

图 11-19　ZAP 设置断点

但是,这就需要测试人员有敏锐的洞察力和手动渗透测试的技术,这里就不再详述。

9. 结果分析

对测试结果进行分析,单击“警报”标签页,查看分析结果。其中,页面左侧警报树显示了所发现的漏洞风险等级(🏴 代表漏洞风险等级)、问题类型及相关的请求响应信息,可以

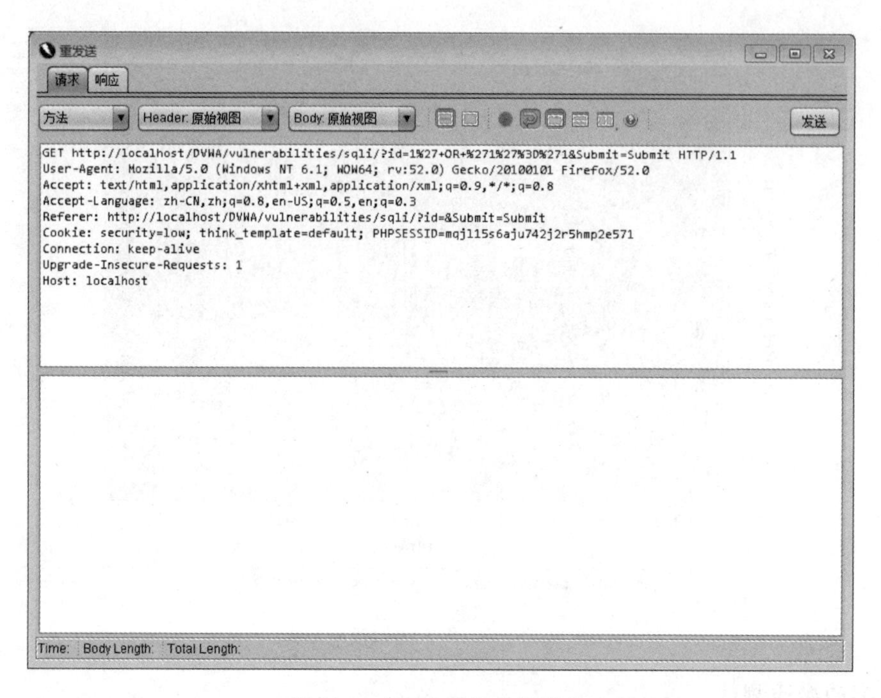

图 11-20　ZAP 重新发送请求

单击相关节点显示详细信息。例如，单击 SQL Injection，如图 11-21 所示，页面右侧详细显示了请求响应信息、攻击使用的字符串、CWEID 等信息。

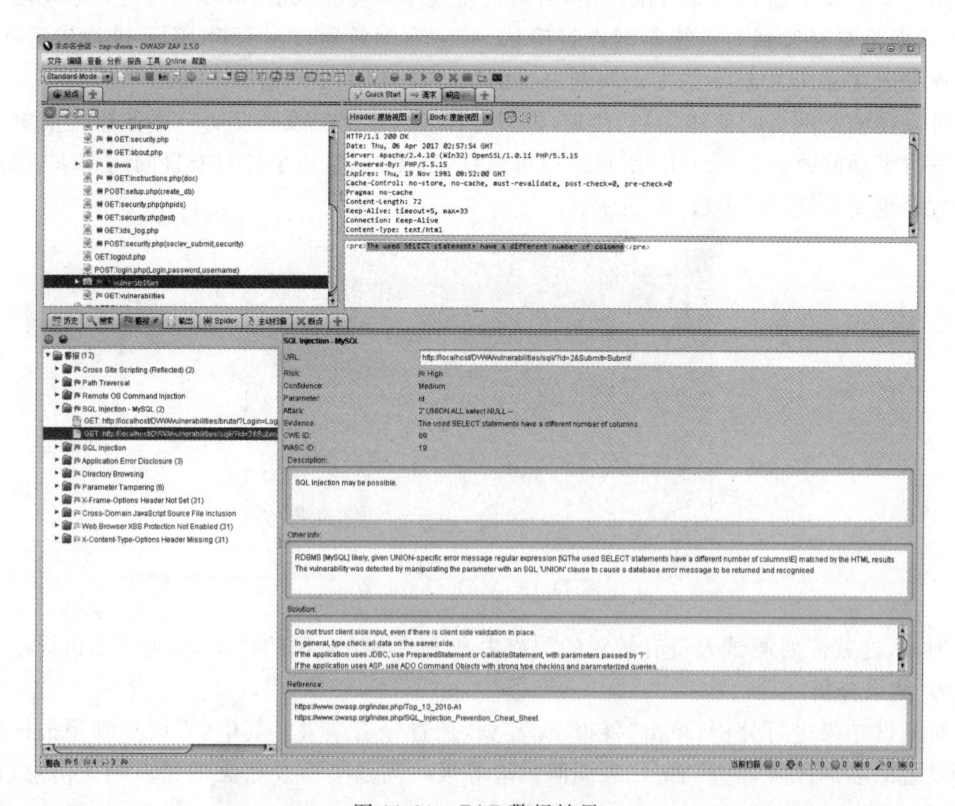

图 11-21　ZAP 警报结果

10. 生成报告

ZAP 可生成 HTML 报告和 XML 报告，通过执行菜单命令“报告”→“生成 HTML 报告”生成 HTML 报告，如图 11-22 所示。执行菜单命令“报告”→“生成 XML 报告”生成 XML 报告的结果如图 11-23 所示。

ZAP Scanning Report

Summary of Alerts

Risk Level	Number of Alerts
High	5
Medium	4
Low	3
Informational	0

Alert Detail

High (Medium)	Path Traversal
Description	The Path Traversal attack technique allows an attacker access to files, directories, and commands that potentially reside outside the web document root directory. An attacker may manipulate a URL in such a way that the web site will execute or reveal the contents of arbitrary files anywhere on the web server. Any device that exposes an HTTP-based interface is potentially vulnerable to Path Traversal. Most web sites restrict user access to a specific portion of the file-system, typically called the "web document root" or "CGI root" directory. These directories contain the files intended for user access and the executable necessary to drive web application functionality. To access files or execute commands anywhere on the file-system, Path Traversal attacks will utilize the ability of special-characters sequences. The most basic Path Traversal attack uses the "../" special-character sequence to alter the resource location requested in the URL. Although most popular web servers will prevent this technique from escaping the web document root, alternate encodings of the "../" sequence may help bypass the security filters. These method variations include valid and invalid Unicode-encoding ("..%u2216" or "..%c0%af") of the forward slash character, backslash characters ("..\") on Windows-based servers, URL encoded characters "%2e%2e%2f"), and double URL encoding ("..%255c") of the backslash character. Even if the web server properly restricts Path Traversal attempts in the URL path, a web application itself may still be vulnerable due to improper handling of user-supplied input. This is a common problem of web applications that use

图 11-22　导出 HTML 报告


```
1  <?xml version="1.0"?><OWASPZAPReport version="2.5.0" generated="星期四, 6 四月
2  <site name="http://101.199.103.180" host="101.199.103.180" port="80" ssl="fals
.  te name="http://input.shouji.sogou.com" host="input.shouji.sogou.com" port="80'
3    <pluginid>90022</pluginid>
4    <alert>Application Error Disclosure</alert>
5    <name>Application Error Disclosure</name>
6    <riskcode>2</riskcode>
7    <confidence>2</confidence>
8    <riskdesc>Medium (Medium)</riskdesc>
9    <desc>&lt;p&gt;This page contains an error/warning message that may disclose
10   <instances>
11   <instance>
12   <uri>http://localhost/DVWA/instructions.php</uri>
13   <param>N/A</param>
14   <evidence>&lt;b&gt;Warning&lt;/b&gt;:  file_get_contents(README.txt): failed
15   </instance>
16   <instance>
17   <uri>http://localhost/DVWA/instructions.php?doc=readme</uri>
18   <param>N/A</param>
19   <evidence>&lt;b&gt;Warning&lt;/b&gt;:  file_get_contents(README.txt): failed
20   </instance>
21   <instance>
22   <uri>http://localhost/DVWA/instructions.php?doc=changelog</uri>
23   <param>N/A</param>
24   <evidence>&lt;b&gt;Warning&lt;/b&gt;:  file_get_contents(CHANGELOG.txt): fai
25   </instance>
26   </instances>
27   <count>3</count>
28   <solution>&lt;p&gt;Review the source code of this page. Implement custom err
29   <reference>&lt;p&gt;&lt;/p&gt;</reference>
```


图 11-23　导出 XML 报告

11. 漏洞扫描结果比对

正如测试方案中提到的，Web 安全性测试工具种类很多，而且各有各的长处和盲区，在实际安全性测试过程中需要熟悉各种工具的检测特性，并针对实际 SUT，结合多款不同类

型的安全性测试工具进行综合测试。

例如，针对同一台机器上部署的同一个被测 Web 系统 DVWA，使用几款常用的网络漏洞扫描工具对其进行扫描，Burp Suite 扫描结果如图 11-24 所示，IBM APPScan 扫描结果如图 11-25 所示。与 ZAP 的检测结果进行比对可以看出，各工具在发现漏洞的数量、种类、显示方式、漏洞归并、攻击细节展示、修订建议等方面各有所长。

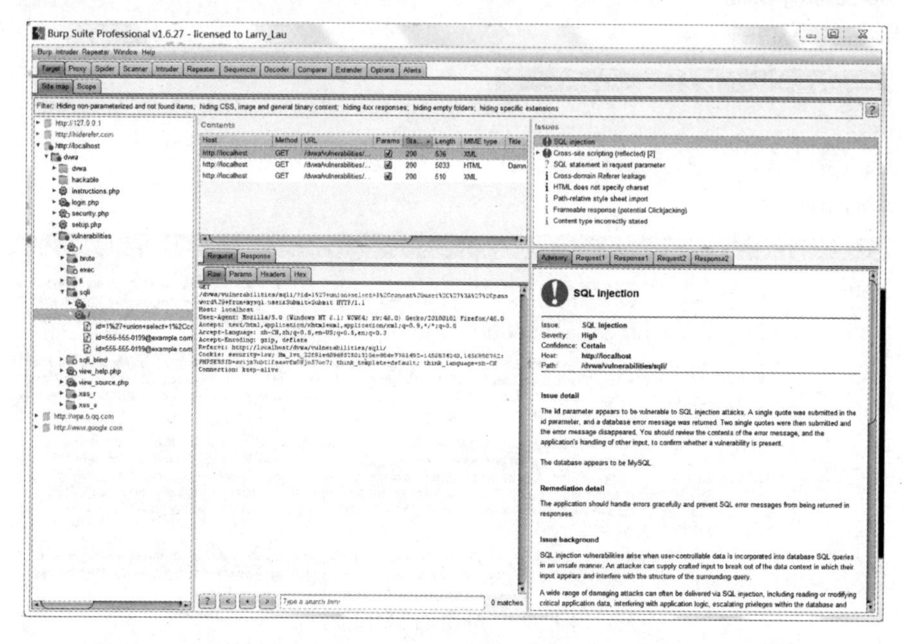

图 11-24　Burp Suite 对 DVWA 的分析结果

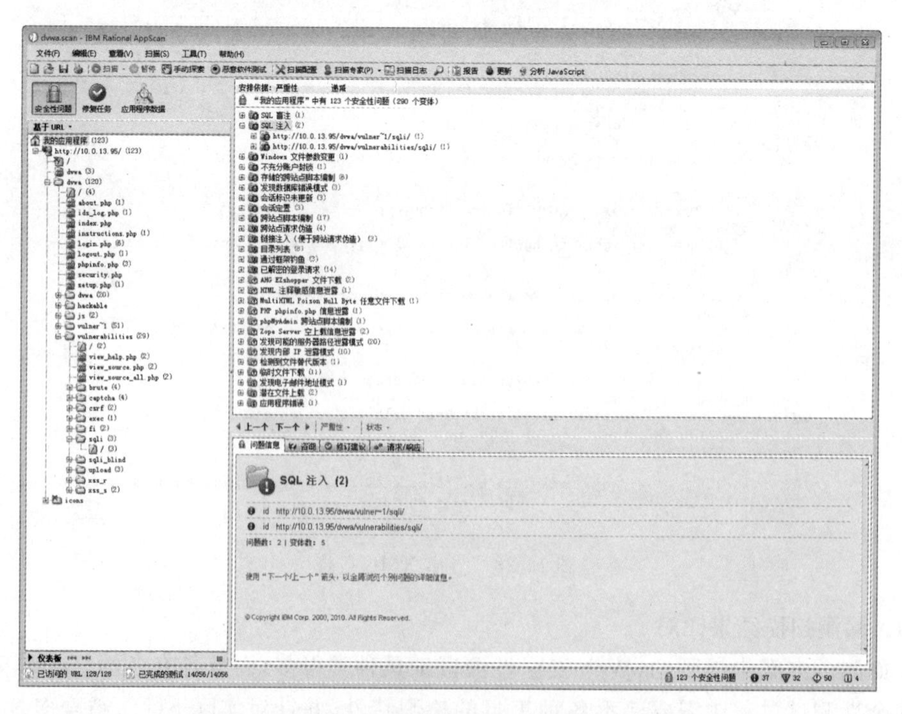

图 11-25　IBM APPScan 对 DVWA 的分析结果

参 考 文 献

[1] 朱少民. 软件测试方法和技术(第 3 版)[M]. 北京: 清华大学出版社, 2014.

[2] 肖利琼. 软件测试之魂: 核心测试设计精解[M]. 北京: 电子工业出版社, 2013.

[3] Ping++, 测试团队. Selenium 自动化测试之道[M]. 北京: 清华大学出版社, 2017.

[4] 赵卓. Selenium 自动化测试指南[M]. 北京: 人民邮电出版社, 2013.

[5] 杨莉, 等. 软件自动化测试——入门、进阶与实战[M]. 北京: 电子工业出版社, 2012.

[6] Graham, D. 等. 自动化测试最佳实践: 来自全球的经典自动化测试案例解析[M]. 朱少民, 等译. 北京: 机械工业出版社, 2013.

[7] Matt Wynne 等. Cucumber: 行为驱动开发指南[M]. 北京: 人民邮电出版社, 2013.

[8] Paco Hope, Ben Waltller. Web 安全测试[M]. 傅鑫, 等译. 北京: 清华大学出版社, 2010.

第3篇 移动App的系列测试实验

在第 2 篇中，我们以 Web 应用来展示系统的功能测试、性能测试和安全性测试，而今天比 Web 应用更为广泛的是移动应用，即基于安卓（Android）和 iOS 运行的 App 应用，本篇着重讨论移动应用的测试。

在实验之前需要了解移动应用及其测试的特点，移动 App 应用往往以混合模式（Hybrid）存在，兼具 Native App（Android/iOS 等操作系统之上开发的原生程序）和 Web App（以 HTML/HTML5 程序）两种实现模式。针对 Native App 和 Web App 进行手工 UI 测试，其差别不大，但如果是进行自动化测试，则采用的技术不一样。Web 应用之前已讨论，这里侧重进行移动应用的 Native App 的测试。其次，因为移动应用主要面向个人消费者，竞争非常激烈，移动应用开发的迭代速度快、持续发布。除此之外，还具有以下特点：

(1) 设备型号、品牌碎片化非常严重，根据 opensignal.com 调查报告，仅仅安卓手机的型号已经超过两万种。不同的型号的 Android 操作系统版本、屏幕尺寸、分辨率等条件不同，这就给移动 App 的兼容性测试、易用性测试带来极大的挑战。

(2) 手机电池容量有限，应用程序或算法设计得不好会造成频繁的网络连接、过度计算等，造成不必要的耗电。

(3) 移动应用的无线网络连接不够稳定，时断时续，给网络应用程序造成较大影响，容易造成 App 闪退。

(4) 多数 App 应用都有网络数据传输，需要考虑所耗费的（3GB/4GB）流量。

(5) 移动 App 测试还要特别考虑用户体验、安全性、个人隐私等方面的问题。

针对上述特点，除了通常意义的系统测试之外，移动 App 应用还会侧重考虑下列专项测试：

(1) 兼容性测试，包括硬件差异、操作系统版本等。

(2) 交互性测试，不同的操作同时发生，例如微信操作时电话来了。

(3) 用户体验测试，即用户易用性测试，如横竖切换、触摸、多指触摸、缩放、分页和导航等操作的灵活性、局限性。

(4) 耗电量测试，可以通过仪器来检测，也可以通过判断计算效率是否最优来进行评估。

(5) 网络流量测试，判断数据传输是否压缩、是否只传输必要的信息。

(6) 网络连接，在低速无线连接、不同网络间的切换情况下，软件容错性、稳定性如何；

在无网络的情况下,App 是否支持离线操作。

(7) 性能测试,在移动设备端主要通过内存、进程占因 CPU 资源等来分析性能。

(8) 稳定性测试,移动 App 闪退问题比较多,如何更好地发现 App 应用崩溃问题。

本篇重点介绍下列 4 个移动应用方面的实验。

◇ 实验 12：移动 App 功能与兼容性测试

◇ 实验 13：移动 App 功能自动化测试

◇ 实验 14：移动 App 代码反编译安全测试

◇ 实验 15：移动 App 敏感信息安全测试

实验 12 移动 App 功能与兼容性测试

（共 2 学时）

12.1 实验目的

（1）巩固所学的移动端 App 功能测试方法，包括移动端兼容性测试；

（2）提高移动端功能与兼容性测试策略及测试工具的使用能力。

12.2 实验前提

（1）掌握移动端功能特性、兼容性的基础知识；

（2）掌握移动端功能特性、兼容性的测试方法，包括基本特性测试、机型适配兼容、系统特性兼容、输入法兼容等；

（3）熟悉移动端功能与兼容性测试过程和工具使用的基本知识；

（4）选择一个被测移动端应用（JayMe），可以到应用商店下载，在 App Store 下载 JayMe iOS 版、在应用宝下载 JayMe Android 版，或者扫描右侧的二维码；

（5）了解 JayMe 基础功能路径与位置。

12.3 实验内容

本实验分为两部分，分别针对被测移动端应用进行移动端功能特性测试和兼容性测试。功能特性测试主要包括移动 App 常见特性测试与基本工具的使用，兼容性测试主要包括机型适配兼容、系统特性兼容、输入法兼容等。

12.4 实验环境

（1）由 3 个学生组成一个测试小组，其中一位学生担任组长，协调大家的工作；

（2）共需要两部手机，一部 Android 手机，一部 iOS 手机；

（3）下载功能测试辅助工具 Fiddler 2；

（4）网络连接，能够登录被测系统（JayMe）；

（5）使用 JayMe 登录界面注册功能，注册一个测试账号；

（6）为当前测试机安装搜狗输入法、讯飞输入法、谷歌拼音输入法。

12.5 实验过程简述

(1) 明确功能测试对象：JayMe；

(2) 明确测试目的：验证实验功能的正确性，以及与手机机型、系统、输入法等方面的兼容性；

(3) 选取实验功能；

(4) 小组讨论成员分工，制订测试计划；

(5) 小组讨论制定测试策略与范围；

(6) 设计功能测试用例；

(7) 执行测试用例并记录执行结果；

(8) 提交发现的缺陷；

(9) 整理汇总测试结果，对结果进行分析，得出测试结论并编写提交测试报告。

12.6 实施具体功能测试过程

12.6.1 选取实验功能

功能测试可以从正常以及异常流程展开用例设计。选取 JayMe 签到功能作为正常流程实验功能。针对移动 App 测试特性进行异常流程用例设计与测试，例如系统交叉事件测试（来电、短信、横竖屏、Home 键、音量键、锁屏键、多个 App 切换等）。选取杰迷吧音乐条功能作为实验功能。

兼容性测试需要包括机型适配测试、系统特性测试、输入法兼容等。选取 JayMe 启动页功能、商品详情功能作为实验功能。

12.6.2 制订测试计划

选定小组成员 A 进行功能特性测试，小组成员 B 进行兼容性测试，小组成员 C 负责缺陷提交与汇总报告提交。

12.6.3 功能特性正常测试用例

主要针对功能的正常使用来设计测试用例，这里准备进行实验的功能为 JayMe 签到功能，如图 12-1 所示。

为验证 JayMe 可以正常签到，设计正常测试用例，如表 12-1 所示（Android 与 iOS 均可如此设计）。

表 12-1 用户签到用例

用例标题：正常流程 01.用户签到		优先级：1
前提	用户当天未签到	
编号	用 例 步 骤	预 期 结 果
1	进入“我”页面，单击“菜单”→“签到”按钮	进入“签到”页面
2	单击页面下方“签到”按钮	弹出签到成功提示，“签到”按钮状态变为“已签到”

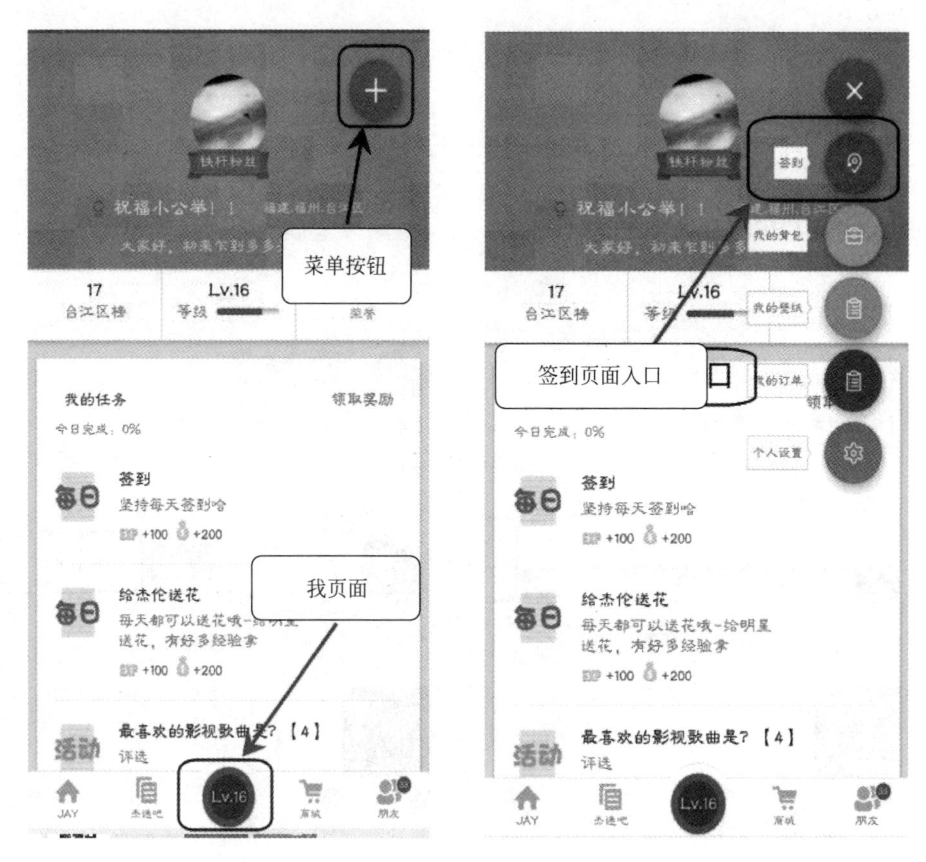

图 12-1　签到页面入口示意图

此处可以利用 fiddler 工具辅助测试签到功能，工具使用见 12.6.4 节“常见抓包工具 Fiddler 的使用”。

12.6.4　功能特性异常测试用例

主要针对功能的一些异常操作来设计相应的测试用例，这里准备进行实验的功能为 JayMe 杰迷吧音乐条功能，如图 12-2 所示。

为验证 JayMe 音乐条播放音乐情况下被来电打断后可正常暂停，设计异常测试用例，如表 12-2 所示（Android 与 iOS 均可如此设计）。

表 12-2　异常流程测试用例一

用例标题：异常流程 01. 音乐播放-异常中断		优先级：3
前提	单击“杰迷吧”标签，单击右下角“悬浮音乐”按钮，展开音乐条	
编号	用 例 步 骤	预 期 结 果
1	手机 A：单击音乐条上的“播放音乐”按钮	音乐开始播放
2	手机 B：给手机 A 打电话	音乐暂停
3	继 2，手机 A 挂断电话	音乐继续播放，不受影响
4	继 2，手机 B 挂断电话	音乐继续播放，不受影响

图 12-2　音乐条功能入口示意图

为验证 JayMe 音乐条播放音乐在手机锁屏以后仍可正常播放，设计异常测试用例，如表 12-3 所示（Android 与 iOS 均可如此设计）。

表 12-3　异常流程测试用例二

用例标题：异常流程 02. 音乐播放-锁屏		优先级：3
前提	单击“杰迷吧”标签，单击右下角“悬浮音乐”按钮，展开音乐条	
编号	用 例 步 骤	预 期 结 果
1	手机 A：单击音乐条上的“播放音乐”按钮	音乐开始播放
2	按下手机锁屏键	屏幕锁定，音乐持续播放
3	持续锁屏 15 分钟以上	音乐持续播放，不受影响
4	按下锁屏键，打开锁屏	音乐继续播放，不受影响

根据以上用例举例，同学们可自行设计播放音乐过程中按 Home 键音乐后台播放、多个 App 切换、按音量键调节音量的用例并在音乐条功能上执行，在这里不进行描述。

作为页面测试用例的第二个功能特性：JayMe 我的壁纸功能如图 12-3 所示。

在 JayMe 设计中，手机横屏时，所有功能均需要保持竖屏且无异常。为此，设计异常测试用例，如表 12-4 所示（Android 与 iOS 均可如此设计）。

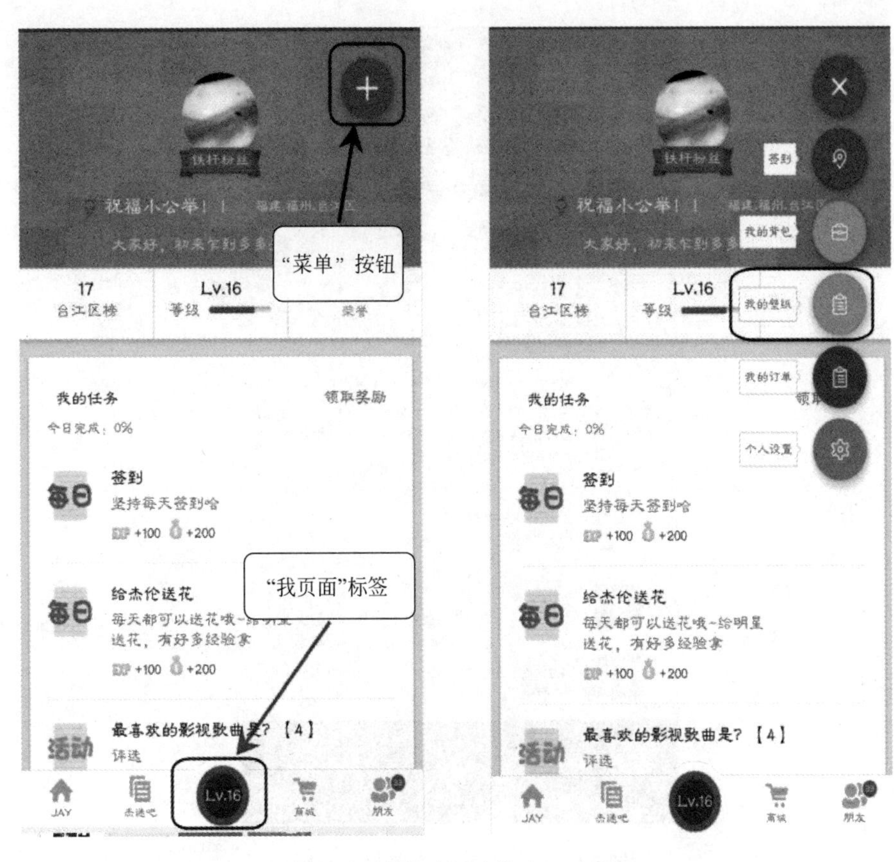

图 12-3　我的壁纸功能入口示意图

表 12-4　异常流程测试用例三

用例标题：异常流程 03. 我的壁纸-横竖屏		优先级：3
前提	单击“我页面”标签，单击右上角“菜单”按钮，进入我的壁纸	
编号	用 例 步 骤	预 期 结 果
1	检查手机不处于横竖屏锁定状态	是
2	将手机横屏放置，单击其中一张壁纸	进入大图页面，仍然竖屏展示，无异常

大部分手机的“横竖屏锁定”按钮位于通知栏快捷菜单上，例如红米 Note 2 处于横竖屏锁定状态，如图 12-4 所示。

12.6.5　常见抓包工具 Fiddler 的使用

以 JayMe 签到功能为例，使用 Fiddler 查看后端返回签到结果，步骤如下。

(1) 启动 Fiddler，选择菜单 Tools→Fiddler Options，打开 Fiddler Options 对话框，如图 12-5 所示。

(2) 在 Fiddler Options 对话框中切换到 Connections 选项卡，勾选 Allow remote computers to connect 复选框，然后单击 OK 按钮，如图 12-6 所示。

(3) 在命令行中输入 ipconfig，找到本机的 IP 地址，如图 12-7 所示。

图 12-4　红米 Note 2 菜单示意图

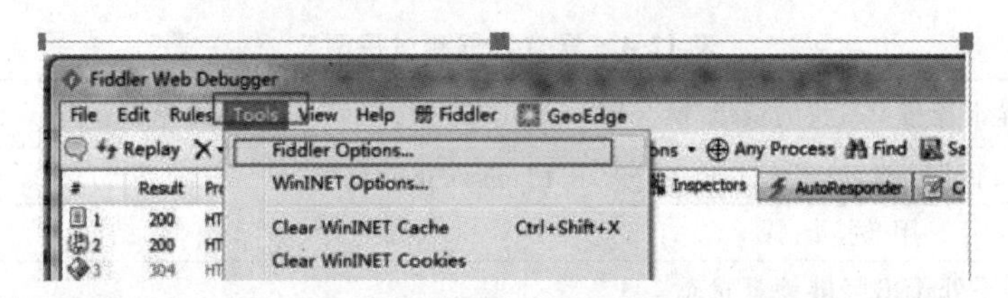

图 12-5　Fiddler 设置介绍 1

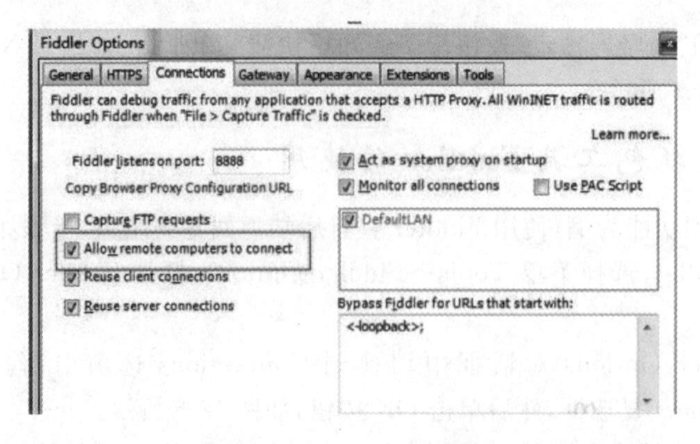

图 12-6　Fiddler 设置介绍 2

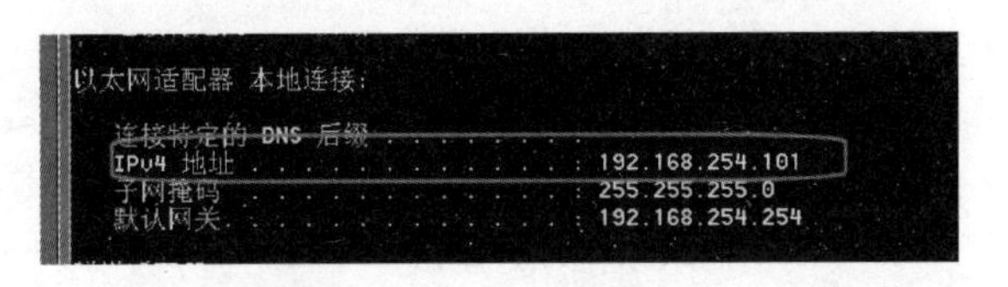

图 12-7　Fiddler 设置介绍 3

(4) 这里以红米 Note 2 为例,打开 Android 设备的"设置"→WLAN 菜单,找到要连接的网络,进入"网络详情"页面。设置"代理"为"手动",在"主机名"后输入计算机的 IP 地址,在"端口"后输入 8888,然后单击"确定"按钮,如图 12-8 所示。

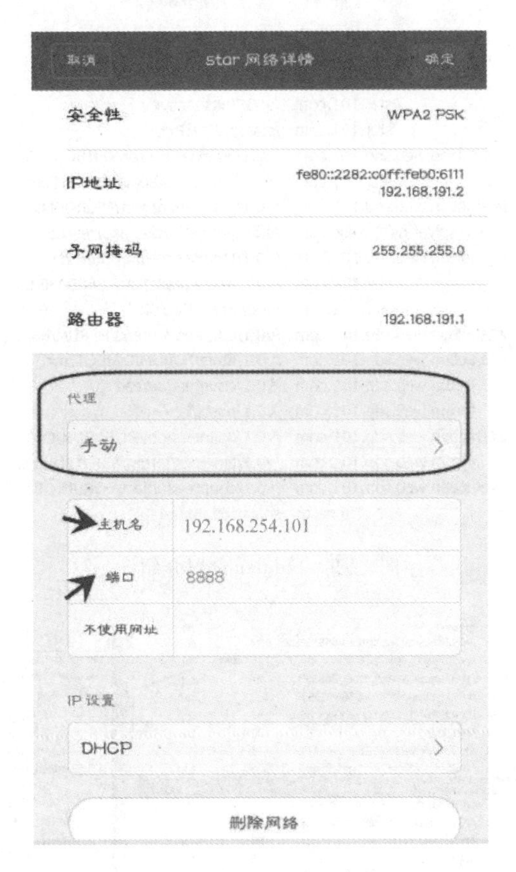

图 12-8　Fiddler 设置介绍 4

(5) 然后启动 JayMe,就可以在 Fiddler 主界面上看到手机的请求,如图 12-9 所示。

(6) 执行客户端签到操作,查看请求接口,如图 12-10 所示。

12.6.6　兼容性测试

本次兼容性测试内容包括机型适配兼容、系统特性兼容、输入法兼容等。

1. 机型适配兼容

在机型适配兼容测试前先对当前 Android、iOS 各种机型固件所占市场份额进行调查(可以访问友盟获取,网址为 http://www.umeng.com/reports.html?from=hp),尽量让

3	204	HTTP	connect.rom.miui.com	/generate_204	10	
4	200	HTTP	Tunnel to	aqapi.101.com:443	0	
5	201	HTTPS	aqapi.101.com	/v0.93/tokens	341	app...
6	200	HTTP	Tunnel to	star.101.com:443	0	
7	200	HTTPS	star.101.com	/v093/duan/starappjay/86859364...	0	app...
8	200	HTTP	im-friend.web.sdp.101.com	/v0.1/sync/revisions	97	app...
9	200	HTTP	im-group.web.sdp.101.com	/v0.2/sync/entities/868593649	52	app...
10	200	HTTP	im-friend.web.sdp.101.com	/v0.1/policies/org/481036350790	99	app...
11	304	HTTP	official-account.edu.web.sdp.101....	/v1.8/api/oas/users/868593649/foll...	0	
12	200	HTTP	imcore.web.sdp.101.com	/v0.2/api/conversations/policies/no...	81	app...
13	200	HTTP	Tunnel to	topic.101.com:443	0	
14	200	HTTPS	star.101.com	/starapp/pblinfo/868593649	511	app...
15	200	HTTPS	topic.101.com	/v0.8/starappjay/data/query/0/1/n...	359	app...
16	200	HTTP	Tunnel to	star.101.com:443	0	
17	200	HTTP	Tunnel to	star.101.com:443	0	
18	200	HTTP	Tunnel to	star.101.com:443	0	
21	200	HTTPS	star.101.com	/starapp/StarPicUrl	100	app...
22	200	HTTPS	star.101.com	/v095/pushActivity	39	app...
23	200	HTTPS	star.101.com	/starapp/StarPicUrl	100	app...
24	200	HTTP	microblog.web.sdp.101.com	/v0.1/timelines/user/2000186211?...	4,...	app...
25	200	HTTPS	star.101.com	/v06/flowers/starappjay/todaySent...	49	app...
28	200	HTTP	interaction.web.sdp.101.com	/v0.1/counters/object/MICROBLO...	816	app...
31	200	HTTP	resolver.gslb.mi-idc.com	/gslb/gslb/getbucket.asp?deviceTy...	334	app...
35	200	HTTP	forum.web.sdp.101.com	/v0.1/timelines/forum/836a12f1-3e...	7,...	app...
36	200	HTTPS	star.101.com	/v092/musiconline/listall/86859364...	1,...	app...
37	200	HTTPS	star.101.com	/v08/areas/350182	116	app...
38	200	HTTP	interaction.web.sdp.101.com	/v0.1/counters/unread/FORUM/86...	90	app...
39	200	HTTP	interaction.web.sdp.101.com	/v0.1/filters/FORUM/OBJECT?min_s...	608	app...
40	200	HTTP	forum.web.sdp.101.com	/v0.1/counters/unread	63	app...
42	200	HTTP	forum.web.sdp.101.com	/v0.1/posts/list	7,...	app...
44	200	HTTP	interaction.web.sdp.101.com	/v0.1/counters/object/FORUM/OBJ...	848	app...
48	200	HTTP	forum.web.sdp.101.com	/v0.1/timelines/forum/836a12f1-3e...	5,...	app...
49	200	HTTP	interaction.web.sdp.101.com	/v0.1/counters/object/FORUM/OBJ...	778	app...
52	200	HTTP	Tunnel to	aqapi.101.com:443	0	

图 12-9 Fiddler 设置介绍 5

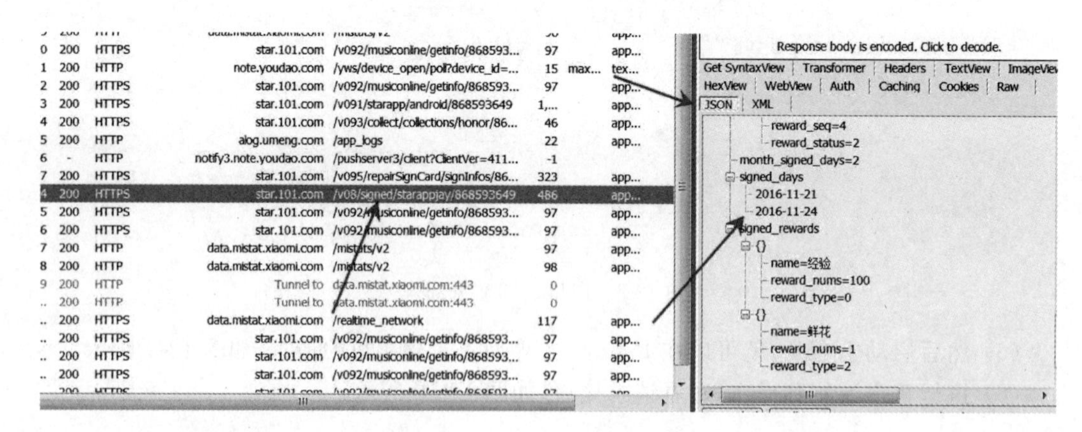

图 12-10 Fiddler 设置介绍 6

有限的测试覆盖较多用户机型。同时功能适配要具有针对性，例如在一些 UI 相关功能测试时，要着重考虑在不同分辨率下 UI 的显示是否正常。

分别针对 Android、iOS，为 JayMe 启动页功能设计兼容性测试用例，如表 12-5 和表 12-6 所示。

表 12-5　兼容性测试用例一

用例标题：机型兼容性 01.启动页展示-Android		优先级：3
编号	用 例 步 骤	预 期 结 果
1	单击 App 图标打开 App	出现应用启动页
2	在分辨率为 1920×1280 的机型上(如三星 Note 3)显示	正常
3	在分辨率为 1920×1080 的机型上(如三星 S4)显示	正常
4	在分辨率为 1280×720 的机型上(如红米 Note)显示	正常
……		

表 12-6　兼容性测试用例二

用例标题：机型兼容性 02.启动页展示-iOS		优先级：3
编号	用 例 步 骤	预期结果
1	单击 App 图标打开 App	出现应用启动页
2	在分辨率为 1920×1080 的机型上(如 iPhone 6 Plus/iPhone 7 Plus/iPhone 6s Plus)显示	正常
3	在分辨率为 1334×750 的机型上(如 iPhone 6/7)显示	正常
4	在分辨率为 1136×640 的机型上(如 iPhone 5c/5s)显示	是
5	在分辨率为 960×640 的机型上(如 iPhone 4s)显示	是

除了以上通过手工适配以外，还可以通过使用某些云测试服务进行云适配测试。

由于实验适配机型设备有限，同学可以仅针对自己拥有的机型进行适配测试并记录测试结果。

2. 系统特性兼容

针对 JayMe 新闻详情界面返回键功能进行系统特性兼容测试，如图 12-11 所示。

针对 Android 与 iOS 系统的差异性进行测试，例如针对 Android 与 iOS 不同的返回方式设计用例，如表 12-7 所示。

表 12-7　系统兼容性测试用例

用例标题：系统兼容性 01.Jay 新闻界面-返回		优先级：3
前提	选择菜单 JAY→"Jay 新闻"进入"Jay 新闻"页面	
编号	用 例 步 骤	预 期 结 果
1	单击屏幕右上角的"返回"按钮	返回 JAY 页面
2	在 Android 系统中，单击手机自带返回键	返回 JAY 页面
3	在 iOS 7 及以上系统中，从屏幕左侧滑到右侧	返回 JAY 页面

3. 输入法兼容

针对杰迷吧评论功能进行输入法兼容测试，如图 12-12 所示。

与手机系统兼容一样，手机输入法兼容也需要有选择地进行，可以通过输入法 App 排行前几名进行兼容测试，本实验选择搜狗输入法、讯飞输入法、谷歌拼音输入法来设计测试用例，如表 12-8 所示。

图 12-11 JayMe 新闻详情入口示意图

图 12-12 杰迷吧评论功能入口示意图

表 12-8 输入法兼容性测试用例

用例标题：输入法兼容性 01. 评论-输入法兼容		优先级：3
前提	当前手机安装有搜狗输入法、讯飞输入法、谷歌拼音输入法，当前手机输入法为搜狗输入法	
编号	用 例 步 骤	预 期 结 果
1	单击杰迷吧任意一帖子的“评论”按钮	进入帖子详情并弹出输入法，显示正常
2	输入评论，单击“发送”按钮	输入法正常收起，且评论显示正常
3	进入手机“设置”界面更换输入法为讯飞输入法	重复测试步骤 1,2
4	进入手机“设置”界面更换输入法为谷歌拼音输入法	重复测试步骤 1,2

输入法更换方法举例：红米 Note 2 的输入法更换路径为“设置”→“更多设置”→“语言和输入法”→“当前输入法”→“更改输入法”。其他 Android 机型路径相似，可以自行摸索或百度。iOS 输入法切换只需单击键盘下方小地球即可。

12.6.7 执行测试用例并记录执行结果

负责测试执行的同学执行以上所有设计的用例，并记录结果，如表 12-9 所示(以下现象为假设)。

表 12-9　测试用例执行结果示例

用例标题：正常流程 01.用户签到				优先级：1
前提	用户当天未签到			
编号	用例步骤	预期结果	测试结果	实际情况
1	进入"我"页面，单击"菜单"→"签到"按钮	进入"签到"页面	通过	与预期一致
2	单击页面下方"签到"按钮	弹出签到成功提示，"签到"按钮状态变为"已签到"	不通过	签到以后，"签到"按钮状态没有变为"已签到"

12.6.8　分析并提交发现的缺陷

针对上面假设的签到用例执行结果，提交缺陷报告，如表 12-10 所示。

表 12-10　缺陷报告示例

模块：JayMe→我页面→签到			
版本	JayMe v1.0.0 版本	轮数	第一轮功能测试
环境	测试环境	平台	Android
Bug 标题	单击"签到"页面下方的"签到"按钮后，用户签到状态没有变更为"已签到"		
重现步骤	【步骤】(1) 进入"我"页面，单击菜单→"签到"按钮，进入"签到"页面； (2) 单击页面下方"签到"按钮，弹出签到成功提示。 【结果】"签到"按钮状态没有变为"已签到"。 【预期】单击"签到"按钮，弹出签到成功提示，"签到"按钮状态变为"已签到"。		
严重程度	一般		
优先级	P1		

12.6.9　整理结果提交测试报告

汇总所有测试结果并提交测试报告。

例如提交测试报告如下(仅针对本实验提及部分)。

JayMe 1.0 版本-功能测试报告

项目名称	JayMe 1.0 版本	测试进度	100%
测试时间	2016 年 11 月 16 日	测试阶段	功能测试阶段
测试环境	PRE-预生产环境	平台	Android
测试人员	张三、李四、王五	开发人员	赵六
版本兼容	兼容低版本	是否建议发布	否
测试范围	(1) JayMe 我页面签到功能 (2) JayMe 启动页功能 (3) JayMe 我的壁纸功能 (4) JayMe 音乐条功能 (5) JayMe 杰迷吧功能 (6) JayMe 新闻功能		
网络适配	WiFi 网络、联通 4G、电信 4G、移动 4G 网络、弱网络		
系统适配	三星 Note 3、三星 S4、红米 Note、iPhone 6、iPhone 4s、iPhone 5s		

续表

<table>
<tr><td rowspan="4">新增 Bug</td><td>Bug 总数</td><td>建议总数</td><td>高优先级 Bug 数</td></tr>
<tr><td>2</td><td>0</td><td>1</td></tr>
<tr><td>轻微 Bug 数</td><td>一般 Bug 数</td><td>严重 Bug 数</td></tr>
<tr><td>0</td><td>1</td><td>0</td></tr>
<tr><td>主要遗留问题</td><td colspan="3">(1) 单击“签到”页面下方的“签到”按钮后,用户签到状态没有变为“已签到”。
(2) 程序启动页在三星 S4 机型(分辨率为 1920×1080)上显示不正常。</td></tr>
<tr><td>功能风险</td><td colspan="3">(1) 机型适配仅适配市场份额 Top10 机型,启动页在其他分辨率的机型上可能显示异常,风险低。
(2) 输入法适配仅适配讯飞、谷歌、搜狗输入法,风险低。</td></tr>
<tr><td>测试结论</td><td colspan="3">存在 Bug,需要修复测试</td></tr>
</table>

实验 13 移动 App 功能自动化测试

（共 4 学时）

13.1 实验目的

（1）巩固所学的移动端功能自动化测试方法；

（2）提高编写移动 App 功能自动化测试脚本的能力。

13.2 实验前提

（1）掌握并搭建移动端功能自动化测试框架 Appium，搭建方法参考 13.8 节自动化框架 Appium 环境搭建；

（2）熟悉 Python 脚本语言；

（3）选择一个被测试的手机应用（JayMe），可以到应用商店下载，App Store 下载 JayMe iOS 版、在应用宝下载 JayMe Android 版，或者扫描右侧的二维码。

13.3 实验内容

针对被测试的移动应用 App 登录用例进行自动化脚本编写，验证 App 是否能通过脚本运行登录。

13.4 实验环境

（1）由 1～2 个学生来完成测试；

（2）下载 Android 测试包到 Android 主机上，PC 上搭建好 Appium 环境；

（3）下载并安装 Python。

13.5 实验过程简述

实验环境准备好之后，按以下过程进行实验操作：

（1）打开手机的 USB 调试模式；

（2）连接手机到计算机；

(3) 查看设备号;

(4) 查看设备的版本号;

(5) 启动 Appium 服务;

(6) 测试脚本的编写及运行。

13.6 实施具体的自动化测试过程

1. 打开手机的 USB 调试模式

一般在"设置"→"开发者选项"中打开"USB 调试"开关。

2. 连接手机到计算机

将手机用数据线连接到计算机,并授权 USB 调试模式。

3. 查看设备号

在 cmd 下运行命令 adb devices,如图 13-1 所示,如果有输出,就表示连接成功。

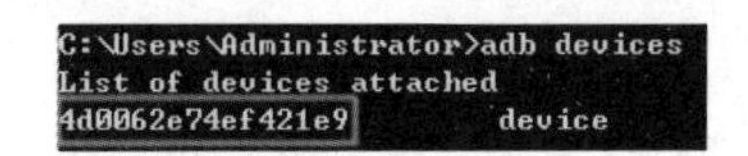

图 13-1 查看设备号

查看设备的版本号的命令是 adb -s 4d0062e74ef421e9 shell getprop ro. build. version. release,运行得到如图 13-2 所示的结果。

```
C:\Users\Administrator>adb -s 4d0062e74ef421e9 shell getprop ro.build.version.re
lease
4.4.2
```

图 13-2 查看设备版本号

4. 启动 Appium 服务

在 cmd 命令行中启动,根据查到的 UDID 启动 Appium 服务,运行命令为:

```
appium -U 4d0062e74ef421e9 -p 4723 -bp 4724 --session-override
```

其中,-U 参数后面的一串字符就是手机的 UDID,是通过第 2 步查到的。

当程序输出如图 13-3 所示的信息时,表示 Appium 服务启动成功,此时便可以运行测试脚本了。

```
d:\desk>appium -U 4d0062e74ef421e9 -p 4723 -bp 4724 --session-override
warn: Appium support for versions of node < 0.12 has been deprecated and will be
 removed in a future version. Please upgrade!
info: Welcome to Appium v1.4.0 (REV 8f63e2f91ef7907aed8bda763f4e5ca08e86970a)
info: Appium REST http interface listener started on 0.0.0.0:4723
info: [debug] Non-default server args: {"udid":"4d0062e74ef421e9","sessionOverri
de":true}
info: Console LogLevel: debug
```

图 13-3 启动 Appium 服务

5. 测试脚本编写与运行——示例一登录功能

首先打开 D:\sdk\tools 中的 UiautomatorView. bat,且在已安装了 JayMe 的设备上打开 JayMe APP,单击 UiautomatorView. bat 上的"截屏"按钮,捕获当前页面的所有控件的详细信息。如图 13-4 所示为 JayMe 登录页面及该页面控件的详细信息。

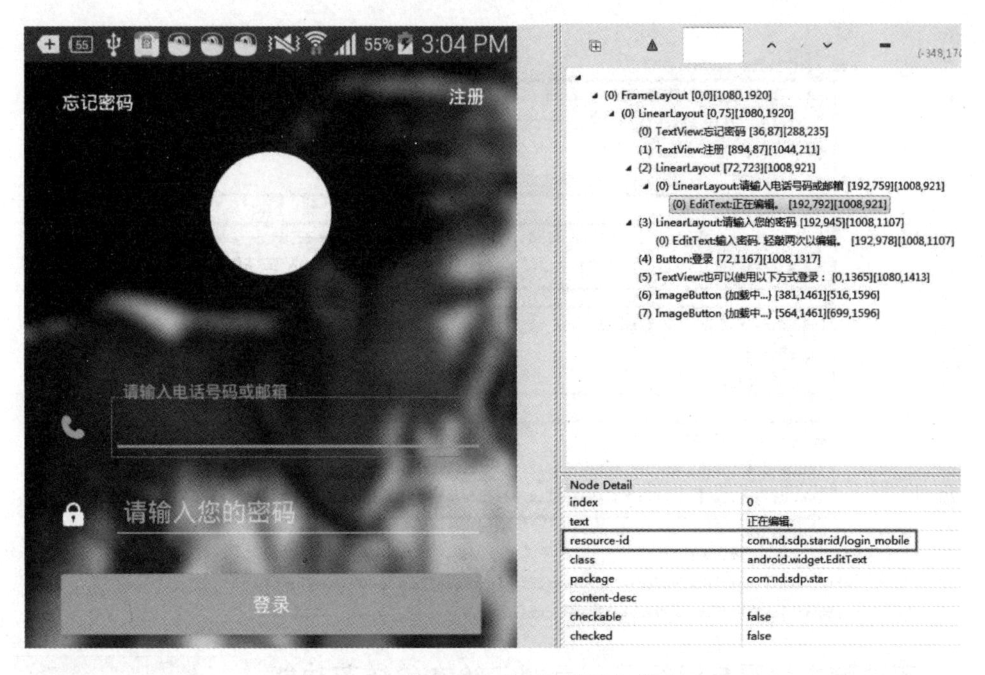

图 13-4　获取登录页面控件详细信息

登录功能的用例一般描述如下：

(1) 清除对应输入框的内容；

(2) 输入用户名；

(3) 输入对应的密码；

(4) 单击“登录”按钮进行登录；

(5) 成功跳转到指定页面。

针对上述登录 Jayme App 的步骤，编写的脚本如代码示例 13-1 所示。

代码示例 13-1

```
1  # -*- coding: utf-8 -*-
2  import unittest
3  from appium import webdriver
4  import time
5
6  class JayLoginModuleTests(unittest.TestCase):
7      def setUp(self):
8          desired_caps = {}
9          desired_caps['platformName'] = 'Android'
10         desired_caps['platformVersion'] = '4.4.2'
11         desired_caps['deviceName'] = '4d0062e74ef421e9'
12         desired_caps['appPackage'] = 'com.nd.sdp.star'
13         desired_caps['appActivity'] = 'com.nd.sdp.star.view.activity.StartShowActivity'
14         self.driver = webdriver.Remote('http://localhost:4723/wd/hub', desired_caps)
15         time.sleep(5)
16
17     def tearDown(self):
18         self.driver.quit()
19
```

启动指定设备的指定App

```
19
20     def test_login_jayMe(self):
21         mobileTextfield = self.driver.find_element_by_id("com.nd.sdp.star:id/login_mobile")
22         mobileTextfield.click()                                    1. 输入用户名
23         mobileTextfield.clear()
24         mobileTextfield.send_keys('15986320148')
25
26         passwordTextfield = self.driver.find_element_by_id("com.nd.sdp.star:id/login_password")
27         passwordTextfield.send_keys('123456')                      2. 输入密码
28
29         loginBtn=self.driver.find_element_by_id("com.nd.sdp.star:id/btnLogin")
30         loginBtn.click()
31         time.sleep(3)                                  3. 单击“登录”按钮
32
33         exceptText = "JAY"
34         jayTextBtn = self.driver.find_element_by_id("com.nd.sdp.star:id/mytab_bt_jay")
35         assert jayTextBtn.text == exceptText.decode('utf-8')        4. 检验登录成功
36
37 if __name__ == '__main__':
38     suite = unittest.TestLoader().loadTestsFromTestCase(JayLoginModuleTests)
39     unittest.TextTestRunner(verbosity=2).run(suite)
```

6. 测试脚本编写与运行——示例二给杰伦送花功能

UI Automator Viewer

图 13-5 “捕获界面信息”按钮

单击手机上的 JAY 标签，再单击 UI Automator Viewer 上方的“捕获界面信息”按钮，如图 13-5 所示，捕获到当前页面的所有控件的详细信息，如图 13-6 所示。

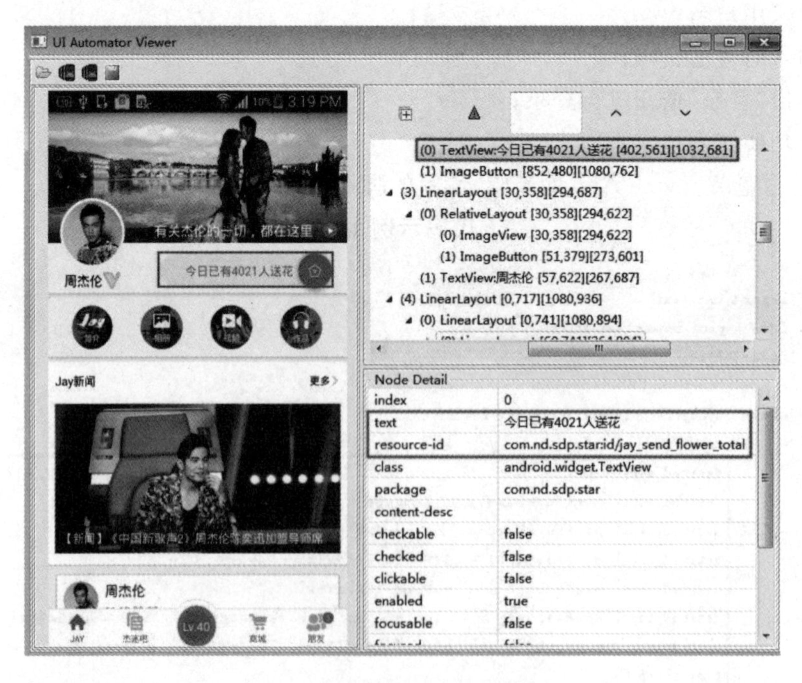

图 13-6　JAY 页面控件详细信息

给杰伦送花功能的用例一般描述如下：

(1) 单击 JAY 标签，进入 JAY 页面；

(2) 获取杰伦今天已收鲜花数；

(3) 单击“送花”按钮；

(4) 判断当前用户拥有的鲜花数，若鲜花数>0，则执行送花操作，否则报错提示鲜花数不足，如图 13-7 所示；

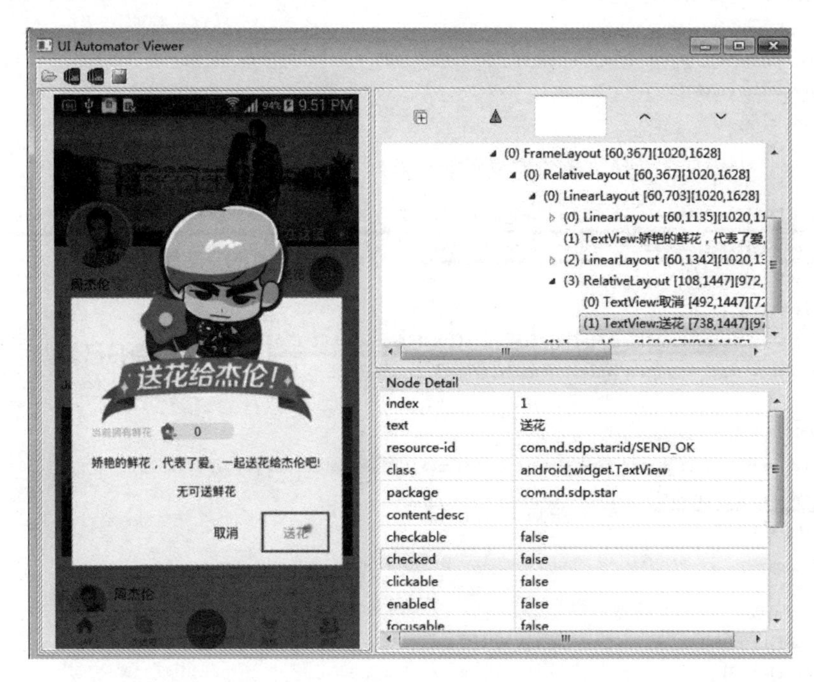

图 13-7　送花给杰伦页面详情信息

(5) 单击“送花排行榜”上的“返回”按钮，验证给杰伦送花数增加 1，如图 13-8 所示。

图 13-8　送花排行榜页面详情信息

针对上述给杰伦送花的5个步骤，编写的脚本如代码示例13-2所示。

代码示例13-2

```
'''给杰伦送花'''
def test_send_one_flower_to_jay(self):
    #1.单击JAY tab标签
    jayTabBtn=self.driver.find_element_by_id("com.nd.sdp.star:id/mytab_bt_jay")
    jayTabBtn.click()
    time.sleep(3)

    #2.获取杰伦今日收花总数                     1.先定位到指定控件
    sendTotalFlowerBtn = self.driver.find_element_by_id("com.nd.sdp.star:id/jay_send_flower_total")
    sendTotalFlowerBtnText = sendTotalFlowerBtn.text      2.获取此控件的文本属性
    existText1 = "有"
    existText2 = "人"
    beginPos = sendTotalFlowerBtnText.find(existText1.decode('utf-8'))    3.找到"今日已有***
    endPos = sendTotalFlowerBtnText.find(existText2.decode('utf-8'))          人送花"的***

    #3.单击"送花"按钮
    jayFlowerBtn=self.driver.find_element_by_id("com.nd.sdp.star:id/jay_flower")
    jayFlowerBtn.click()       单击定位到的控件
    time.sleep(3)

    #判断当前用户拥有的总的可送的鲜花数，若>0则送花，小于0则报错。
    ownedFlowerBtn=self.driver.find_element_by_id("com.nd.sdp.star:id/FLOWER_NUMBER")
    time.sleep(3)
    ownedFlowerNumber = int(ownedFlowerBtn.text)
    sendFlowerBtn=self.driver.find_element_by_id("com.nd.sdp.star:id/SEND_OK")
    if ownedFlowerNumber>0 :
        sendFlowerBtn.click()
        time.sleep(5)
        backBtn=self.driver.find_element_by_class_name("android.widget.ImageButton")
        backBtn.click()
        time.sleep(2)
        totalText = self.driver.find_element_by_id("com.nd.sdp.star:id/jay_send_flower_total").text
        actualText = "今日已有"+str(int(sendTotalFlowerBtnText[beginPos+1:endPos])+1)+"人送花"
        assert totalText == actualText.decode('utf-8')    校验对应的文本内容与预期文本内容一
    else:
        assert ownedFlowerNumber > 0
```

13.7 课后作业

了解Appium相关的API，并实现Jayme App里的发帖功能自动化。

13.8 自动化框架Appium环境搭建

对于很多初学者而言，Appium的安装配置是场噩梦。但从实际情况来看，遵循官方的安装步骤→遇到问题→分析日志→成功安装Appium→写个DEMO并不是难事。Appium

支持 Selenium WebDriver 支持的所有语言，如 Java、Object-C、JavaScript、PHP、Python、Ruby、C#、Clojure，或者 Perl 语言，更可以使用 Selenium WebDriver 的 API，Appium 支持任何一种测试框架。本实验主要介绍基于 Python 语言的 Appium 环境的搭建，Appium 的安装步骤如下。

（1）安装 JDK，并进行环境变量配置。JDK 的安装很简单，按默认安装即可。环境变量配置方法如下：添加 JAVA_HOME 变量，值为 JDK 的安装路径，如 D:\Java\jdk1.7.0_45；添加 CLASSPATH 变量，值为.；%JAVA_HOME%\lib\tools.jar；%JAVA_HOME%\lib\dt.jar；添加 PATH 变量，值为%JAVA_HOME%\bin。检查 Java 环境是否配置好，只需进入 cmd 命令行，输入 java 或 javac，若看到许多的命令提示就说明成功了。

（2）安装 Node.js 很简单，按默认安装即可，可以改变安装的路径。切记要将 Node.js runtime 改为 npm package manager，如图 13-9 所示。安装完成以后，检查 Node.js 安装是否成功只需进入命令行，输入 node -v，若看到版本号就说明成功了。

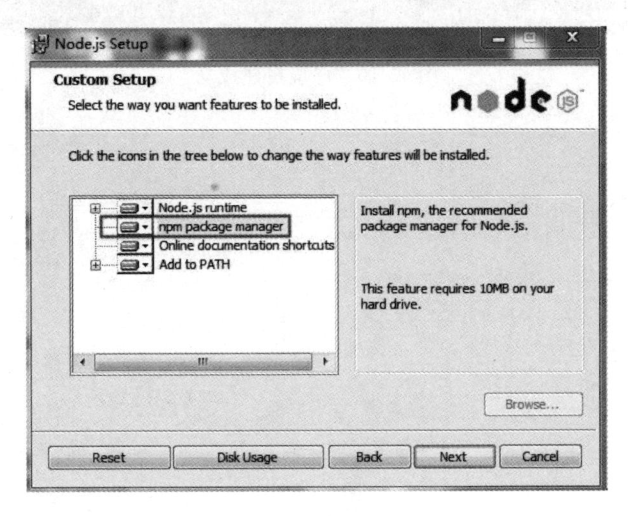

图 13-9　安装 Node.js

（3）安装 ADT，配置环境变量。

下载地址：http://developer.android.com/sdk/index.html? hl=sk

下载 adt-bundle-windows-x86-20140321.zip，直接解压即可。配置环境变量，设置 ANDROID_HOME 系统变量，值为 Android SDK 的路径，并把 tools 和 platform-tools 两个目录加入到系统的 Path 路径里。例如增加变量，变量名为 ANDROID_HOME，值为 D:\AutoTest\adt\sdk；增加 Path 值%ANDROID_HOME%\tools；%ANDROID_HOME%\platform-tools

（4）安装 Python+WebDriver 环境的步骤如下：

① 安装 active-python，双击可执行文件，直接默认安装即可。

② 安装 Selenium WebDriver。先解压 selenium-2.43.0.tar.gz，进入该目录，输入 python setup.py install，然后打开 Python 的 Shell 或者 Idel 界面，输入 from selenium import webdriver，若不报错就说明已经成功安装 Selenium for Python 了。

（5）安装 appium-python-client。首先先解压，再把对应的文件复制到 Python 目录下，再打开 cmd,输入 cd D:\python27\appium-python-clicent-0. 11,执行命令 python setup. py install,执行完成后再确认是否成功。确认方法为打开 cmd,输入 python,回车后再输入 from appium import * ,没有报错就成功了。

(6) 安装 poster。解压 poster-0. 8. 1. tar. gz,进入该目录,输入 python setup. py install 即可完成安装。执行完成后再确认是否成功,确认方法为打开 cmd,输入 python,回车后再输入 import poster ,没有报错就成功了。

最后打开 cmd,输入 appium,若显示如图 13-10 所示的内容表示环境已搭建成功。

图 13-10　环境搭建成功

实验14 移动App代码反编译安全测试

（共2学时）

14.1 实验目的

（1）巩固所学的移动端安全测试方法；

（2）提高使用移动安全测试工具的能力。

14.2 实验前提

（1）掌握系统安全测试方法；

（2）熟悉安全测试过程和工具使用的基本知识；

（3）选择一个被测试的手机应用(JayMe)，可以到应用商店下载，在App Store下载JayMe iOS版，在应用宝下载JayMe Android版，或者扫描右侧的二维码。

14.3 实验内容

本实验是针对被测移动App的代码反编译安全进行测试。

14.4 实验环境

（1）由1～2个学生来完成测试；

（2）下载Android测试包到PC，PC上安装任意支持zip格式的工具(winRAR、7zip等)；

（3）下载dex2jar源码反编译工具，下载jd-gui工具查看jar文件中的源码。

14.5 实验过程简述

（1）明确安全测试对象，测试目的是通过反编译代码查看源代码是否进行了代码混淆；

（2）下载安全测试工具；

（3）对App包进行反编译；

（4）查看反编译中的源代码，分析源代码中的类以及变量定义是否进行了混淆；

(5) 编写并提交安全(代码混淆)性能测试结果报告。

14.6 实施具体的性能测试过程

1. 测试方案

针对 App 的安全测试,代码安全是很重要的一个环节,代码混淆是预防代码被破解的一个很好的手段。要测试被测 App 是否经过代码混淆,首先需要对 App 包进行反编译,再通过查看反编译后的源代码文件来判断。

安卓端代码反编译测试工具很多,以 dex2jar、jd-gui、apktool、IDA 等为代表,这里选择操作简单的工具 2jar、jd-gui 来进行实验。

iOS 需先从 App Store 下载安装包,下载之后通过 clutch、dumpdecrypted、AppCrakr 等工具解密,再使用 Class-dump 和 Hopper Disassembler 等反编译工具对可执行文件中的类定义文件进行还原。本实验以安卓端为例。

2. dex2jar、jd-gui 的下载

从 Github 官方网站(https://github.com/ssmiech/dex2jar)下载 dex2jar 和 jd-jui 工具,下载 dex2jar 后直接解压成文件夹即可,如图 14-1 所示。

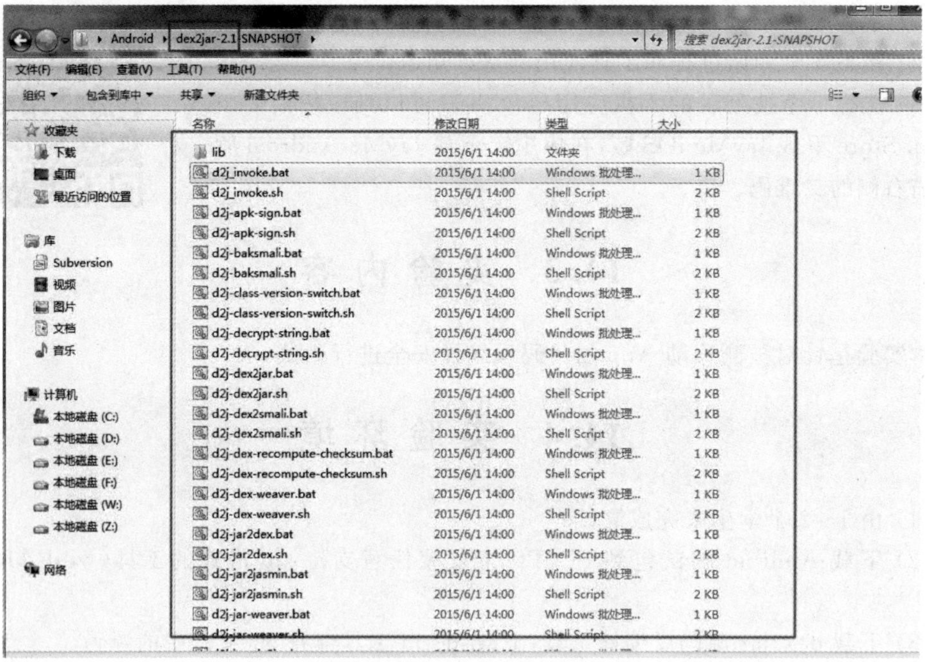

图 14-1 dex2jar 解压后目录文件

jd-jui 解压后为 jd-jui 可执行文件。

3. 对 App 进行反编译

先将 apk 文件的扩展名由 .apk 改为 .zip,再使用 winRAR 工具对其解压,解压成文件夹,如图 14-2 所示。

将解压后的 App 目录文件夹中的 classes.dex 文件复制到反编译工具 dex2jar 文件夹

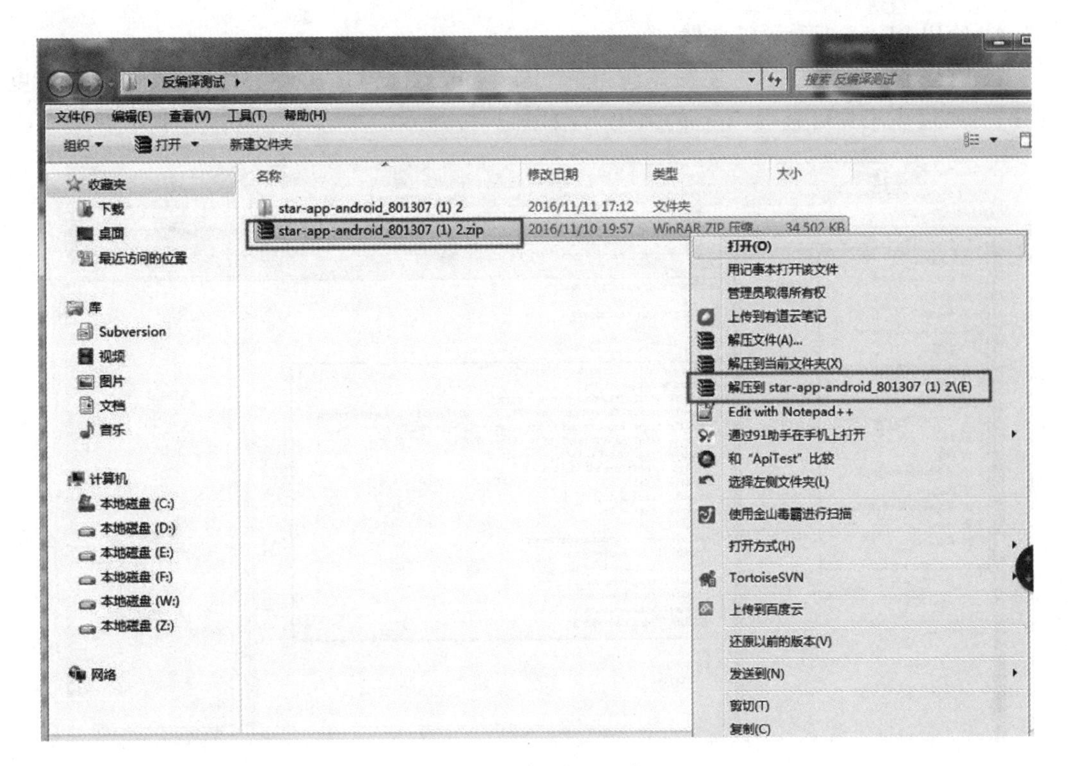

图 14-2　解压 App 包

中，执行 cmd 命令：d2j-dex2jar. bat classes. dex，生成源代码文件 classes-dex2jar. jar，如图 14-3 所示。

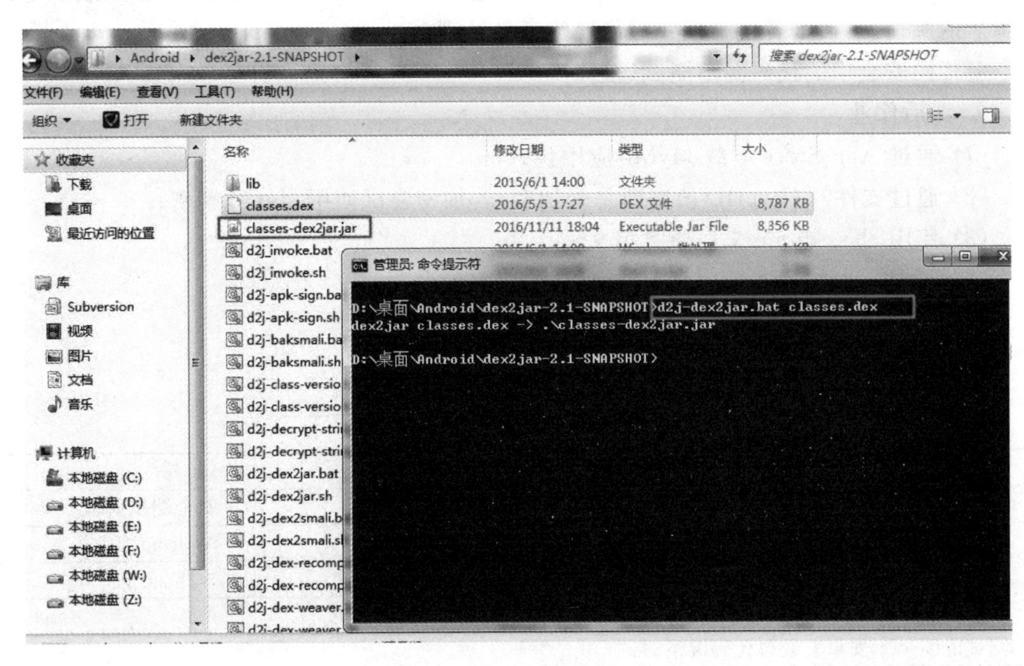

图 14-3　反编译 App 包

4. 使用jd-gui查看源码文件

双击运行jd-gui工具,将反编译获得的classes-dex2jar.jar用该工具打开(可直接拖曳打开)。通过该工具可查看App的源代码,如图14-4所示。

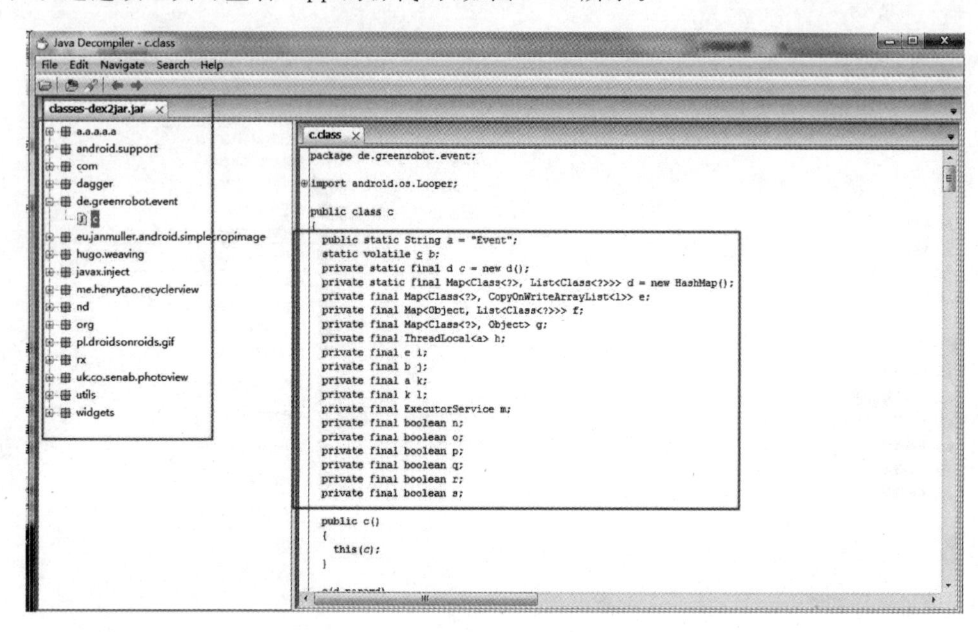

图14-4 使用jd-gui查看源代码

5. 测试结果分析

通过工具查看源代码,可以看到源代码中的包名、类名、变量名都已经经过了混淆,通过混淆后的源代码,攻击者很难理解源代码的意义及逻辑。

源代码安全中的代码混淆测试通过。

6. 课后作业

(1) 通过App Store下载JayMe应用包;

(2) 通过文件的CryptID值判断是否加密,若加密尝试使用clutch解密;

(3) 使用class-dump来还原类定义。

14.7 实验结果

JayMe 1.0版本-测试报告(代码反编译安全)

项目名称	JayMe 1.0	测试进度	100%
测试时间	2016年11月16日	测试阶段	安全测试阶段
测试环境	PRE-预生产环境	平台	Android
测试人员	张三	开发人员	李四、王五
版本兼容	N/A	是否建议发布	是
测试范围	安卓安装包代码混淆测试		
网络适配	N/A		
系统适配	N/A		

续表

<table>
<tr><td rowspan="4">新增 Bug</td><td>Bug 总数</td><td>建议总数</td><td>高优先级 Bug 数</td></tr>
<tr><td>0</td><td>0</td><td>0</td></tr>
<tr><td>轻微 Bug 数</td><td>一般 Bug 数</td><td>严重 Bug 数</td></tr>
<tr><td>0</td><td>0</td><td>0</td></tr>
<tr><td>主要遗留问题</td><td colspan="3">无</td></tr>
<tr><td>功能风险</td><td colspan="3">无</td></tr>
<tr><td>测试结论</td><td colspan="3">安卓端代码混淆测试通过</td></tr>
</table>

实验 15 移动 App 敏感信息安全测试

（共 2 学时）

15.1 实 验 目 的

（1）巩固所学的移动端安全测试方法；

（2）提高使用移动安全测试工具的能力。

15.2 实 验 前 提

（1）掌握系统安全测试方法；

（2）熟悉安全测试过程和工具使用的基本知识；

（3）选择一个被测试的手机应用(JayMe)，可以到应用商店下载在 App Store 下载 JayMe iOS 版、在应用宝下载 JayMe Android 版，或者扫描右侧的二维码。

15.3 实 验 内 容

本实验是针对敏感信息存储安全进行测试。

15.4 实 验 环 境

（1）由 1～2 个学生来完成测试；

（2）准备测试设备安卓手机一台，需具备 root 权限，下载 Android 测试包安装在测试手机上；

（3）PC 机上安装 ADB 调试工具 DDMS。

15.5 实验过程简述

（1）明确安全测试对象，测试目的是查看 App 目录下的文件以及打印的 log 中是否存在敏感信息；

（2）下载安全测试工具；

（3）连接手机到 PC 机上，设置浏览文件权限；

(4) 查看文件目录中的文件,确认其中是否有敏感信息;

(5) 编写并提交安全测试结果报告。

15.6 实施具体的安全测试过程

1. 测试方案

测试包含两部分内容,一是检测 App 目录下的文件有没有各种敏感信息,二是检查 log 打印中是否包含敏感信息。两部分验证内容均可以通过 DDMS 工具来获取。

检测 App 目录下的文件:通过 DDMS 中的 File Explorer 来查看/data/data/appid 目录下的文件。

检测 log 打印信息:通过使用 DDMS 工具中的 logcat 工具来获取 log 打印信息。

2. 打开 DDMS 工具

提前准备测试手机并进行 root,可以上网搜索一键 root 工具,例如刷机大师、Root 精灵、百度手机助手、360 手机助手等。在手机上安装被测试应用 JayMe。

打开 DDMS,如果安装的是 Eclipse,可以通过菜单栏中的 Window→Open Pespective→DDMS 打开;如果安装的是 Android Studio,可以通过 Tools→Android→Android Device Monitor→DDMS 打开,打开后的 DDMS 工具如图 15-1 所示。

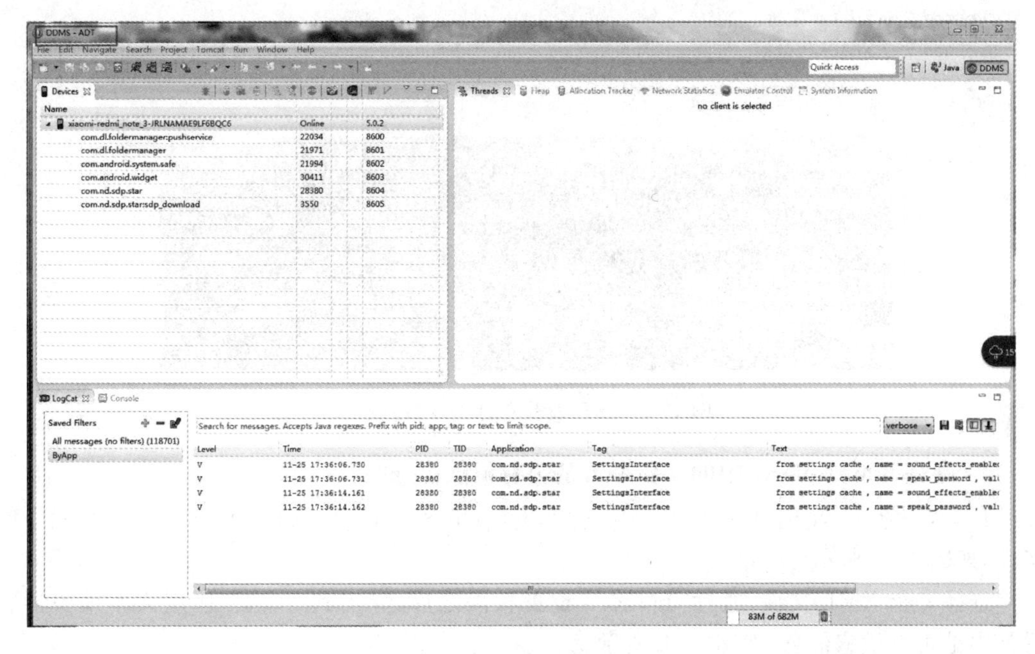

图 15-1 打开后的 DDMS 工具

连接手机到 PC,可以看到 Devices 一栏中显示被测手机。

3. 打开 File Explorer 并设置查看应用 Data 目录权限

选择菜单 Window→Show View→File Explorer,右侧可以看到 File Explorer 视图,如图 15-2 所示。

打开 cmd 命令窗口,如图 15-3 所示,用 adb shell 命令设置应用对应 data 目录权限(com.

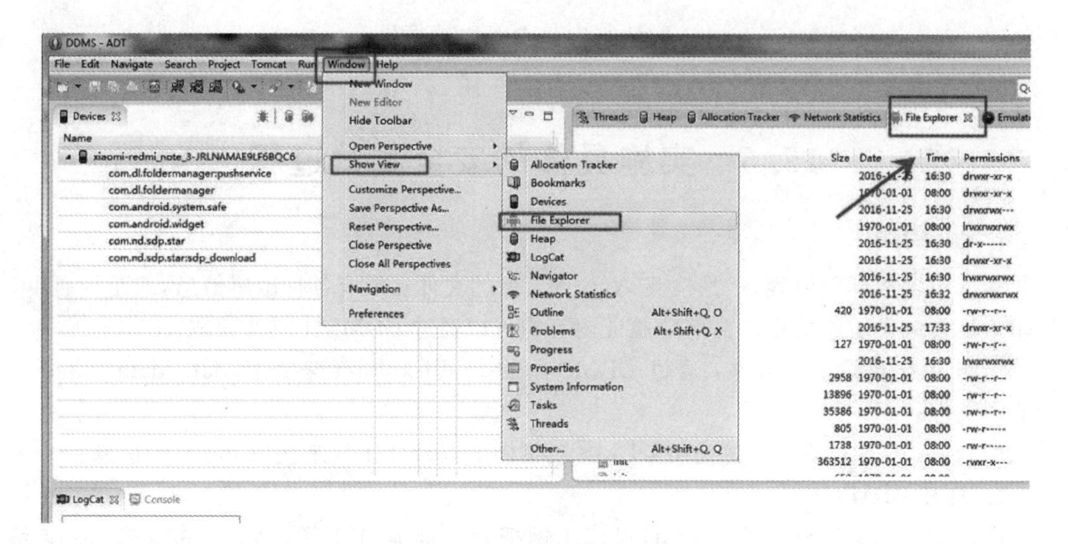

图 15-2 File Explorer 视图

nd. sdp. star 为本次被测试应用包名，可在 DDMS 窗口 Devices 下看到），执行 cmd 命令：

```
> adb shell
> su
> chmod 777 /data
> chmod 777 /data/data
> chmod 777 /data/data/ com.nd.sdp.star
```

```
管理员: C:\Windows\system32\cmd.exe - adb shell
D:\sdk\platform-tools>adb shell
shell@hennessy:/ $ su
su
root@hennessy:/ # chmod 777 /data
chmod 777 /data
root@hennessy:/ # chmod 777 /data/data
chmod 777 /data/data
root@hennessy:/ # chmod 777 /data/data/com.nd.sdp.star
chmod 777 /data/data/com.nd.sdp.star
root@hennessy:/ #
```

图 15-3 设置查看应用 data 目录权限

4. 浏览 File Explorer 中的文件查看是否有敏感信息

在 File Explorer 中打开 data/data/com. nd. sdp. star 目录，查看 shared_prefs 目录下的文件，如图 15-4 所示。

选择一个 XML 文件，通过 cmd 命令设置权限之后，导出到 PC 上，使用文本编辑器查看其中是否有敏感信息，如图 15-5 所示。

查看所有 XML 文件中是否包含类似 username、password、email 等内容。

5. 查看 logcat

手机连接 DDMS，先正常使用 App 一段时间，做一些主要操作，例如登录、发送消息、查看微博、购物等。

Logcat 中会打印很多的 log 信息出来，需要筛选，单击设置筛选条件，如图 15-6 所示。

例如设置：

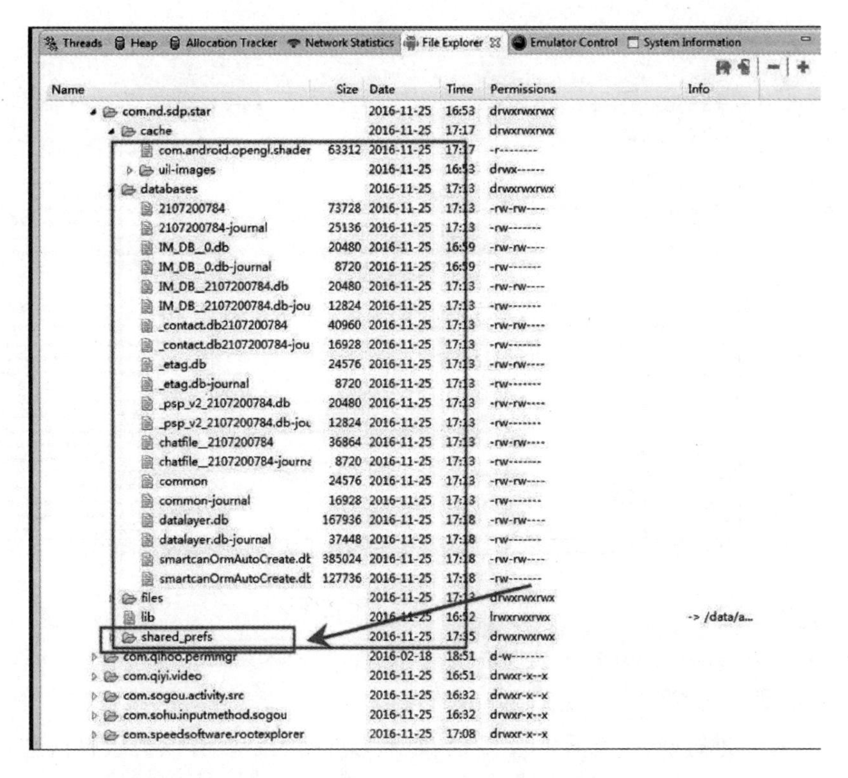

图 15-4 查看 shared_prefs 目录下的文件

图 15-5 导出 shared_prefs 目录下的文件到 PC

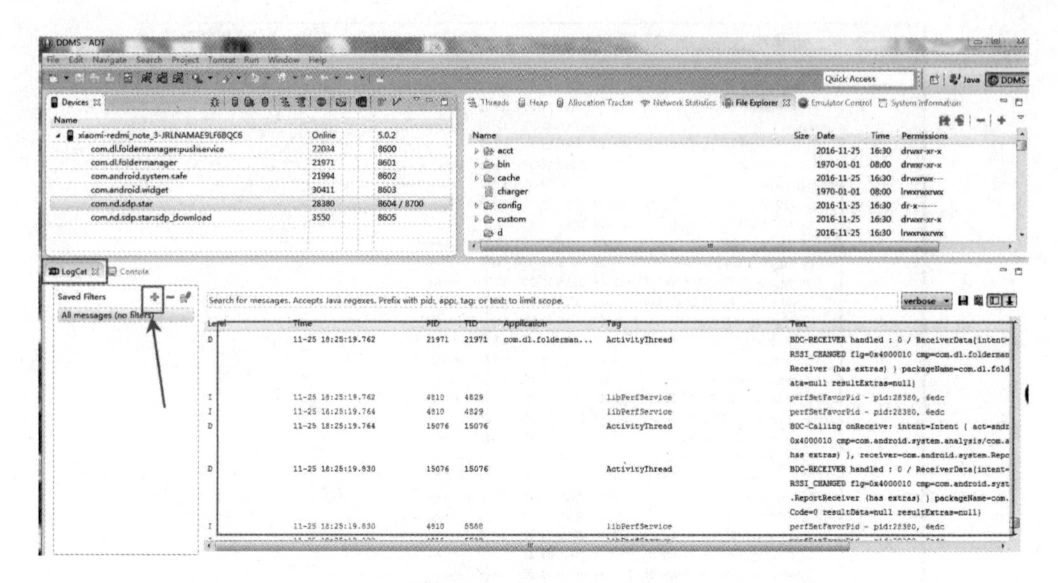

图 15-6　logcat 打印 log

by Application Name = com.nd.sdp.star;

by Log Message = password

单击 OK 按钮进行确认，查看 Log 一栏，如果为空则表示没有该类敏感信息，如图 15-7 所示。

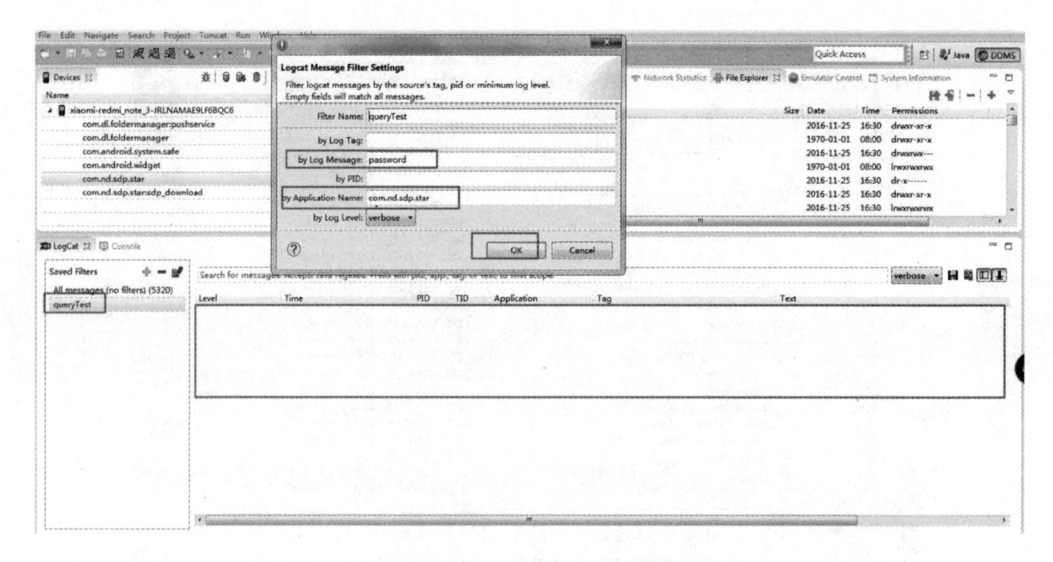

图 15-7　通过筛选查看是否存在敏感信息

6. 测试结果分析

通过查看应用目录下的文件以及打印的 log 信息，发现不存在类似 username、password、email 等内容，不存在敏感信息。

15.7 实验结果

JayMe 1.0 版本-测试报告(敏感信息安全)

<table>
<tr><td>项目名称</td><td>JayMe 1.0</td><td>测试进度</td><td colspan="2">100%</td></tr>
<tr><td>测试时间</td><td>2016 年 11 月 16 日</td><td>测试阶段</td><td colspan="2">安全测试阶段</td></tr>
<tr><td>测试环境</td><td>PRE-预生产环境</td><td>平台</td><td colspan="2">Android</td></tr>
<tr><td>测试人员</td><td>张三</td><td>开发人员</td><td colspan="2">李四、王五</td></tr>
<tr><td>版本兼容</td><td>N/A</td><td>是否建议发布</td><td colspan="2">是</td></tr>
<tr><td>测试范围</td><td colspan="4">安卓 App 客户端敏感信息泄露测试</td></tr>
<tr><td>网络适配</td><td colspan="4">N/A</td></tr>
<tr><td>系统适配</td><td colspan="4">N/A</td></tr>
<tr><td rowspan="4">新增 Bug</td><td>Bug 总数</td><td colspan="2">建议总数</td><td>高优先级 Bug 数</td></tr>
<tr><td>0</td><td colspan="2">0</td><td>0</td></tr>
<tr><td>轻微 Bug 数</td><td colspan="2">一般 Bug 数</td><td>严重 Bug 数</td></tr>
<tr><td>0</td><td colspan="2">0</td><td>0</td></tr>
<tr><td>主要遗留问题</td><td colspan="4">无</td></tr>
<tr><td>功能风险</td><td colspan="4">无</td></tr>
<tr><td>测试结论</td><td colspan="4">安卓端 App 客户端敏感信息泄露测试通过</td></tr>
</table>

参考文献

[1] 丁如敏,等.腾讯 Android 自动化测试实战[M].北京:机械工业出版社,2016.

[2] 腾讯 SNG 专项测试团队. Android 移动性能实战[M].北京:电子工业出版社,2017.

[3] 丁如敏,王琳,等.腾讯 iOS 测试实践[M].北京:机械工业出版社,2017.

[4] 邱鹏,等.移动 App 测试实战:互联网企业软件测试和质量提升实践[M].北京:机械工业出版社,2015.

[5] 赵涏元,等. Android 恶意代码分析与渗透测试[M].金圣武,译.北京:人民邮电出版社,2015.

[6] https://www.talkingdata.com/index/#/datareport/IndustryReport/all/zh_CN.

[7] http://opensignal.com/reports/2014/android-fragmentation/.

[8] http://open.weibo.com/wiki/API.

[9] https://developer.android.com/develop/index.html.

[10] Projects/OWASP Mobile Security Project - Top Ten Mobile Risks.

第4篇 验收测试及其框架解析实验

软件产品最终是否符合业务需求和用户需求，需要经过验收测试。从传统软件工程角度看，验收测试就是用户参与、在实际的运行环境（也称“生产环境”）或真实的模拟环境（也称“镜像环境”或 Stage Environment）上执行相应的测试用例。从敏捷开发模式看，验收测试是对用户故事的验收标准进行检验，确定用户故事是否得到良好的实现。

验收测试的手工测试方法主要采用基于场景的测试方法、业务端到端的测试方法，手工测试结合业务非常密切，一般在工作中应用较多。学校则侧重技术，还是鼓励大家进行自动化测试，基于测试工具进行验收测试。验收测试的自动化测试框架一般是业务驱动的，比较著名的有业务表格驱动的 Fitnesse 和 BDD（行为驱动开发）的 Cucumber。

测试环境搭建和维护也是测试工作中的重要内容之一，只有环境正确，测试的结果才有意义；只有环境可靠稳定并具有良好的性能，测试的过程和效率才有保障。今天，借助虚拟技术、Docker 技术，测试环境的创建和维护变得越来越容易。本章主要围绕环境搭建、兼容性测试进行实验。

本篇重点介绍下列 4 个实验。

◇ 实验 16：基于 Fitnesse 的验收测试实验

◇ 实验 17：开源测试框架 Fitnesse 的解析

◇ 实验 18：搭建虚拟测试环境

◇ 实验 19：系统安装/卸载和兼容性测试实验

实验 16　基于 Fitnesse 的验收测试实验

16.1　实 验 目 的

（1）了解 Fitnesse 基础架构以及实现原理；
（2）掌握运用 Fitnesse 开展验收测试的方法。

16.2　实 验 前 提

（1）具备 Java 代码阅读和开发能力；
（2）了解 Fitnesse 测试框架的基本概念；
（3）具备测试框架部署能力。

16.3　实 验 内 容

（1）完成 Fitnesse 测试框架的部署；
（2）解析 Fitnesse 框架架构以及通信机制；
（3）完成基于 Fitnesse 的验收测试 Demo 案例。

16.4　实 验 环 境

（1）每个学生准备一台 PC 或者笔记本，要求可以连接互联网，操作系统版本为 windows 7 或 Linux；

（2）测试环境具备 JDK 1.7 或以上版本，安装开发工具 Eclipse 3.X，可以自行下载；

（3）下载 Fitnesse 安装包，下载路径扫描右侧二维码。

16.5　实验过程简述

（1）完成 Fitnesse 的安装和部署；
（2）在 Fitnesse 上编写测试用例和测试集，并完成用例的执行；
（3）完成比特币交易网站 okcoin API 调用测试案例。

16.6 实验具体实施步骤

1. 安装 Fitnesse

Fitnesse 的安装非常简单方便，只需执行以下命令即可，如图 16-1 所示：

```
java -jar fitnesse-standalone.jar -p 1234
```

-p 表示指定 Fitnesse 本地的端口号(避免使用 80 等端口以免和其他服务端口冲突)。

```
E:\fitnesse>java -jar fitnesse-standalone.jar -p 1234
一月 02, 2017 8:20:06 下午 fitnesse.ConfigurationParameter loadProperties
信息: No configuration file found (E:\fitnesse\plugins.properties)
Bootstrapping FitNesse, the fully integrated standalone wiki and acceptance test
ing framework.
root page: fitnesse.wiki.fs.WikiFilePage: FitNesseRoot
logger: none
authenticator: fitnesse.authentication.PromiscuousAuthenticator
page factory: fitnesse.html.template.PageFactory
page theme: bootstrap
Starting FitNesse on port: 1234
```

图 16-1 Fitnesse 安装

通过浏览器访问地址：http://localhost:1234，可以访问到 Fitnesse 的首页，如图 16-2 所示。

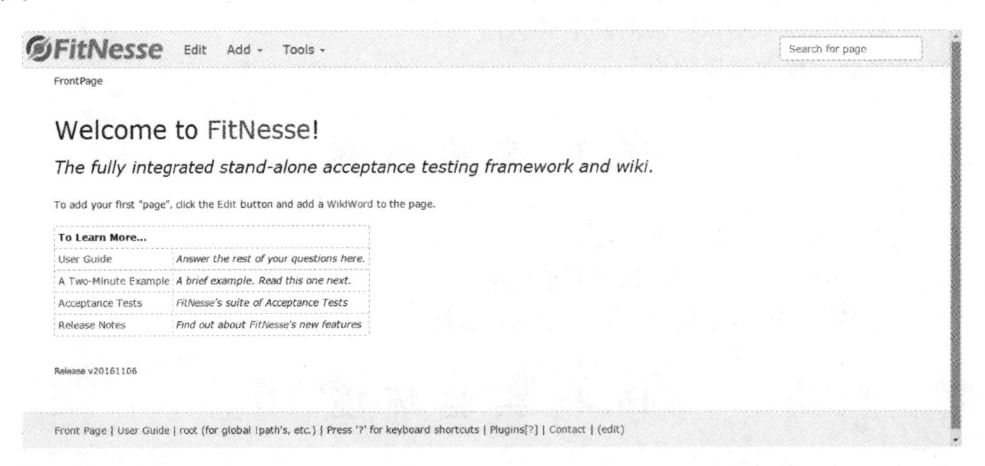

图 16-2 Fitnesse 首页

2. Fitnesse 基本概念和用法

Fitnesse 是一款开源的验收测试框架，完全由 Java 语言编写完成，支持多语言软件产品的测试，包括 Java、C、C++、Python、PHP 等。Fitnesse 框架中共包括三部分，分别是 Wiki、Test System、Fixtures，如图 16-3 所示。其中 Wiki 部分将展现具体的 test case 以及 test suite；Test System 包括 slim、fit 两部分，也就是 Fitnesse 的执行引擎；Fixtures 是真正的测试代码。

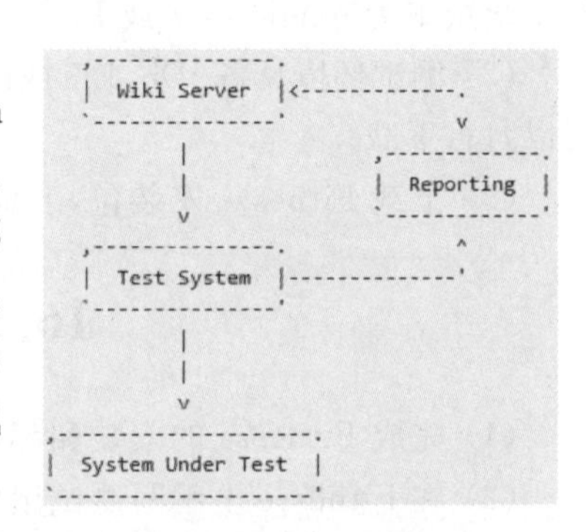

图 16-3 Fitnesse 框架

3. 在 Fitnesse 中进行测试用例编写

Fitnesse 通过其 Wiki 模块进行用例的编辑，因此我们需要掌握基本的 Wiki 语法，可以参考其用户手册：http://localhost:1234/FitNesse.UserGuide.FitNesseWiki。在本实验中不详细叙述。接下来，我们可以开展一个简单的测试用例编写示例。

Step1：定义测试引擎为 slim，这就告诉 Fitnesse 接下来我们将使用 slim 的相关属性。

! define TEST_SYSTEM {slim}

Step2：定义测试代码的路径，这里我们使用 Java 作为测试代码，因此其 class 文件默认放在测试代码工程的 bin 目录下。

! path D:\workspace\FitnesseTestProject\bin

Step3：定义一个测试用例页面。

>TestCase001，如图 16-4 所示。

Help text:
Tags: add a tag
Spreadsheet to FitNesse | FitNesse to Spreadsheet | Format | Insert Template | wrap | autoformat

```
1  !contents -R2 -g -p -f -h
2
3  !define TEST_SYSTEM {slim}
4
5  !path D:\workspace\FitnesseTestProject\bin
6
7  >TestCase001
```

图 16-4　定义一个测试用例界面

Step4：编辑测试用例，如图 16-5 所示。

Help text:
Tags: add a tag
Spreadsheet to FitNesse | FitNesse to Spreadsheet | Format | Insert Template | wrap | autoformat

```
1  !define name {mark}
2  !define result {say hello to mark}
3
4  !|import|
5  |com|
6
7
8  !|script|TestFitnesse|
9  |check|sayHelloTo|${name}|${result}|
```

图 16-5　编辑测试用例

图 16-5 中包括三个部分，首先定义被测数据和期望结果(define 部分)，其次用 slim 的 import 表格将测试工程的 package 引入，最后定义测试用例内容，图 16-5 中使用了 slim 的

script 表格，其包括两部分，表头是测试代码的类名，表主体部分是测试方法，对应测试用例中的测试步骤。具体可以参考 Fitnesse 中关于 script table 的使用方法：http://localhost:1234/FitNesse.UserGuide.WritingAcceptanceTests.SliM.ScriptTable。

保存后，页面如图 16-6 所示。

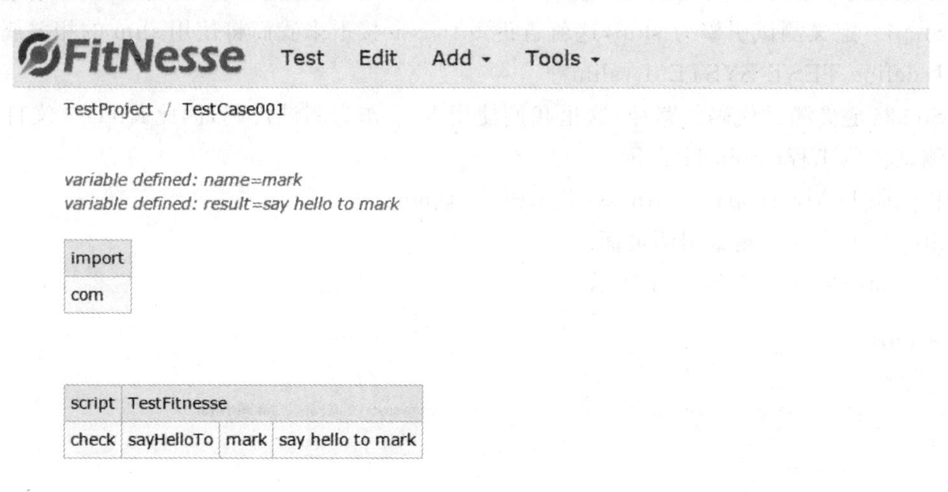

图 16-6　保存测试用例

Step5：在 Eelipse 中编写测试代码，如图 16-7 所示。

```
1  /**
2   *被测试代码的包名
3   */
4  package com;
5
6  /**
7   *
8   * 被测试代码的类名
9   *
10  */
11 public class TestFitnesse {
12
13     /**
14      * 被测试代码的方法名
15      * @param name
16      * @return
17      */
18     public String sayHelloTo(String name){
19         return "say hello to "+name;
20     }
21
22 }
23
```

图 16-7　测试代码

可以看到测试代码的每个部分和 Step4 中的三个部分是一一对应的。

Step6：执行测试用例。

在 Step4 中的页面上单击 Test 按钮，执行结果如图 16-8 所示。

FitNesse Test Edit Add Tools Execution Log

TestProject / TestCase001

Test Pages: 1 right, 0 wrong, 0 ignored, 0 exceptions Assertions: 1 right, 0 wrong, 0 ignored, 0 exceptions (1.182 seconds)

Test System: slim:fitnesse.slim.SlimService

variable defined: name=mark
variable defined: result=say hello to mark

import
com

script	TestFitnesse		
check	sayHelloTo	mark	say hello to mark

图 16-8　执行结果

绿色表示测试用例执行通过。

Step7：编写测试用例集，如图 16-9 所示。

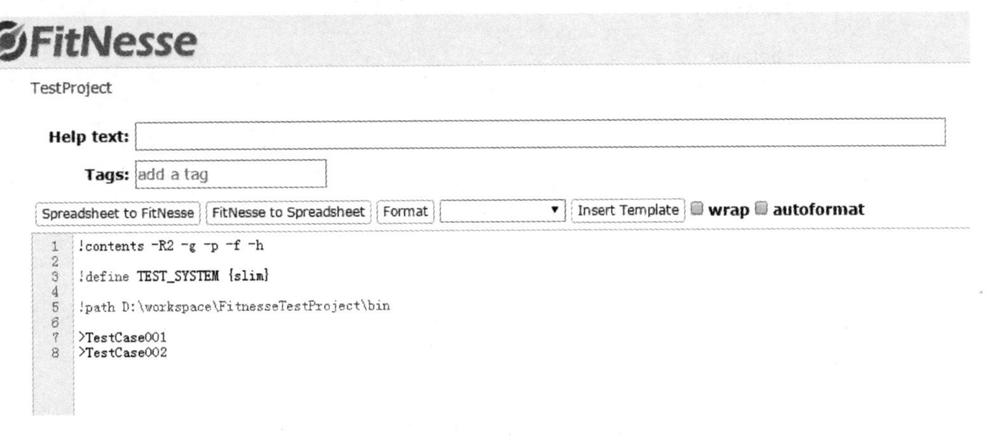

图 16-9　编写测试用例集

注意需要将 TestProject 页面的属性改成 Suite，在页面 Tools 菜单中选择 properties 进行设置，如图 16-10 所示。

TestCase002 的编写参考 Step1～Step5，保存后的页面如图 16-11 所示。

单击 Suite 执行测试集，执行结果如图 16-12 所示。

在这里 TestCase002 是执行失败的用例，原因是我们故意将测试预期结果写错了，如图 16-13 所示。

预期结果是"say hello to mark"，而实际结果是"say hello to victor"。

FitNesse

TestProject

Last modified anonymously on 一月 04, 2017 at 11:05:42 上午

Page properties

Page type:	Actions:	Navigation:	Security:
○ Static	☑ Edit	☑ RecentChanges	☐ secure-read
○ Test	☑ Versions	☑ Files	☐ secure-write
◉ Suite	☑ Properties	☑ Search	☐ secure-test
☐ Skip (Recursive)	☑ Refactor		
	☑ WhereUsed		

Help text:

Tags: add a tag

Save Properties

图 16-10 修改页面属性

FitNesse Suite Edit Add Tools

TestProject

Contents:
- Test Case 001 +
- Test Case 002 +

variable defined: TEST_SYSTEM=slim

classpath: D:\workspace\FitnesseTestProject\bin

>TestCase001
>TestCase002

图 16-11 新建 TestCase002

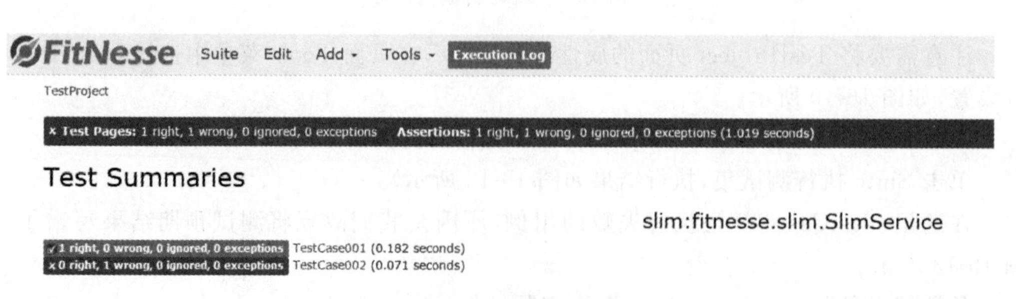

图 16-12 执行结果

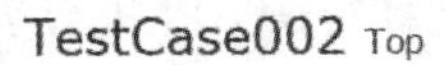

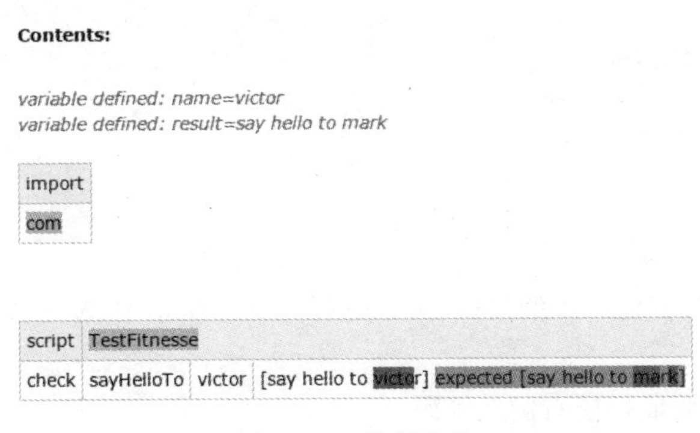

图 16-13　执行失败

16.7　基于比特币交易网站的 API 验收测试

Step 1：前往 OKCoin 网站注册并获取 API 使用权限，如图 16-14 所示。

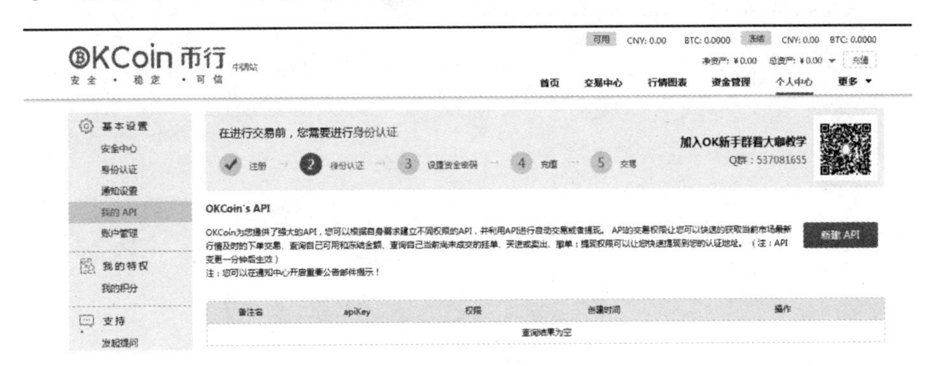

图 16-14　OKCoin 网站

Step 2：查看 API 使用文档，如图 16-15 所示。

REST API

OKCoin为用户提供了一个简单 而又强大的API，旨在帮助用户快速高效地将OKCoin交易功能整合到自己的应用当中。通过API可以快速实现如下信息：

- 市场最新行情
- 交易信息
- 账户信息
- 买方卖方深度信息
- 订单信息
- 快速买进卖出
- 批量删除订单

所有请求基于HTTPS协议，请求头信息中contentType 需要统一设置为:'application/x-www-form-urlencoded' 。访问的根URL是https://www.okcoin.cn/api/v1。如果在使用过程中有任何问题，请联系我们技术讨论QQ群：574031755，我们将为您做出最权威的解答。

Getting Started

- 安全认证
- 请求交互说明
- 行情 API
- 交易 API
- 大宗行情 API
- 大宗交易 API

图 16-15　API 使用文档

Step 3：由于使用交易 API 需要充值，我们可以选择行情 API 进行实验，如图 16-16 所示。

行情 API

获取OKCoin最新市场行情数据

接口	描述
▸ Get /api/v1/ticker	获取OKCoin行情

图 16-16　行情 API

编写测试脚本，由于是 rest 的接口，可以选择 HttpClient 作为测试驱动来编写脚本。

HttpClient 下载地址扫描右侧二维码。

接口示例如图 16-17 所示。

测试代码如图 16-18 所示。

Step 4：在 Fitnesse 上编写测试用例，如图 16-19 所示。

示例

```
# Request
GET https://www.okcoin.cn/api/v1/ticker.do?symbol=ltc_cny
# Response
{
        "date":"1410431279",
        "ticker":{
                "buy":"33.15",
                "high":"34.15",
                "last":"33.15",
                "low":"32.05",
                "sell":"33.16",
                "vol":"10532696.39199642"
        }
}
```

图 16-17　接口示例

```
public String getTicker(String currency) {
    String url = "https://www.okcoin.cn/api/v1/ticker.do?symbol="
            + currency;
    String result = "";
    try {
        // 根据地址获取请求
        HttpGet request = new HttpGet(url);// 这里发送Get请求
        // 获取当前客户端对象
        HttpClient httpClient = new DefaultHttpClient();
        // 通过请求对象获取响应对象
        HttpResponse response = httpClient.execute(request);

        // 判断网络连接状态码是否正常(0~200都属正常)
        if (response.getStatusLine().getStatusCode() == HttpStatus.SC_OK) {
            result = EntityUtils.toString(response.getEntity(), "utf-8");
        }
    } catch (Exception e) {
        // TODO Auto-generated catch block
        e.printStackTrace();
    }
    return result;
}
```

图 16-18　测试代码

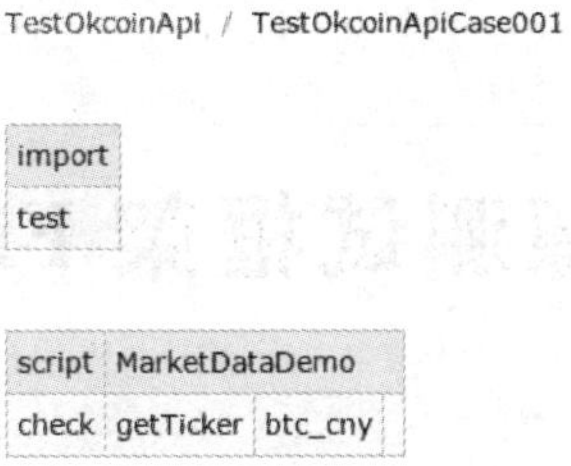

TestOkcoinApi / TestOkcoinApiCase001

import
test

script	MarketDataDemo	
check	getTicker	btc_cny

图 16-19　编写测试用例

用例执行结果如图 16-20 所示。

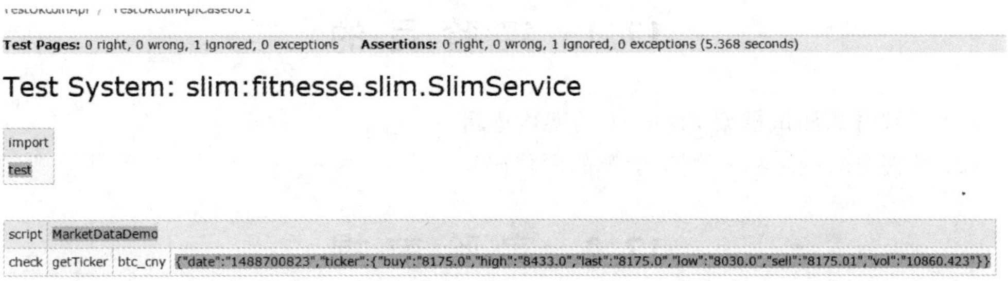

TestOkcoinApi / TestOkcoinApiCase001

Test Pages: 0 right, 0 wrong, 1 ignored, 0 exceptions　**Assertions:** 0 right, 0 wrong, 1 ignored, 0 exceptions (5.368 seconds)

Test System: slim:fitnesse.slim.SlimService

import
test

script	MarketDataDemo		
check	getTicker	btc_cny	{"date":"1488700823","ticker":{"buy":"8175.0","high":"8433.0","last":"8175.0","low":"8030.0","sell":"8175.01","vol":"10860.423"}}

图 16-20　用例执行结果

可以看到行情数据以一个 json 串的方式传回当前最新行情数据。

实验 17 开源测试框架 Fitnesse 的解析

17.1 实验目的

（1）了解开源测试框架 Fitnesse 的架构逻辑；

（2）掌握 Fitnesse slim 测试引擎的源代码解析。

17.2 实验前提

（1）具备 Java 代码阅读和开发能力；

（2）具备自动化测试框架使用经验。

17.3 实验内容

（1）解析 Fitnesse slim 引擎源代码架构分析；

（2）完成 Fitnesse 框架 API 的调用和集成。

17.4 实验环境

（1）每个学生准备一台 PC 或者笔记本，要求网络可以连接互联网，操作系统版本为 windows 7；

（2）测试环境具备 JDK 1.7 或以上版本，安装开发工具 Eclipse 3.X，可以自行下载；

（3）下载 Fitnesse 源码，下载地址扫描右侧二维码。

17.5 实验过程简述

（1）下载 Fitnesse 源代码并导入 Eclipse；

（2）完成 Fitnesse 框架 slim 引擎分析；

（3）完成 Fitnesse API 测试执行模块的调用。

17.6 实验具体实施步骤

在 Eclipse 中导入 Fitnesse 源代码，如图 17-1 所示，Fitnesse 主要入口类为 FitnesseMain. java，在 fitnesseMain 包里，调试源代码的时候该类可以直接执行。我们采用的测试引擎为 slim，那么下面主要分析该类的一些关键流程和方法。Slim 主要分为 SlimClient、SlimServer、SlimService 几部分，其中 SlimService 用于建立服务端监听 socket，来与 SlimClient 端建立通信连接，而 SlimServer 主要用于处理 SlimClient 端发送过来的 Command。

slim:fitnesse.slim.SlimService

Test page:	TestProject.TestCase001
Command:	D:\tools\jdk1.8.0_25\bin\java -cp D:\fitnesse\fitnesse-standalone.jar;D:\workspace\FitnesseTestProject\bin fitnesse.slim.SlimService 1
Exit code:	0
Time elapsed:	2 seconds

图 17-1　导入 Fitness 源码

SlimService 中的 parseCommandLine()函数就会解析图 17-1 的 Command 的内容，如图 17-2 所示。

```
public static Options parseCommandLine(String[] args) {
  CommandLine commandLine = new CommandLine(OPTION_DESCRIPTOR);
  if (commandLine.parse(args)) {
    boolean verbose = commandLine.hasOption("v");
    String interactionClassName = commandLine.getOptionArgument("i", "interactionClass");
    String portString = commandLine.getArgument("port");
    int port = (portString == null) ? 8099 : Integer.parseInt(portString);
    String statementTimeoutString = commandLine.getOptionArgument("s", "statementTimeout");
    Integer statementTimeout = (statementTimeoutString == null) ? null : Integer.parseInt(statementTimeoutString);
    boolean daemon = commandLine.hasOption("d");
    return new Options(verbose, port, getInteractionClass(interactionClassName), daemon, statementTimeout);
  }
  return null;
}
```

图 17-2　parseCommandLine 函数

注意图 17-3 中的 port 变量，如果 Wiki 上没有指定 SLIM_PORT 的值的话，默认将从 8099 开始，该值在处理完一个请求后会自动加 1。接下来将启动 SlimService 这个端口开始接收客户端发送来的请求。

```
public static void startWithFactory(SlimFactory slimFactory, Options options) throws IOException {
  SlimService slimservice = new SlimService(slimFactory.getSlimServer(options.verbose), options.port, options.interactionClass, options.daemon);
  slimservice.accept();
}
```

图 17-3　port 变量

Accept 方法分为两个方法，如果是以守护进程方式启动会调用 acceptMany，否则将调用 acceptOne，也就是处理一次请求后 SlimService 连接自动关闭。

```
public void accept() throws IOException {
        try {
            if (daemon) {
```

```
                acceptMany();
            } else {
            acceptOne();
            }
        }catch (java.lang.OutofMemoryError e) {
            System.err.printIn("Out of Memory. Aborting");
            e.printStaskTcace();
            System.exit(99);
        } finally {
            serverSocket.close();
        }
}

private void acceptOne() throws IOException {
        Socket socket = serverSocket.accept();
        handle(socket);
}
```

注意 handle 方法在此时将会启动 SlimServer，开始进行处理用例解析工作，如图 17-4 所示。

```
private void handle(Socket socket) throws IOException {
  try {
    slimServer.serve(socket);
  } finally {
    socket.close();
  }
}
```

图 17-4　handle 方法启动 SlimServer

SlimServer 启动代码如图 17-5 所示。

```
public void serve(Socket s) {
  try {
    tryProcessInstructions(s);
  } catch (Throwable e) {
    System.err.println("Error while executing SLIM instructions: " + e.getMessage());
    e.printStackTrace(System.err);
  } finally {
    slimFactory.stop();
    close();
  }
}
```

图 17-5　SlimServer 启动代码

tryProcessInstructions()函数的主要功能是处理和解析 Wiki 传输过来的数据，其主要在 ListExcutor 类中实现具体的 table 解析工作，解析流程主要为先通过 SlimDeserializer 类将 Wiki 数据反序列化，接下来通过 executeStatement()函数将 Wiki 中的关键字解析出来，代码如图 17-6 所示。

解析关键字函数代码如图 17-7 所示。

一个 case 执行的核心流程是按上述代码执行，详情情况还需继续跟进代码，在此将不详细阐述。

```
public Object executeStatement(Object statement) {
  Instruction instruction = InstructionFactory.createInstruction(asStatementList(statement), methodNameTranslator);
  InstructionResult result = instruction.execute(executor);
  Object resultObject;
  if (result.hasResult() || result.hasError()) {
    resultObject = result.getResult();
  } else {
    resultObject = null;
  }
  return asList(instruction.getId(), resultObject);
}
```

图 17-6　executeStatement 函数代码

```
public static Instruction createInstruction(List<Object> words, NameTranslator methodNameTranslator) {
  String id = getWord(words, 0);
  String operation = getWord(words, 1);
  Instruction instruction;

  if (MakeInstruction.INSTRUCTION.equalsIgnoreCase(operation)) {
    instruction = createMakeInstruction(id, words);
  } else if (CallAndAssignInstruction.INSTRUCTION.equalsIgnoreCase(operation)) {
    instruction = createCallAndAssignInstruction(id, words, methodNameTranslator);
  } else if (CallInstruction.INSTRUCTION.equalsIgnoreCase(operation)) {
    instruction = createCallInstruction(id, words, methodNameTranslator);
  } else if (ImportInstruction.INSTRUCTION.equalsIgnoreCase(operation)) {
    instruction = createImportInstruction(id, words);
  } else {
    instruction = createInvalidInstruction(id, operation);
  }

  return instruction;
}
```

图 17-7　create Instrution 函数代码

17.7　二次开发

Fitnesse 面向开发者提供了比较全面的 API,并且以 Restful 的标准为大家提供调用和二次开发,若需要将 Fitnesse 集成到自己的质量管理平台中可以参考 Fitnesse API 使用说明,如图 17-8 所示为接口列表。

Responders

name	inputs
addChild	
	pageName
	pageContent
	pageTemplate
	pageType
compareHistory	
	TestResult_yyyyMMddHHmmss_rr_ww_ii_xx.xml
createDir	
	dirname
deletePage	
	confirmed=yes
deleteFile	

图 17-8　接口列表

更多接口可以参考以下链接：

http://localhost:1234/FitNesse.UserGuide.AdministeringFitNesse.RestfulServices

举一个例子，还用上文的案例，用接口调用的方式实现测试用例和测试集的执行。

Test 接口有 4 个参数，如图 17-9 所示。

test	
	format=xml
	debug
	remote_debug
	key=value

图 17-9　test 接口参数

(1) format：表示用例执行结果输出格式，默认为 XML 格式，也可以为 Text 格式。

(2) debug：表示调试模式(此模式只支持 Java 测试代码)。

(3) remote_debug：表示远程调试模式，该模式支持和 IDE 进行远程调试。

(4) key=value：支持 key-value 格式的入参模式，如 name=victor 等方式。

一般情况下，我们经常会用到 format 这个参数，其他参数不常用。下面我们来完成调用接口执行测试用例的代码。

suite 接口参数如表 17-1 所示。

表 17-1　suite 接口参数

suite	
	format=xml format=junit debug remote_debug suiteFilter excludeSuiteFilter firstTest nohistory includehtml key=value

与 test 接口不一样，suite 接口多了以下几个参数。

(1) format=junit：表示测试结果输出格式为 junit 的 XML 格式。

(2) suiteFilter：表示可以根据测试用的标签过滤测试集中执行用例的内容(注：前提是需要对用例打 tag，可以参考用户手册中 tag 的使用方法)。

(3) excludeSuiteFilter：使用方式和 suitefilter 类似，两者用法相反。

Step1：选择 http 库，根据测试代码编程语言(本案例选择 httpclient 作为 restful 接口调用包)将如图 17-10 所示的开发包导入 Eclipse。

Step2：编写接口调用代码，如图 17-11 所示。

Step3：执行代码，结果如图 17-12 所示。

```
lib
  commons-logging-1.1.1.jar
  httpclient-4.3.1.jar
  httpclient-cache-4.3.1.jar
  httpcore-4.3.jar
  httpmime-4.3.1.jar
```

图 17-10　导入开发包

```java
public String executeTestCaseOrSuite(String url, String type) {
    StringBuilder exeurl = new StringBuilder(url);
    /**
     * 判断入参是测试集还是测试用例
     */
    if (type.equals("suite")) {
        // 若为测试集，则应该用suite responder
        exeurl.append("?suite&format=text");
    } else {
        // 否则用test responder
        exeurl.append("?test&format=text");
    }
    // 发送http get 请求
    HttpGet get = new HttpGet(url);
    try {
        client = HttpClients.createDefault();
        HttpResponse response = client.execute(get);
        BufferedReader br = new BufferedReader(new InputStreamReader(response.getEntity().getContent()));
        StringBuilder sb = new StringBuilder();
        String line = "";
        try {
            while ((line = br.readLine()) != null) {
                sb.append(line);
            }
        } catch (IOException e) {
            System.err.println(e.getMessage());
        }
        get.releaseConnection();
        return sb.toString();

    } catch (IOException e) {
        System.err.println(e.getMessage());
    }
    return null;
}
```

图 17-11　接口调用代码

```
Starting Test System: slim:fitnesse.slim.SlimService.
. 11:25:52 R:1    W:0    I:0    E:0    TestCase001    (TestProject.TestCase001)    0.117 seconds
--------
1 Tests,        0 Failures      0.563 seconds.
```

图 17-12　执行代码结果

接下来看一下测试集的执行结果，如图 17-13 所示。

```
Starting Test System: slim:fitnesse.slim.SlimService.
. 08:37:27 R:1    W:0    I:0    E:0    TestCase001    (TestProject.TestCase001)    0.440 seconds
F 08:37:27 R:0    W:1    I:0    E:0    TestCase002    (TestProject.TestCase002)    0.016 seconds
--------
2 Tests,        1 Failures      3.204 seconds.
```

图 17-13　测试集执行结果

下面分析执行结果中的关键要素：

第一行声明测试执行引擎用的是 slim。

第二行和第三行是具体测试用例执行内容，其中第二行开头的“.”表示此用例是执行通过的、F表示用例执行失败，后面为开始执行时间，R表示用例中检查点正确的个数、W表示错误的个数、E表示异常个数、I表示跳过的检查点个数，后续为用例名和用例所属测试集，最后为用例执行消耗的时间。

通过以上案例可以看出，可以通过调用Fitnesse的API进行各种二次开发和集成，例如可以与测试管理工具TestLink集成、可以与Jenkins集成进行CI方面的实践。

实验 18　搭建虚拟测试环境

18.1　实验目的

(1) 在 Linux 环境下安装配置 KVM 虚拟机；

(2) 掌握 KVM 虚拟机网络配置等基础知识。

18.2　实验前提

(1) 掌握 Linux 基本操作命令；

(2) 熟悉 KVM(Kernel-based Virtual Machine，基于内核的虚拟机)基本特性；

(3) 必须有一台支持 Virtual Technology 技术的 PC(可在 BIOS 界面打开该技术支持)；

(4) 选择一个被测试系统部署在 KVM 上。

18.3　实验内容

在 Linux 环境下完成基于 KVM 的虚拟机安装、部署以及配置，完成虚拟机网络配置并设置通信功能，掌握 KVM 基本操作步骤。

18.4　实验环境

(1) 每个学生准备一台 PC 或者笔记本式计算机，Windows 7 及以上操作系统；

(2) 本实验将在虚拟机上进行，因此需安装 VirtualBox 软件，用于配置虚拟机环境；

(3) 准备一个可以在 Linux 下部署的被测系统(如 Tomcat)；

(4) 网络连接，确保主机能够连接到互联网。

18.5　实验过程简述

(1) 在 VirtualBox 中完成虚拟机的安装(CentOS 操作系统的虚拟机的安装包扫右侧二维码下载)；

(2) 小组讨论测试环境配置要求(内存、CPU、硬盘大小等)；

(3) 完成 KVM 软件安装和配置；

(4) 完成虚拟机安装、网络配置、磁盘添加；

(5) 完成虚拟机相关操作，如虚拟机重启、克隆等操作；

(6) 完成虚拟机连接和环境部署；

(7) 完成虚拟机配置手册编写。

18.6 实施具体的虚拟机搭建过程

1. 环境准备

通过 VirtualBox 完成基于 CentOS 的虚拟机安装，如图 18-1 所示。安装完 CentOS 之后，需要确认其内核版本在 3.1 以上，可以使用 uname -a 命令确认其内核版本。

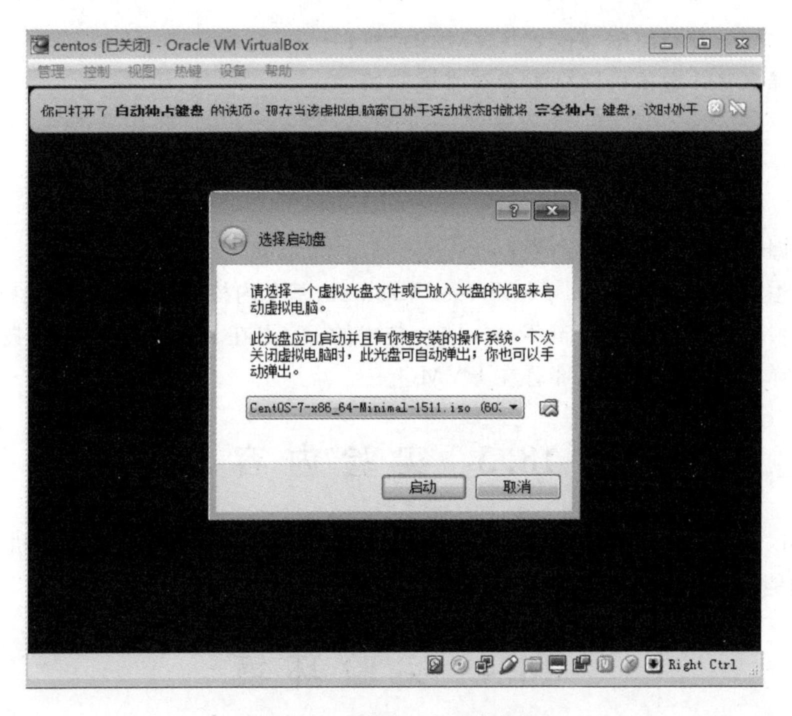

图 18-1 安装 CentOS 虚拟机

检查 CPU 型号，和 Xen 不同，KVM 需要有 CPU 的支持(Intel VT 或 AMD SVM)，在安装 KVM 之前要先检查 CPU 是否提供了虚拟技术的支持。

执行以下命令：

```
Cat /proc/cpuinfo |egrep '(vmx|svm)' |wc - l;
```

结果大于 0 表示支持。

注：由于 KVM 只支持在物理机上做虚拟化，如果在 KVM 环境下实现虚拟化，可以使用 kvm-qemu 的模式进行再虚拟化。

2. KVM 安装

安装 KVM 之前，需要在计算机上配置好可用的 yum 源，可以选择一个国内的 yum 镜像，这样可以保证包下载的速度。在这里，我们选择阿里云的镜像源，扫描右侧二维码获取。

在/etc/yum. repos. d/目录下编写 centos. repo，输入如图 18-2 所示的语句并保存退出。

同时执行 source centos. repo 使 yum 源生效。

接下来开始安装 KVM 软件包。KVM 核心软件包安装命令为：

```
[base]
name=CentOS-7-Base
baseurl=http://mirrors.aliyun.com/centos/7/os/x86_64/
```

图 18-2　输入语句

```
yum install libvirt libvirt - python virt - install qemu - kvm qeum - img virt - viewer bridge
- utils
```

如果服务器上有桌面环境，想使用图形界面管理器 virt-manager，可以安装完整的 KVM 环境，命令为：

```
yum groupinstall Virtualization 'Virtualization Client' 'Virtualization Platform' '
Virtualization Tools'
```

验证内核模块是否加载，命令为：

```
rpm - qa|grep kvm
```

图 18-3 所示为检查安装环境的截图。

```
root@localhost:/etc/yum.repos.d
 rpm -qa|grep kvm
qemu-kvm-common-1.5.3-105.el7.x86_64
qemu-kvm-1.5.3-105.el7.x86_64
[root@localhost yum.repos.d]#
```

图 18-3　检查安装环境的截图

启动虚拟机管理接口服务，命令为：

```
systemctl start libvirtd
```

设置开机启动（如图 18-4 所示），命令为：

```
systemctl enable libvirtd
```

定义一个存储池和绑定目录，如图 18-5 所示，命令为：

```
mkdir - p /opt/kvm
virsh pool - define - as vmspool -- type dir -- target /opt/kvm
```

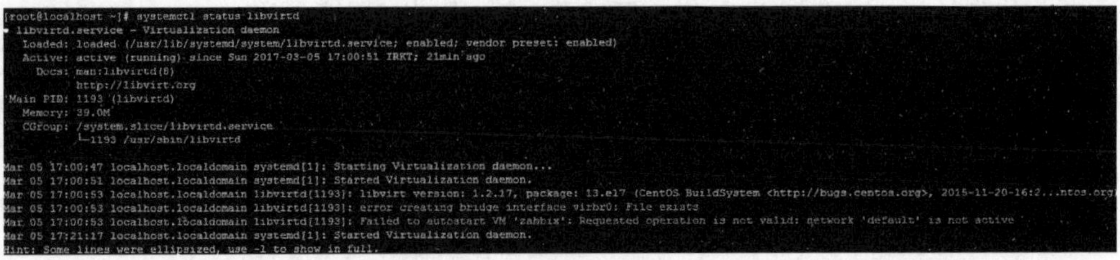

```
[root@localhost ~]# systemctl status libvirtd
● libvirtd.service - Virtualization daemon
   Loaded: loaded (/usr/lib/systemd/system/libvirtd.service; enabled; vendor preset: enabled)
   Active: active (running) since Sun 2017-03-05 17:00:51 IRKT; 21min ago
     Docs: man:libvirtd(8)
           http://libvirt.org
 Main PID: 1193 (libvirtd)
   Memory: 39.0M
   CGroup: /system.slice/libvirtd.service
           └─1193 /usr/sbin/libvirtd

Mar 05 17:00:47 localhost.localdomain systemd[1]: Starting Virtualization daemon...
Mar 05 17:00:51 localhost.localdomain systemd[1]: Started Virtualization daemon.
Mar 05 17:00:53 localhost.localdomain libvirtd[1193]: libvirt version: 1.2.17, package: 13.el7 (CentOS BuildSystem <http://bugs.centos.org>, 2015-11-20-16:2...ntos.org)
Mar 05 17:00:53 localhost.localdomain libvirtd[1193]: error creating bridge interface virbr0: File exists
Mar 05 17:00:53 localhost.localdomain libvirtd[1193]: Failed to autostart VM 'zabbix': Requested operation is not valid: network 'default' is not active
Mar 05 17:21:17 localhost.localdomain systemd[1]: Started Virtualization daemon.
Hint: Some lines were ellipsized, use -l to show in full.
```

图 18-4　设置开机启动

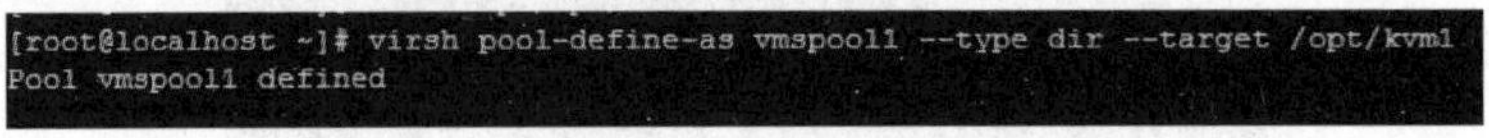

```
[root@localhost ~]# virsh pool-define-as vmspool1 --type dir --target /opt/kvm1
Pool vmspool1 defined
```

图 18-5　定义存储池和绑定目录

建立并激活存储池，如图 18-6 所示，命令为：

```
virsh pool - build vmspool
virsh pool - start vmspool
```

```
[root@localhost ~]# virsh pool-start vmspool1
Pool vmspool1 started
```

图 18-6　建立并激活存储池

使用存储池创建虚拟机，并通过 vnc 连接。

创建虚拟机之前可以从网上下载一个教学镜像 cirros. img。按照如下命令创建虚拟机：

```
 -- hvm \ # 全虚拟化
 -- name = cirros \ # 虚拟机名字
 -- ram = 256 \ # 分配内存
 -- vcpus = 1 \ # 分配 CPU 数
 -- cdrom = /opt/kvm/ cirros - 0.3.1 - x86_64 - disk. img \ # 使用的 ISO
 -- virt - type = kvm \ # 虚拟机类型
 -- disk path = /opt/kvm/cirros. qcow2, device = disk, format = qcow2, bus = virtio, cache =
writeback, size = 1 \ # 磁盘大小,格式
 -- network default \ # 网络设置,default 为 NAT 模式
 -- accelerate \ # KVM 内核加速
 -- graphics vnc,listen = 0.0.0.0,port = 5922,password = 'cubswin:)'\ # vnc 配置
 -- force \
 -- autostart
```

之后使用 vnc 客户端连接宿主机（IP:5922），即可使用图形安装系统；也可以选择 nographics 模式，无需 vnc 在命令行下安装，建议使用 vnc。

安装完成后会生成：

（1）虚拟机的配置文件：/etc/libvirt/qemu/cirros. xml。

（2）虚拟硬盘文件：/opt/kvm/cirros. qcow2。

（3）NAT（Network Address Translation，网络地址转换协议）网络配置文件：/etc/libvirt/qemu/networks/default. xml。

3. 配置网络

KVM 可以配置以下两种网络。

(1) NAT 网络：虚拟机使用宿主机的网络访问公网，宿主机和虚拟机之间能互相访问，但不支持外部访问虚拟机。

(2) 桥接网络：虚拟机复用宿主机物理网卡，虚拟机与宿主机在网络中的角色完全相同，支持外部访问。

1) 配置 NAT 网络

默认会有一个名为 default 的 NAT 虚拟网络，查看 NAT 网络的命令为：

```
virsh net - list  - all
```

如果要创建或者修改 NAT 网络，要先编辑 default. xml，命令为：

```
virsh net - edit default
```

重新加载和激活配置，命令为：

```
virsh net - define /etc/libvirt/qemu/networks/default.xml
```

启动 NAT 网络，命令为：

```
virsh net - start default
virsh net - autostart default
```

启动 NAT 后会自动生成一个虚拟桥接设备 virbr0，并分配 IP 地址。如图 18-7 所示，查看状态的命令为：

```
brctl show
```

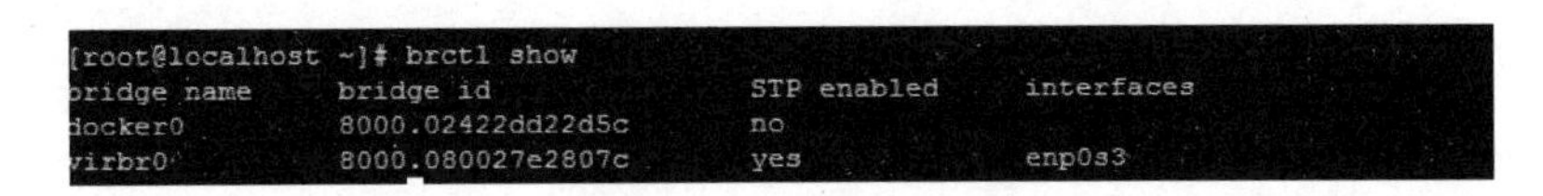
[root@localhost ~]# brctl show

bridge name	bridge id	STP enabled	interfaces
docker0	8000.02422dd22d5c	no	
virbr0	8000.080027e2807c	yes	enp0s3

图 18-7　查看网络状态

正常情况下 libirtd 启动后就会启动 virbr0 并自动添加 IPtables 规则来实现 NAT，要保证打开 ip_forward，在/etc/sysctl. conf 中执行命令：

```
net. ipv4. ip_forward  =  1 sysctl  - p
```

启动虚机并设置自动获取 IP 即可，如果想手动指定虚拟机 IP，要注意配置的 IP 需在 NAT 网段内。

2) 配置桥接网络

系统如果安装了桌面环境，网络会由 NetworkManager 进行管理，NetworkManager 不支持桥接，需要关闭 NetworkManger，命令如下：

```
Systmctl stop NetworkManager
Systmctl disable NetworkManager
Systemctl start network
```

不想关闭 NetworkManager，也可以在 ifcfg-br0 中手动添加参数"NM_CONTROLLED=no"，结果如图 18-8 和图 18-9 所示。

```
[root@localhost ~]# chkconfig NetworkManager off
Note: Forwarding request to 'systemctl disable NetworkManager.service'.
[root@localhost ~]# systemctl status NetworkManager
● NetworkManager.service - Network Manager
   Loaded: loaded (/usr/lib/systemd/system/NetworkManager.service; disabled; ven
dor preset: enabled)
   Active: inactive (dead)
[root@localhost ~]# _
```

图 18-8 结果 1

```
[root@localhost ~]# systemctl status network
● network.service - LSB: Bring up/down networking
   Loaded: loaded (/etc/rc.d/init.d/network)
   Active: active (running) since Sun 2017-03-05 17:00:46 IRKT; 27min ago
     Docs: man:systemd-sysv-generator(8)
   Memory: 24.1M
   CGroup: /system.slice/network.service
           └─1116 /sbin/dhclient -H localhost -1 -q -lf /var/lib/dhclient/dhclient--virbr0.lease -pf /var/run/dhclient-virbr0.pid virbr0

Mar 05 17:00:38 localhost.localdomain dhclient[1054]: DHCPREQUEST on virbr0 to 255.255.255.255 port 67 (xid=0x77b46388)
Mar 05 17:00:38 localhost.localdomain dhclient[1054]: DHCPOFFER from 10.0.2.2
Mar 05 17:00:38 localhost.localdomain dhclient[1054]: DHCPACK from 10.0.2.2 (xid=0x77b46388)
Mar 05 17:00:41 localhost.localdomain NET[1111]: /usr/sbin/dhclient-script : updated /etc/resolv.conf
Mar 05 17:00:41 localhost.localdomain dhclient[1054]: bound to 10.0.2.15 -- renewal in 41617 seconds.
Mar 05 17:00:41 localhost.localdomain network[746]: Determining IP information for virbr0... done.
Mar 05 17:00:46 localhost.localdomain network[746]: [  OK  ]
```

图 18-9 结果 2

创建网桥，命令为：

```
virsh iface-bridge eth0 br0
```

创建完后执行 ifconfig 命令会看到 br0 网桥，如果 eth0 上有多个 IP，则需更改相应的文件名，例如将 ifcfg-eth0:1 改为 ifcfg-br0:1。

编辑虚拟机的配置文件，使用新的网桥，命令为：

```
virsh edit cirros
```

找到网卡配置，将配置改为如下内容：

```
<interface type='bridge'>
  <mac address='52:54:00:7a:f4:9b'/>
  <source bridge='br0'/>
  <model type='virtio'/>
  <address type='pci' domain='0x0000' bus='0x00' slot='0x03' function='0x0'/>
</interface>
```

这里使用的是 br0，为虚拟机添加多块网卡只需复制多个 interface，并确保 mac address 和 PCI 地址不同即可。

重新加载配置，命令为：

```
virsh define /etc/libvirt/qemu/cirros.xml
```

重启虚拟机，命令为：

```
virsh shutdown cirros
virsh start cirros
```

之后使用 vnc 连接虚拟机并设置网络即可。

3）常用操作

KVM 相关操作都通过 vish 命令完成，参数虽然多，但是功能一目了然，很直观。

（1）创建虚拟机快照，命令为：

```
virsh snapshot - create - as -- domain cirros -- name init_snap_1
```

也可以简写成：

```
virsh snapshot - create - as cirros init_snap_1
```

快照创建后配置文件目录为/var/lib/libvirt/qemu/snapshot/cirros/init_snap_1.xml。

（2）查看快照，命令为：

```
snapshot - list cirros
```

（3）删除快照，命令为：

```
snapshot - delete cirros init_snap_1
```

4）排错

（1）“ERROR Format cannot be specified for unmanaged storage.”表示 virt-manager 没有找到存储池，创建存储池即可。

（2）KVM VNC 客户端连接闪退。

使用 real vnc 或者其他 vnc 客户端连接 KVM 闪退，把客户端设置中的 ColourLevel 值设置为 rgb222 或 full 即可。

（3）virsh shutdown 命令无法关闭虚拟机。

使用该命令关闭虚拟机时，KVM 是向虚拟机发送一个 ACPI 的指令，需要虚拟机安装 acpid 服务，命令为：

```
yum -y install acpid && /etc/init.d/acpid start
```

否则只能使用 virsh destroy 命令强制关闭虚拟机。

实验 19 系统安装/卸载和兼容性测试实验

19.1 实验目的

(1) 巩固所学的安装/卸载测试方法;

(2) 巩固所学的数据兼容性测试方法。

19.2 实验前提

(1) 掌握 VirtualBox 搭建虚拟机的基本过程;

(2) 掌握 AutoIt 自动化脚本编写方法。

19.3 实验内容

(1) 测试是否能通过程序自带的安装程序进行正确安装,并执行基本的功能;

(2) 测试是否能通过程序自带的卸载程序进行正确卸载,并卸载干净。

19.4 实验环境

这里选择通过 VirtualBox 的虚拟机来测试软件安装、卸载和系统兼容性,因为一个 VirtualBox instance 上可以架设多台不同操作系统的虚拟机。

(1) 一个操作系统测试好了,测试脚本可以移植到另一台待测操作系统,如 Windows 系统上;

(2) 可以每个操作系统留一个测试前比较纯洁的镜像,这样即使测试造成系统崩溃等,推动开发定位问题,解决问题后,又可以用原先纯净的镜像生成一个新的系统来重新测试软件的后续版本,无需再花大量的时间来重新搭建新的系统。

19.5 实验过程简述

1. 虚拟机搭建

(1) 通过 http://download.virtualbox.org/virtualbox/5.1.6/VirtualBox-5.1.6-110634-Win.exe 下载 VirtualBox。

安装好 VirtualBox 之后，通过管理器中的“控制”菜单新建一台虚拟机，并选择好版本，此处选择 Windows 7(64-bit)。

(2) 下载 Windows 7 系统并加载到 VirtualBox 虚拟机的光盘中。

这里供参考的下载路径有 http://w7xt1.zhuangxitong.com:800/201608/DNGS_GHOST_WIN7_SP1_X64_2016_08.iso。

将该 ISO 光盘挂载到 Windows 7 虚拟机的“存储”中之后，VirtualBox 触发虚拟机从光盘启动，然后需要先用【6】或【7】(如果分配硬盘够大)来给虚拟机分配 C 盘，再通过【2】或【1】来把 ghost 好的 Windows 7 安装到虚拟机中，如图 19-1 所示。

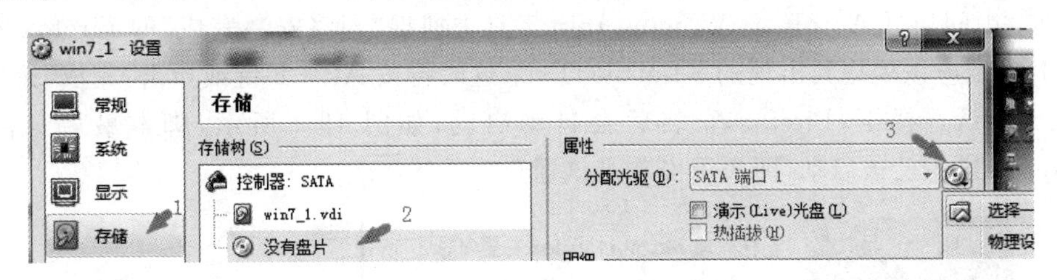

图 19-1　安装 Windows 7 到虚拟机中

注意：如果系统仅有 C 盘，遇到对话框“无法创建非系统盘符下的临时目录，这将导致硬件深层判定无法执行，是否继续”，请选择“否”。

2. 对 Firefox 安装的测试

(1) 系统安装成功后，进入虚拟的 Windows 7 系统，下载我们要测试其系统兼容性的软件——Firefox。注意，请下载完整的安装包(40MB 以上)，不要下载某些很小的索引下载包。把 Firefox 放入 AutoIt 程序比较好定位的位置，如 C:\install(有的计算机不允许 AutoIt 执行 C:\根目录下的 exe 文件)。

(2) 通过 http://download.pchome.net/development/linetools/download-20198.html 下载 AutoIt，然后安装到建立好的虚拟机中。

(3) 下面是安装 Firefox 的 AutoIt 脚本，注意由于 Firefox 版本是 50.*，这里的 Firefox 安装文件名为 Firefox-setup-**.exe，具体要根据实际安装名来确定。

```
Run("C:\install\Firefox_50.0.2.6177_setup.exe","C:\install")
Sleep(5000)

$titleTxt = "Mozilla Firefox 安装"
WinWaitActive( $titleTxt )

Send("+N")
Sleep(2000)
Send("+N")
Sleep(2000)
Send("+N")
Sleep(2000)

$finishedTxt = "正在完成 Mozilla Firefox 安装向导"
WinWaitActive( $titleTxt , $finishedTxt , 20)
```

```
Send(" + F")
Sleep(5000)
If ProcessExists("firefox.exe") Then
    Exit(0)
Else
    Exit(1)
EndIf
```

脚本的前半段较简单，等待安装 GUI 出现后，通过按 Alt+N 键或连续单击三个“下一步”按钮；中间通过 AutoIt v3 Window Info 工具去捕捉“即将安装完成”的 Firefox 安装程序 GUI，确定应该等待其出现的 $finishedTxt；这时再按 Alt+F 键或单击“完成”按钮。

由于默认选择下，Firefox 安装后会自动启动，如图 19-2 所示，脚本最后只需验证 firefox.exe 进程已被启动，即表示安装测试通过。

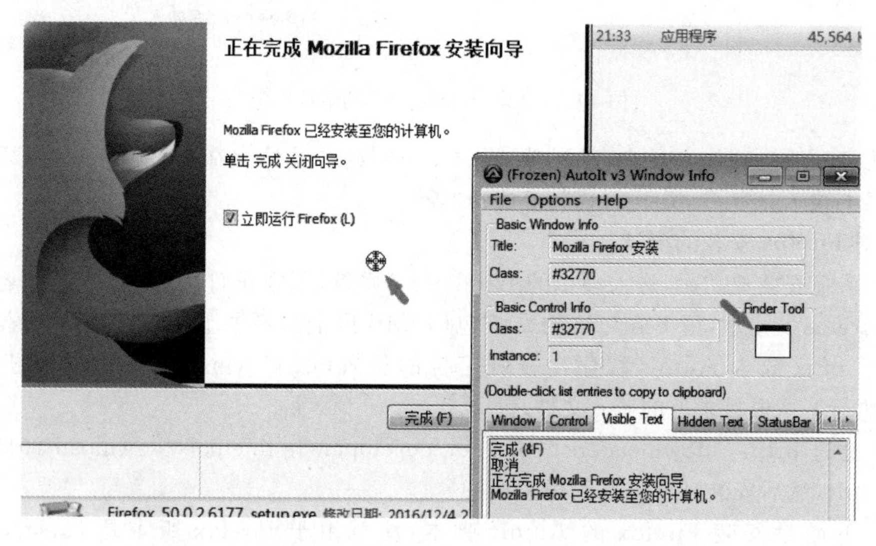

图 19-2　Firefox 自动启动

3. 进行 Firefox 卸载的测试

下面是卸载 Firefox 的 AutoIt 脚本：

（1）脚本先关闭系统中的 Firefox 进程，接着触发 Firefox 卸载程序。

（2）然后同样通过 AutoIt v3 Window Info 工具去捕捉包含“已经从您的计算机卸载”的 Firefox 卸载程序 GUI，如图 19-3 所示。

（3）脚本如果等待到该 GUI，便正常退出，否则非正常退出。

```
If ProcessExists("firefox.exe") Then
    ProcessClose ( "firefox.exe" )
EndIf

Sleep(3000)
Run("C:\Program Files (x86)\Mozilla Firefox\uninstall\helper.exe","C:\")
```

```
Sleep(2000)
$titleTxt = "Mozilla Firefox 卸载"
WinWaitActive( $titleTxt )
Send("+N")
Sleep(2000)
Send("+U")
Sleep(2000)

$finishedText = "已经从您的计算机卸载"
If WinWaitActive( $titleTxt , $finishedText , 16) Then
    Sleep(2000)
    Send("+F")
    Exit(0)
EndIf
Exit(1)
```

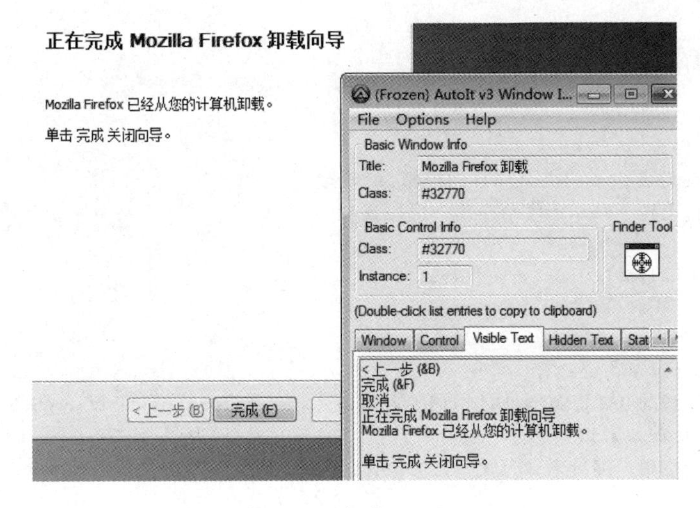

图 19-3　卸载 Firefox

附加案例

1. 并发下载文件案例

在很多网站的性能测试中，实际关注的是用户并发获取资源，即下载资源的速度。例如对于一些视频网站，用户最终关注的是播放效果。播放效果本质上取决于视频文件的下载速度是否够快，如果视频文件码率小于下载速度，则用户的体验效果通常会比较好。下面将以 Java 虚拟用户为例来介绍 URL 资源的下载速度测试方法。

下载需要单独封装起来，因此需要在 Eclipse 中新建一个类文件 UrlTools.java，源代码如附录示例 1 所示。

附录示例 1

```
package com.net.toolkit;
import java.io.*;
import java.net.*;
/**
 * @author ChenShy
 *
 * TODO 要更改此生成的类型注释的模板，请转至
 * 窗口→首选项→Java→代码样式→代码模板
 */
public class UrlTools {

    /**
     * @param address
     * 要下载的 URL 资源地址，例如 http://www.zhenlin.org/rugan_1/wang815.mp3
     * @param userid
     * 用虚拟用户编号来区分文件，防止并发下载时重复
     * @return
     * 返回文件大小，单位 KB
     */
    public static int getHttpFileByUrl(String address, String userid) {
        URL url;
        int BUFFER_SIZE = 1024;
        URLConnection conn = null;
        int DownLoadSize = 0;
        BufferedInputStream bis;
        FileOutputStream fos = null;
        int size = 0;
        byte[] buf = new byte[BUFFER_SIZE];
        try {
            url = new URL(address);
            conn = url.openConnection();
            bis = new BufferedInputStream(conn.getInputStream());
            fos = new FileOutputStream("c:\\temp\\" + userid
                    + address.substring(address.lastIndexOf("/") + 1));
```

```
                System.out.println("文件大小为: " + conn.getContentLength()/1024 + "KB.");
                while ((size = bis.read(buf)) != -1)
                    {
                     fos.write(buf, 0, size);
                     DownLoadSize += size;
                    }
                System.out.println("用户" + userid + "下载" + url + "完成!");
                fos.close();

            } catch (MalformedURLException e) {
                System.out.println("下载发生异常: ");
                e.printStackTrace();
            } catch (IOException e) {
                System.out.println("下载发生异常: ");
                e.printStackTrace();
            }
            return DownLoadSize/1024;
        }

    }
```

新建一个 Java 类型的虚拟用户脚本并保存,然后将编译后的类文件复制到脚本根目录下,如附录图 1 所示,com 文件夹即为附录示例 1 的编译结果。

名称	大小	类型	修改日期
com		文件夹	2009-2-14 18:42
18002461244.idx	1 KB	Subtitle File	2009-2-14 18:50
Actions.class	2 KB	CLASS 文件	2009-2-14 18:50
Actions.java	1 KB	JAVA 文件	2009-2-14 18:50
Actions.java.bak	1 KB	BAK 文件	2009-2-14 18:50
Actions.java.sed	1 KB	SED 文件	2009-2-14 18:50
default.cfg	1 KB	CFG 文件	2009-2-14 18:50
default.usp	2 KB	USP 文件	2009-2-14 16:33
DownLoadTest.bak	1 KB	BAK 文件	2009-2-14 18:50
DownLoadTest.prm	1 KB	PRM 文件	2009-2-14 18:50
DownLoadTest.prm.bak	1 KB	BAK 文件	2009-2-14 18:48
DownLoadTest.usr	1 KB	Virtual User Test	2009-2-14 18:59
logfile.log	0 KB	文本文档	2009-2-14 18:50
mdrv.log	2 KB	文本文档	2009-2-14 18:50
mdrv_cmd.txt	1 KB	文本文档	2009-2-14 18:50
output.bak	1 KB	BAK 文件	2009-2-14 18:50
output.txt	1 KB	文本文档	2009-2-14 18:50
UrlAddress.dat	1 KB	DAT 文件	2009-2-14 18:50
vuser_end.java	1 KB	JAVA 文件	2009-2-14 18:50
vuser_init.java	1 KB	JAVA 文件	2009-2-14 18:49

附录图 1　脚本文件列表

虚拟用户脚本 Action 部分如附录示例 2 所示。

附录示例 2

```
import lrapi.lr;
import com.net.toolkit.*;
public class Actions
{
```

```
    public int init() {
        return 0;
    }//end of init

    public int action() {

        int DownLoadSize = 0;
        double DownLoadTime = 0;
        int Speed = 0;
        String vuid = String.valueOf(lr.get_vuser_id());

        lr.start_transaction("下载文件");

        DownLoadSize = UrlTools.getHttpFileByUrl("<UrlAddress>",vuid);
        DownLoadTime = lr.get_transaction_duration("下载文件");
        Speed = DownLoadSize/(int)DownLoadTime;
        lr.output_message("用户" + vuid + "下载速度:" + Speed + "KB/秒");

        lr.end_transaction("下载文件", lr.AUTO);

        return 0;
    }//end of action


    public int end() {
        return 0;
    }//end of end
}
```

参数 UrlAddress 对应文件格式如附录图 2 所示。

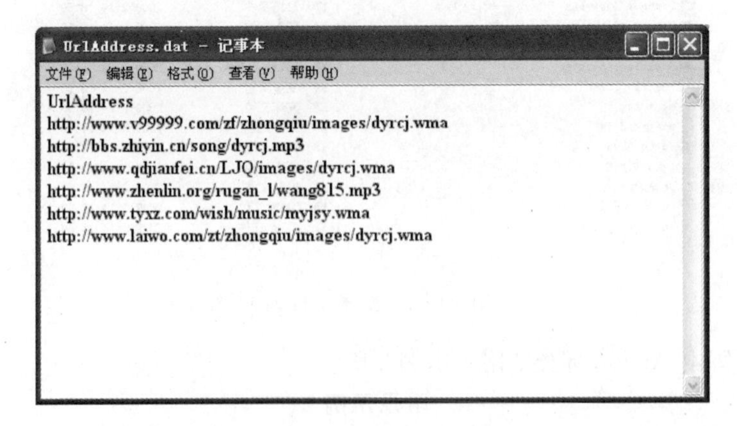

附录图 2　下载地址参数文件

运行脚本,可以看到如附录图 3 所示的执行结果。

2. 信用卡审批案例

本节将结合一个具体案例来讲解如何借助 Java Vuser 来测试 Java 程序的算法。在案

```
Running Vuser...
Starting iteration 1.
Starting action Actions.
Notify: Transaction "下载文件" started.
System.out: 文件大小为: 1037K.
System.out: 用户-1下载http://www.v99999.com/zf/zhongqiu/images/dyrcj.wma完成!
用户-1下载速度:172K/秒
Notify: Transaction "下载文件" ended with "Pass" status (Duration: 6.6380).
Ending action Actions.
Ending iteration 1.
Ending Vuser...
```

附录图 3　下载运行日志

例中主要模拟了测试某银行的信用卡审批过程，这部分内容是开发阶段性能测试的一部分。在这个测试例子中，共发现了算法在并发时的两个问题：一是任务不能提交保存时 Socket 没有正常关闭，二是申请任务方法 giveOutWork()没有加同步控制关键字 synchronized。

为了更好地演示测试效果，程序中忽略了实际程序中的一些细节，例如具体的任务申请以及处理过程。

1）测试内容简介

信用卡审批程序主要分为两个部分，分别是客户端程序与服务器程序。客户端包含一个 Client.java 类文件，仅包含一个类 Client，主要封装了客户端的"申请"→"处理"→"提交"操作。服务器端程序是 WorkServer.java，包含 WorkQueue、AcceptClientThread、WorkServer 三个类，类 WorkQueue 主要完成任务队列的构建与管理工作，类 AcceptClientThread 继承了线程类 Thead，以独立线程的方式来处理客户端申请任务并保存客户端对任务的处理结果，类 WorkServer 是服务器端的执行类，主要完成对 WorkQueue、AcceptClientThread 的调用。

下面具体介绍业务流程，客户端上某一个任务的业务流程如下。

第一步：与服务器建立连接，向服务器发出处理任务申请，等待服务器返回任务；

第二步：从服务器得到任务后，开始进行处理；

第三步：处理完毕后，提交结果给服务器进行保存，然后等待服务器返回结果；

第四步：输出服务器的保存结果；

第五步：结束当前的任务处理。

客户端源代码如附录示例 3 所示。

附录示例 3

客户端源程序清单：Client.java

```
package com.loadrunner.test;

import java.io.*;
import java.net.*;
/**
 * 客户端{申请任务,确认是否可以审批、处理,传递结果得到确认}
 * @author ChenShaoying
 */
public class Client {
    Socket socket;
```

```
    int clientNumber;

    BufferedReader is;                //读出服务器返回的输入流
    PrintWriter os;                   //反馈给服务器的输出流

    /**
     * 向服务器申请任务
     */
    Client(Socket s) {

        try {
            this.socket = s;
            this.is = new BufferedReader(new InputStreamReader(s
                    .getInputStream()));
            this.os = new PrintWriter(s.getOutputStream());
            this.clientNumber = Integer.parseInt(is.readLine());
        } catch (Exception e) {
            System.err.println("Error:Can not init the network!");
        }
    }

    public int applyWork() {
        int workNumber = -1;
        try {
            this.os.println("Apply");                          //发出申请
            os.flush();
            workNumber = Integer.parseInt(this.is.readLine()); //读出申请结果
            if (workNumber == -1) {
                System.out.println("Server has no Work to do");
                System.exit(1);                                //退出程序
            }

        } catch (Exception e) {
            System.err.println("Error:Can not apply the network!");
            }
        return workNumber;
    }

    /**
     * 处理任务:添加实际处理过程即可,本处略
     * @return deal with result
     * @author ChenShaoying
     */
    public int dealWithWork(int worknumber) {

        System.out.println("dealWithWork:" + worknumber);
        return 1;
    }
```

```
    /**
     * 传递结果到服务器确认
     * @return ensure result
     * @author ChenShaoying
     */
    public boolean finishWork(int workNumber) {
        boolean finish = false;
        try {
            this.os.println("finish");
            os.flush();
            finish = Boolean.valueOf(this.is.readLine()).booleanValue();
            if (finish == false) {
                System.out.println("Error:Work finish can not be set!");
                System.exit(1);
                }

        } catch (Exception e) {
            System.err.println("Error:Can not start the network!");
            System.exit(1);
        }
        return finish;
    }

}
```

服务器端上某一个任务的业务流程如下。

第一步：建立任务队列，等待审批人员进行申请；

第二步：服务器收到用户申请后，系统会先锁定记录；

第三步：修改当前记录状态，并把当前任务返回给客户端；

第四步：等待客户端审批人员返回处理结果；

第五步：收到客户端提交的处理结果后保存处理结果。

服务器端源代码如附录示例 4 所示。

附录示例 4

服务器端源代码清单：WorkServer.java

```
package com.loadrunner.test;
import java.io.*;
import java.net.*;

/**
 * 队列{原始 N 个任务、接收申请返回任务号、检查任务是否正在处理、接收审批任务确认}
 * @author ChenShaoying
 */
class WorkQueue{
    private int []WorkFlag;        //0 - 未申请 1 - 申请后正在处理 2 - 处理完成
    private int total;
```

```
    int nowNumber;

    //创建任务队列: total - 队列长度,WorkFlag - 用来监控队列中每个任务状态的数组,
nowNumber - 当前可以申请到的任务编号
    WorkQueue(int totalNumber)
    {
        this.total = totalNumber;
        this.WorkFlag = new int [this.total];
        for(int i = 0;i < this.total;i++)
        {
            this.WorkFlag[i] = 0;
        }
        this.nowNumber = 1;
    }

    //接收客户端申请,把队列任务提供给当前申请的客户端
     int giveOutWork()
    {

        int k = this.nowNumber;
        this.WorkFlag[this.nowNumber] = 1;

        try {
            Thread.sleep(1);          //模拟服务器对任务的处理时间
        } catch (InterruptedException e) {
            e.printStackTrace();
        }
        this.nowNumber++;
        return k;
    }


    //如果当前任务的状态是正在处理,则修改其状态为完成并返回 true,否则返回 false
    boolean finishWork(int worknumber)
    {
        int number = worknumber;
        if (this.WorkFlag[number] == 1)
        {
            this.WorkFlag[number] = 2;
            return true;
        }else{
        System.err.println("Work " + number + " Can not be finished");
        }
        return false;
    }
}

/*
```

```
 * 客户端连接对话线程{接收任务申请返回任务号、接收审批任务确认、接收任务处理结果、返回
 * 确认消息}
 *
 */
class AcceptClientThread extends Thread
{
    private Socket socket = null;
    private int clientNumber;
    private WorkQueue workQueue;

    AcceptClientThread(Socket socket,WorkQueue q,int clientNumber)
    {
        this.socket = socket;
        this.workQueue = q; //初始化对任务队列的管理
        this.clientNumber = clientNumber;
    }
    int giveOutWork()//分配任务
    {
        try{
        sleep(100); //延迟 100 毫秒分派,用于模拟实际工作中分发前的准备工作
        }catch(Exception e)
        {
            System.err.println(e);
            System.exit(0);
        }
        return workQueue.giveOutWork();
    }


    boolean finishWork(int worknumber) //结束工作
    {
        return workQueue.finishWork(worknumber);
    }
    public void run()
    {
        try{
            //创建输入输出流
            BufferedReader is = new
            BufferedReader(new InputStreamReader(socket.getInputStream()));
            PrintWriter os = new PrintWriter(socket.getOutputStream());
            os.println(this.clientNumber);
            os.flush();
            //1.接收任务申请返回任务号
            String step = is.readLine();
            while(step.equals("Apply") == false)
            {
                sleep((int)Math.random() * 100);
                step = is.readLine();
            }
            int worknumber = this.giveOutWork();
```

```
                os.println(worknumber);           //任务号返回给客户端
                os.flush();

                //2.任务处理完毕后,把处理结果返回服务器
                step = is.readLine();
                while(step.equals("finish") == false)
                {
                    sleep(100);
                    step = is.readLine();
                }
                //3.返回确认消息,开始提交客户端的处理结果
                //如果没有被处理过(状态为 1),则可以提交客户端的结果
                boolean result = this.finishWork(worknumber);
                os.println(result);
                os.flush();
                if(result == true)
                {
                    System.out.println("Work " + Integer.toString(worknumber)
                        + "done by client " + Integer.toString(this.clientNumber) + ".");
                }
                //关闭连接和输入输出流
                os.close();
                is.close();
                socket.close();
            }
            catch(Exception e)
            {
                System.err.println(e);
            }
        }
}

public class WorkServer {
    public static void main(String[] args) {
        // TODO Auto - generated method stub
        ServerSocket serverSocket = null;
        boolean listening = true;
        WorkQueue queue = new WorkQueue(200000);
        //创建一个端口监听
        try {
            serverSocket = new ServerSocket(8000);
            }
        catch (IOException e)
            {
            System.err.println("Could not listen on port: 8000.");
            System.exit( - 1);
            }
        try
        {
```

```
            int clientnumber = 0;
            while (listening)
            {
                Socket socket = new Socket();
                socket = serverSocket.accept(); //程序将在此等候客户端的连接
                clientnumber++;

                //客户申请后将启动一个独立线程来处理客户申请
                new AcceptClientThread(socket,queue,clientnumber).start();
            }
            serverSocket.close();
        }
        catch(Exception e)
        {
            System.err.println(e);
            //System.exit( - 1);
        }
    }
}
```

2）测试源程序

测试思路很简单，主要是模拟多个客户端并发申请与处理任务，因此采用了手工 Java 虚拟用户。为了方便程序开发，测试程序 Test.java 先在 Eclipse 中开发。在 Test.java 类文件中编写具体的测试执行类 Test，用于调用 Client.java 中的方法。

附录示例 5 是测试程序 Test.java 的程序清单。

附录示例 5

测试程序清单：Test.java

```
package com.loadrunner.test;
import java.io.IOException;
import java.net.Socket;
import java.net.UnknownHostException;
public class Test {

    public void ApplyProccess() throws IOException
    {
        Socket clientSocket = null;
        try {
            //建立服务器连接,创建输入输出流
            clientSocket = new Socket("127.0.0.1",8000);
            Client client = new Client(clientSocket);
            //1 申请任务号
            int worknumber = client.applyWork();
            //2 处理记录
            int result = client.dealWithWork(worknumber);
            //3 发送处理结果到服务器确认
            boolean ensureResult = client.finishWork(worknumber);
```

```
                if(ensureResult!= true)
                {
                    System.err.println("Error:Work check error!");
                    System.exit(0);
                }
                else
                {
                    System.out.println("Finish work No." + Integer.toString(worknumber));
                }
            } catch (UnknownHostException e) {
                System.err.println("Don't know about host: 127.0.0.1.");
                System.exit(1);
            } catch (IOException e) {
                System.err.println("Couldn't get I/O for the connection to: 127.0.0.1." + e);
                System.exit(1);
            }
            //关闭服务器连接
            clientSocket.close();
        }
    }
```

3）虚拟用户脚本

上面的三个程序在 Eclipse 中编译完成后，将会按照类文件的包名称 com.loadrunner.test 生成对应的目录结构 com\loadrunner\test，在其下面可以看到编译后的 class 文件。

启动 Vugen，创建空的虚拟用户脚本 SimpleJava，然后把程序的编译结果放到虚拟用户脚本目录下，如附录图 4 所示。

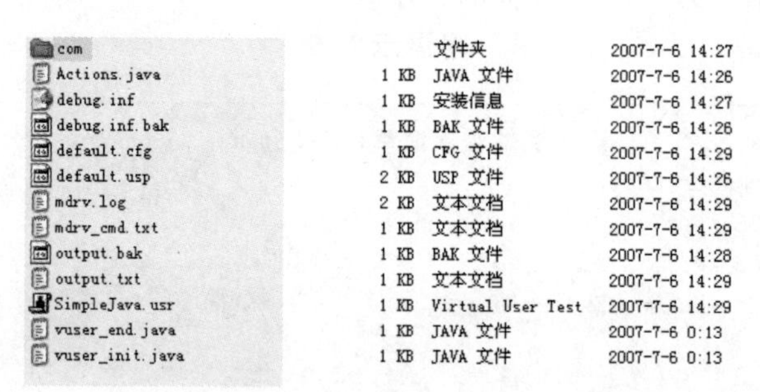

名称	大小	类型	修改时间
com		文件夹	2007-7-6 14:27
Actions.java	1 KB	JAVA 文件	2007-7-6 14:26
debug.inf	1 KB	安装信息	2007-7-6 14:27
debug.inf.bak	1 KB	BAK 文件	2007-7-6 14:26
default.cfg	1 KB	CFG 文件	2007-7-6 14:29
default.usp	2 KB	USP 文件	2007-7-6 14:26
mdrv.log	2 KB	文本文档	2007-7-6 14:29
mdrv_cmd.txt	1 KB	文本文档	2007-7-6 14:29
output.bak	1 KB	BAK 文件	2007-7-6 14:28
output.txt	1 KB	文本文档	2007-7-6 14:29
SimpleJava.usr	1 KB	Virtual User Test	2007-7-6 14:29
vuser_end.java	1 KB	JAVA 文件	2007-7-6 0:13
vuser_init.java	1 KB	JAVA 文件	2007-7-6 0:13

附录图 4　虚拟用户脚本结构

上面的工作完成后，接下来需要修改脚本，以调用 Test 类中的 Test()方法。修改后的脚本如附录图 5 所示。

在 Eclipse 中运行 WorkServer.java，启动 WorkServer 服务器，之后才可以调试脚本。在 Vugen 中运行脚本后，如果在运行结果 Log 中看到"Finish work No. *"，则表示脚本运行正确，可以成功申请并处理任务。如附录图 6 所示为成功申请并处理了 1 号任务。

4）创建与执行场景

虚拟用户脚本调试通过后，接下来要放到 Controller 中创建场景。首先运行一个用户，以在 Controller 中验证脚本的正确性。把脚本迭代次数设置为 200，部分运行结果如附录图 7 所示，说明脚本在 Controller 中运行正常。

```
package com.loadrunner.test;
import lrapi.lr;
public class Actions
{

    public int init() {
        return 0;
    }//end of init

    public int action() {

    try {
        lr.rendezvous("申请任务");
        new Test().ApplyProccess();
        }
        catch (java.io.IOException e) {
            e.printStackTrace();
        }
        return 0;
    }//end of action

    public int end() {
        return 0;
    }//end of end
}
```

附录图 5　修改后的脚本

```
Starting action vuser_init.
Ending action vuser_init.
Running Vuser...
Starting iteration 1.
Starting action Actions.
Actions.java(0): Rendezvous 申请任务
System.out: dealWithWork:1
System.out: Finish work No.1
Ending action Actions.
Ending iteration 1.
Ending Vuser...
Starting action vuser_end.
Ending action vuser_end.
Vuser Terminated.
```

附录图 6　成功处理任务后的运行结果

把并发用户变为 10 个，运行场景，并发申请任务开始发生错误，如附录图 8 所示是场景运行状态，如附录图 9 所示是 WorkServer 运行结果。从服务器上的提示可以看出，Socket 连接发生错误，没有正常关闭才会出现"java.net.SocketException：Connection rest"异常。

```
Work 151 done by client 151.
Work 152 done by client 152.
Work 153 done by client 153.
Work 154 done by client 154.
Work 155 done by client 155.
Work 156 done by client 156.
Work 157 done by client 157.
Work 158 done by client 158.
Work 159 done by client 159.
Work 160 done by client 160.
Work 161 done by client 161.
Work 162 done by client 162.
Work 163 done by client 163.
Work 164 done by client 164.
Work 165 done by client 165.
Work 166 done by client 166.
Work 167 done by client 167.
Work 168 done by client 168.
Work 169 done by client 169.
```

附录图 7　单用户成功处理任务后的运行结果

Scenario Status	Down
Running Vusers	0
Elapsed Time	00:00:02 (hh:mm:ss)
Hits/Second	0.00 (last 60 sec)
Passed Transactions	0
Failed Transactions	0
Errors	10

附录图 8　10 用户并发时的场景状态

分析这个错误的具体原因很容易，Socket 连接发生重置多是由于非正常关闭 Socket 所致。浏览 Test.java 可以看到程序中有很多 System.exit()语句，这种语句会导致直接退出程序而没有执行最后的语句 clientSocket.close()。当任务处理过程发生异常时无疑会导致 Socket 连接没有正常关闭。解决的方法很简单，在 System.exit()语句前加上 clientSocket.close()即可。

修正 Socket 连接缺陷后，10 个用户并发时的 WorkServer 运行信息如附录图 10 所示，可以看到服务器不能正常提交处理结果。

为了详细追踪问题，需要更改测试程序以及服务器程序。Java 虚拟用户脚本需要输出一些信息到控制台，而 WorkServer 则需要输出不能提交保存结果的任务状态。

新的虚拟用户 Actions 部分的程序清单如附录示例 6。

```
Work 0 done by client 0.
Work 2 done by client 2.
Work 4 done by client 5.
java.net.SocketException: Connection reset
java.net.SocketException: Connection reset
java.net.SocketException: Connection reset
java.net.SocketException: Connection reset
Work 10 done by client 10.
Work 11 done by client 11.
Work 13 done by client 15.
java.net.SocketException: Connection reset
java.net.SocketException: Connection reset
java.net.SocketException: Connection reset
```

附录图 9　用户并发时的 WorkServer 状态

```
Work 281 done by client 281.
Work 282 done by client 283.
Work 283 done by client 286.
Work 282 Can not be finished.
Work 282 Can not be finished.
Work 287 done by client 288.
Work 287 Can not be finished.
Work 288 done by client 287.
Work 290 done by client 290.
Work 291 Can not be finished.
Work 291 Can not be finished.
Work 291 Can not be finished.
Work 291 Can not be finished.
Work 291 Can not be finished.
Work 291 Can not be finished.
Work 291 Can not be finished.
Work 291 done by client 292.
Work 298 done by client 300.
Work 294 done by client 299.
Work 301 done by client 302.
Work 306 done by client 307.
Work 301 Can not be finished.
Work 301 Can not be finished.
Work 301 Can not be finished.
Work 301 Can not be finished.
Work 301 Can not be finished.
Work 308 done by client 308.
```

附录图 10　成功处理任务后的运行结果

附录示例 6

```
package com.loadrunner.test;
import lrapi.lr;
import java.io.IOException;
import java.net.Socket;
import java.net.UnknownHostException;
public class Actions
{

    public int init() {
        return 0;
    }//end of init

    public int action() {

    try {
         lr.rendezvous("申请任务");
         this.ApplyProccess();
        }
        catch (java.io.IOException e) {
            e.printStackTrace();
        }
        return 0;
    }//end of action

    public int end() {
        return 0;
    }//end of end

public void ApplyProccess() throws IOException
    {
        Socket clientSocket = null;
```

```
        try { //建立服务器连接,创建输入输出流
            clientSocket = new Socket("127.0.0.1",8000);
            Client client = new Client(clientSocket);
            //1 申请任务号
            int worknumber = client.applyWork();
            //2 处理记录
            int result = client.dealWithWork(worknumber);
            //3 发送处理结果到服务器确认
            boolean ensureResult = client.finishWork(worknumber);
            if(ensureResult!= true)
            {
            lr.error_message("Error:Work " + worknumber + "finish error!");
            //System.err.println("Error:Work check error!");
               //clientSocket.close();
              // System.exit(1);
            }
            else
            {
            System.out.println("Finish work No." + Integer.toString(worknumber));
            }
        } catch (UnknownHostException e) {
            System.err.println("Don't know about host: 127.0.0.1.");

        } catch (IOException e) {
            System.err.println("Couldn't get I/O for the connection to: 127.0.0.1." + e);
        }
        //关闭服务器连接
        clientSocket.close();

    }
}
```

程序中用语句“lr.error_message("Error:Work "+worknumber+"finish error!");”替换了“System.err.println("Error:Work check error!");”,目的是向Controller控制台发出消息。

WorkServer类中则修改了finishWork(int worknumber)方法,把其中的“System.err.println("Work"+number+"Can not be finished");”替换成“System.err.println("Work "+number+" Can not be finished,"+"WorkFlag is "+WorkFlag[number]);”,以查找不能保存处理结果的任务当前状态。修改后的程序如下:

```
//如果当前任务的状态是正在处理,则修改其状态为完成并返回 true,否则返回 false
boolean finishWork(int worknumber)
{
    int number = worknumber;
    if(this.WorkFlag[number] = = 1)
    {
        this.WorkFlag[number] = 2;
        return true;
```

```
    }else{
    System.err.println("Work" + number + "Can not be finished," + "WorkFlag is" + WorkFlag
[number]);
    }
    return false;
}
```

再次选择 10 个用户并发，则 Controller 会弹出一些错误提示，如附录图 11 所示。

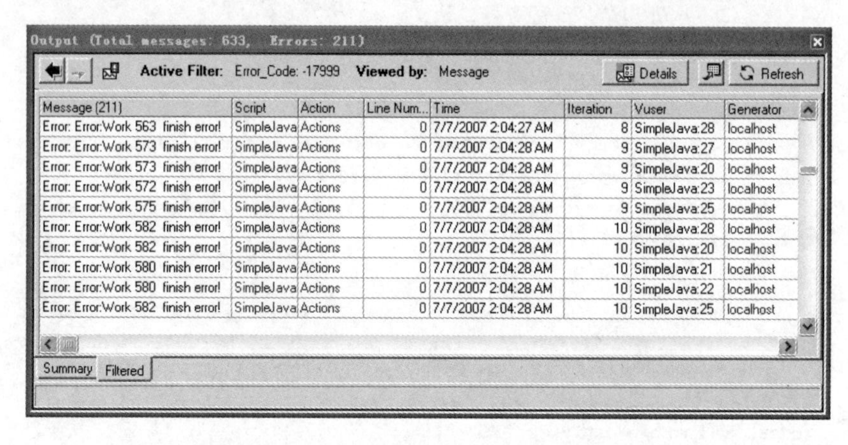

附录图 11　Controller 运行时捕获的一些错误

WorkServer 服务器弹出的消息如附录图 12 所示，可以看出不能提交处理结果的任务的状态标志为 2，表示已经由其他用户处理完毕，因此提交发生错误。

```
Work 558 done by client 555.
Work 561 done by client 561.
Work 562 done by client 562.
Work 562 Can not be finished,WorkFlag is 2
Work 562 Can not be finished,WorkFlag is 2
Work 562 Can not be finished,WorkFlag is 2
Work 566 done by client 566.
Work 567 done by client 567.
Work 568 done by client 568.
Work 568 Can not be finished,WorkFlag is 2
Work 570 done by client 570.
Work 571 done by client 571.
Work 571 Can not be finished,WorkFlag is 2
Work 574 Can not be finished,WorkFlag is 2
Work 574 Can not be finished,WorkFlag is 2
Work 572 done by client 576.
Work 573 done by client 577.
Work 574 done by client 578.
Work 571 Can not be finished,WorkFlag is 2
Work 571 Can not be finished,WorkFlag is 2
Work 574 Can not be finished,WorkFlag is 2
Work 581 done by client 581.
Work 583 done by client 586.
Work 581 Can not be finished,WorkFlag is 2
Work 581 Can not be finished,WorkFlag is 2
Work 583 Can not be finished,WorkFlag is 2
Work 583 Can not be finished,WorkFlag is 2
Work 583 Can not be finished,WorkFlag is 2
Work 584 Can not be finished,WorkFlag is 2
Work 582 done by client 584.
Work 584 done by client 585.
Work 591 done by client 591.
Work 592 done by client 596.
Work 592 Can not be finished,WorkFlag is 2
Work 592 Can not be finished,WorkFlag is 2
```

附录图 12　WorkServer 运行结果日志

通过客户端以及服务器的错误信息，基本可以断定任务分配存在重复现象——只有把同一任务分给多个客户端进行处理时才会发生不能提交保存结果的状况。这个时候自然会想到 giveOutWork()方法可能存在问题。检查 giveOutWork()方法，发现根本没有做并发同步控制！

修正后的 giveOutWork()方法如附录示例 7 所示，加入了同步关键字 synchronized。

附录示例 7

```
synchronized int giveOutWork()
    {

        int k = this.nowNumber;
        this.WorkFlag[this.nowNumber] = 1;

        try {
            Thread.sleep(1);      //模拟服务器对任务的处理时间
        } catch (InterruptedException e) {
            e.printStackTrace();
        }
        this.nowNumber++;
        return k;
    }
```

再次运行并发场景，则可以看到任务处理过程完全正确，如附录图 13 所示为添加同步控制后的 WorkServer 运行日志。至此就完成了对算法的测试以及缺陷修正工作。

```
Work 180 done by client 180.
Work 181 done by client 182.
Work 182 done by client 183.
Work 183 done by client 184.
Work 185 done by client 186.
Work 186 done by client 187.
Work 184 done by client 185.
Work 187 done by client 188.
Work 188 done by client 189.
Work 189 done by client 181.
Work 190 done by client 190.
Work 191 done by client 192.
Work 192 done by client 193.
Work 193 done by client 194.
Work 194 done by client 195.
Work 195 done by client 196.
Work 196 done by client 197.
Work 197 done by client 198.
Work 198 done by client 199.
```

附录图 13　添加同步控制后的 WorkServer 运行日志

本案例中的程序缺陷看似很容易发现，但在实际项目中是在测试一段时间后才发现并发分配算法存在问题的。读者可以把 giveOutWork()方法中模拟服务器对任务的处理时间，即 Thread.sleep(1)语句注释后再进行并发测试，这个时候几乎很难再现前面的问题，尽管把同一任务分给多个用户进行处理的缺陷仍然存在。

调整后的 giveOutWork()方法如下附录示例 8。

附录示例 8

```
int giveOutWork()
    {
        int k = this.nowNumber;
        this.WorkFlag[this.nowNumber] = 1;
        /*   try {
            Thread.sleep(1);         //模拟服务器对任务的处理时间
```

```
        } catch (InterruptedException e) {
            e.printStackTrace();
        } */
        this.nowNumber++;
        return k;}
```

通过本案例可以看出，很多算法需要认真全面的测试才可以挖出隐藏很深的缺陷。

3. 脚本数量精简案例

案例背景信息介绍

在某大型银行项目性能测试中，需要用Java类型的Vuser模拟Socket客户端向服务器发送应用报文，并接收返回报文，然后依据返回报文判断是否成功。在测试需求与设计阶段发现要测试的交易比较多，而Java脚本又无法像Web脚本那样可以创建多个Action，用Block方式来设置业务的配比，所以首先考虑针对一个交易编写一个脚本。但如果开发出大量的脚本，显然又面临维护问题。

通过深入分析各个交易发送的报文，发现很多交易发送的报文格式相似，只是内容细节方面有些差异，因此考虑将多个相似交易合并到一个脚本中，然后通过动态调整事务名称来简化脚本，而交易的业务配比则可以通过随机数来实现。

有了上面的想法后，就开始分析如何实现。重点解决三个问题：首先是如何动态地调整事务名称，让Vuser每次可以运行不同的事务；其次是如何通过随机数实现业务的配比；最后是如何将发送的交易报文与返回的报文进行匹配，从而判断交易是否成功。这三个问题解决之后，一个非常巧妙的、易于维护的脚本开发方法脱颖而出。

在一些较大型项目的性能测试中，经常会遇到测试脚本数量很多的情况，例如测试一个系统可能有几十个脚本要开发，这无疑导致后期维护脚本将花费大量的时间，使测试整体进度受到一定影响。对于这种情况，常见的处理方式是创建多个Action，然后用Block方式来设置业务配比，以减少脚本的数量。但对于Socket协议，由于不支持Block设置，因此无法用这种方式来减少脚本的数量。

下面将通过一个Java虚拟用户实现Socket协议脚本的开发实例，讲解如何借助Java的强大功能精简脚本数量，巧妙地实现在一个脚本中按照业务比例实现多个Socket通信协议的交易/业务。本案例来源于7.3.1节常见问题分析中的背景项目，主要测试一个基于Socket协议的服务系统，共有20个交易需要进行测试。常见的做法是开发20个脚本，每个脚本对应一个交易。但考虑到Socket协议只是每个交易发送的报文格式/内容不同，各个交易开发出的脚本非常接近，因此考虑对脚本进行一定合并精简处理，以更便于维护——精简后的脚本共有三个，每个对应一类交易。

下面以其中一个脚本为例来介绍如何精简处理脚本。假定这个脚本包含了5支交易A、B、C、D、E，它们的业务比例为10:6:2:1:1，基本的设计思路如下。

首先将这5支交易发送的报文内容放入参数中，参数名分别为Param_TransactionA、Param_TransactionB、Param_TransactionC、Param_TransactionD、Param_TransactionE。

然后给这5支交易分别定义不同的事务名称，依次为TransactionA、TransactionB、

TransactionC、TransactionD、TransactionE。

最后再定义返回数据的处理方法。对于这 5 支交易的服务器返回，都有一个预期结果，分别放入参数 Result_TransactionA、Result_TransactionB、Result_TransactionC、Result_TransactionD、Result_TransactionE 中，只要服务器的返回报文内容包含预期内容，则认为事务通过，否则事务失败。

下面介绍一下具体实现方法：

(1) 利用随机数实现交易按照业务配比来随机执行。执行先获取一个随机数，根据随机数的范围决定执行哪个交易，从而实现交易按照设计的配比来执行。这个功能相当于实现了 Web/HTTP 协议的 Block 功能。

(2) 动态调整事务名称。将事务名定义为一个字符串变量 TransactionName，根据发送报文的内容分别给 TransactionName 赋相应的交易名称值，从而实现依据发送的报文内容来动态生成事务名称。

(3) 动态判断事务执行结果。根据不同的事务名称，分别构造出预期结果的参数名，从而取出参数值与服务器返回值进行比较，判断事务的状态。

脚本示例代码如附录示例 9 所示。

附录示例 9

```
import lrapi.lr;
import cmbc.perftest.common.base.*;
import java.lang.*;
import java.util.*;

public class Actions
{
    String ip = "198.0.1.90";
    int port = 9001;

    public int init() throws Throwable {
    return 0;
    }//end of init

    public int action() throws Throwable {

    String sendMesg = null;             //定义向服务器发送的数据
    byte recvMesg[] = null;             //用户接收服务器返回的 byte 数据
    boolean sendFalg = false;           //发送数据成功标识
    String TransactionName = null;      //事务名称
    String Result = null;
    int rNum;                           //获取随机数值

    //构造事务名称,根据不同的业务比例,取相应的发送信息以及改变事务名称
    Random ran = new Random();
    rNum = ran.nextInt(1000) % 100 + 1;
    if(rNum <= 50)
    {
```

```
        sendMesg = "<Param_TransactionA>";
        TransactionName = "TransactionA";
    }
    if(rNum > 50&&rNum <= 80)
    {
        sendMesg = "<Param_TransactionB>";
        TransactionName = "TransactionB";
    }
    if(rNum > 80&&rNum <= 90)
    {
        sendMesg = "<Param_TransactionC>";
        TransactionName = "TransactionC";
    }
    if(rNum > 90&&rNum <= 95)
    {
        sendMesg = "<Param_TransactionD>";
        TransactionName = "TransactionD";
    }
    if(rNum > 95)
    {
        sendMesg = "<Param_TransactionE>";
        TransactionName = "TransactionE";
    }

    //开始事务
    lr.start_transaction(TransactionName);

    //建立 Socket 连接
    TCPSocketClient Mysocket = new TCPSocketClient(ip,port);

    //判断 Socket 连接是否建立成功
    if(Mysocket.workstate == false)
        {
            lr.error_message("创建连接失败" + lr.get_host_name() + ".");
            lr.exit(lr.EXIT_ACTION_AND_CONTINUE,lr.FAIL);
        }

    //发送数据,sendFlag 用来表示是否发送成功
    sendFalg = Mysocket.Send(sendMesg.getBytes());

    //判断发送数据是否成功
    if(sendFalg == false)
        {
            lr.error_message("发送数据失败:" + lr.get_host_name() + ".");
            Mysocket.ShutdownConnect();
            lr.exit(lr.EXIT_ACTION_AND_CONTINUE,lr.FAIL);
        }

    //接收服务器返回数据,如果后台抛出异常则关闭连接,同时退出整个 Action
```

```
        try{
            recvMesg = Mysocket.Receive();
        }catch(NullPointerException e){
            Mysocket.ShutdownConnect();
            lr.exit(lr.EXIT_ACTION_AND_CONTINUE,lr.FAIL);
        }

        //将得到的 byte 的返回数据转化成字符串
        String temp = new String(recvMesg,0,recvMesg.length);

        //关闭 Socket 连接
        Mysocket.ShutdownConnect();

        //将不同的事务,构造不同的结果参数
        Result = "<Result_" + TransactionName + ">";

        //将后台返回与预期结果进行对比,判断事务是否成功
        if(temp.contains(lr.eval_string(Result)))
        {
            lr.end_transaction(TransactionName,lr.PASS);
        }
        else
        {
            lr.end_transaction(TransactionName,lr.FAIL);
        }

        return 0;
        }//end of action

        public int end() throws Throwable {
        return 0;
        }//end of end
    }
```

附录示例 10 中的 TCPSocketClient 为用户自定义类，这个类将建立 Socket 连接、发送字节报文、接收字节报文以及断开 Socket 连接的相关方法都封装在一起，以实现相关功能的复用。TCPSocketClient 类主要在 Eclipse 中开发。

附录示例 10

```
package com.perftest.common.base;

import java.io.*;
import java.net.Socket;
import java.util.Random;

public class TCPSocketClient
{
```

```
public TCPSocketClient()
{

}

public static Object TCPSocketClient;
public Socket MainSocket;
public String ServerIP;
public int ListeningPort;
public InputStream MainSocketInputStream;
public OutputStream MainSocketOutputStream;
static int ReceiveMessageDefaultLength = 1024;
public boolean connectstat = true;
public boolean sendstat = true;
public boolean recvstat = true;

//创建 Socket 连接
public TCPSocketClient(String serverIP, int listeningPort)
{
        try
    { ServerIP = serverIP;
        ListeningPort = listeningPort;
        MainSocket = new Socket(ServerIP, ListeningPort);
        workstate = true;
        MainSocket.setSendBufferSize(1024 * 1024 * 8);
        MainSocket.setSoTimeout(100 * 1);
        MainSocket.setReceiveBufferSize(1024 * 1024 * 8);
        MainSocketInputStream = MainSocket.getInputStream();
        MainSocketOutputStream = MainSocket.getOutputStream();
        MainSocket.setSoLinger(true,0);
    }
    catch (Exception e)
    {
        System.out.println("创建 Socket 连接失败!");
        workstate = false;
    }
    ServerIP = serverIP;
    ListeningPort = listeningPort;
    MessageBytes = new byte[ReceiveMessageDefaultLength];
}

//发送 byte 字节报文
public Boolean Send(byte[] messagedata)
{
    if (this.workstate)
    {
        try
        {
            this.MainSocketOutputStream.write(messagedata);
```

```
                this.MainSocketOutputStream.flush();
                return true;
            }
            catch (Exception e)
            {
                System.out.println("发送报文异常,连接已经不存在!");
                return false;
            }
        }
        else
        {
            System.out.println("无法发送报文,连接已经不存在!");
            return false;
        }
    }

    //接收服务器返回的 byte 字节数据
    public byte[] Receive()
    {
        byte[] Response = null;
        //byte [] MessageBytes = null;
        int CurrentLength = 0;
        if (this.workstate)
        {
            try
            {   //MessageBytes = new byte[ReceiveMessageDefaultLength];
                int ReadSize = 0, ReceiveLength = 0;
                while (CurrentLength < ReceiveMessageDefaultLength)
                {
                            ReadSize = Math.min(256, ReceiveMessageDefaultLength -
CurrentLength);
                    ReceiveLength = this.MainSocketInputStream.read(MessageBytes,
CurrentLength, ReadSize);
                    if(ReceiveLength > 0)
                        CurrentLength += ReceiveLength;
                    if (ReceiveLength <= 0||true == receiveonce) {
                        break;
                    }
                }
            }
            catch (Exception e)
            {
                System.out.println("接收报文返回异常: 连接不存在或者已关闭!");
            }

        }
        else
        {
            System.out.println("无法发送报文,连接已经不存在!");
```

```
            return null;
        }

        if(CurrentLength > 0){
            Response = new byte[CurrentLength];
            System.arraycopy(MessageBytes, 0, Response, 0, CurrentLength);
        }
        else Response = null;
        return Response;
    }

    //关闭 Socket 连接,并释放相关资源
    public void ShutdownConnect()
    {
        try
        {
            this.MainSocketInputStream.close();
            this.MainSocketOutputStream.close();
            MainSocket.shutdownInput();
            MainSocket.shutdownOutput();
            MainSocket.close();
            MainSocket  =  null;
            workstate = false;
        }
        catch (Exception e)
        {
            System.out.println(e.getMessage());
        }
    }
```

如附录图 14 所示为脚本的目录结构及其相关的文件。

参数添加完成后如附录图 15 所示。

按 F5 键运行脚本,可以看到执行时虚拟用户会从 A、B、C、D、E 五个交易相应的参数文件中随机选取报文,并创建相应的事务开始与结束标识。

脚本运行日志结果如附录图 16 所示。

更改脚本的迭代次数,脚本多次迭代后的运行日志结果如附录图 17 所示。

在上面的方法中,借助 Java 开发语言的强大功能,非常巧妙地将多个类似的脚本精简成一个脚本,从而减少了维护脚本消耗的时间。这个案例对应的实际项目,总共开发了三个脚本,非常容易维护和管理,大大提高了性能测试工作的效率。

需要注意的是,这种精简的方法适用于业务或者测试过程相近的脚本,否则会导致合并的脚本逻辑过于复杂,反而增加了脚本的维护难度。

com	2012/5/24 18:24	文件夹	
6775675044.idx	2012/5/24 18:27	SQL Server Repli...	1 KB
6808452644.idx	2012/5/24 18:27	SQL Server Repli...	1 KB
6815003044.idx	2012/5/24 18:27	SQL Server Repli...	1 KB
6821559844.idx	2012/5/24 18:27	SQL Server Repli...	1 KB
6841217444.idx	2012/5/25 17:10	SQL Server Repli...	1 KB
10324608444.idx	2012/5/24 18:27	SQL Server Repli...	1 KB
Actions.class	2012/5/26 9:43	CLASS 文件	3 KB
Actions.java	2012/5/25 17:10	JAVA 文件	3 KB
Actions.java.bak	2012/5/25 17:10	BAK 文件	3 KB
Actions.java.sed	2012/5/26 9:43	SED 文件	3 KB
default.cfg	2012/5/25 9:19	CFG 文件	1 KB
default.usp	2012/5/25 17:11	USP 文件	2 KB
logfile.log	2012/5/26 9:44	Text Document	1 KB
mdrv.log	2012/5/26 9:44	Text Document	1 KB
mdrv_cmd.txt	2012/5/26 9:44	Text Document	1 KB
output.bak	2012/5/26 9:44	BAK 文件	1 KB
output.txt	2012/5/26 9:44	Text Document	1 KB
Param_TransactionA.dat	2012/5/24 16:57	DAT 文件	1 KB
Param_TransactionB.dat	2012/5/24 17:00	DAT 文件	1 KB
Param_TransactionC.dat	2012/5/24 17:03	DAT 文件	1 KB
Param_TransactionD.dat	2012/5/24 17:04	DAT 文件	1 KB
Param_TransactionE.dat	2012/5/25 17:09	DAT 文件	1 KB
Result_TransactionA.dat	2012/5/24 13:45	DAT 文件	1 KB
Result_TransactionB.dat	2012/5/24 13:46	DAT 文件	1 KB
Result_TransactionC.dat	2012/5/24 13:46	DAT 文件	1 KB
Result_TransactionD.dat	2012/5/24 16:01	DAT 文件	1 KB
Result_TransactionE.dat	2012/5/25 17:08	DAT 文件	1 KB
sendMesg1.dat	2012/5/26 9:44	DAT 文件	1 KB
TCP_test.bak	2012/5/26 9:43	BAK 文件	1 KB
TCP_test.prm	2012/5/26 9:44	PRM 文件	4 KB
TCP_test.prm.bak	2012/5/26 9:43	BAK 文件	4 KB
TCP_test.usr	2012/5/26 9:44	Virtual User Test	1 KB
TransactionA.dat	2012/5/24 16:56	DAT 文件	1 KB
vuser_end.java	2012/4/10 17:50	JAVA 文件	1 KB
vuser_init.java	2012/4/10 17:50	JAVA 文件	1 KB

附录图 14　脚本的目录结构

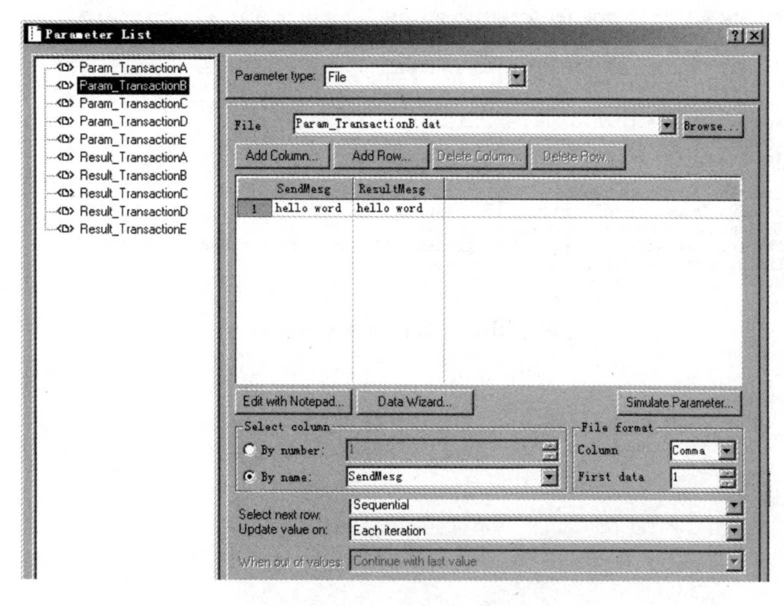

附录图 15　参数列表及其配置界面

```
Starting action vuser_init.
Ending action vuser_init.
Running Vuser...
Starting iteration 1.
Starting action Actions.
Notify: Transaction "TransactionC" started.
System.out: Socket is closed
Notify: Transaction "TransactionC" ended with "Pass" status (Duration: 0.0847).
Ending action Actions.
Ending iteration 1.
Ending Vuser...
Starting action vuser_end.
Ending action vuser_end.
Vuser Terminated.
```

附录图 16　脚本运行日志

```
Starting iteration 5.
Starting action Actions.
Notify: Transaction "TransactionA" started.
System.out: Socket is closed
Notify: Transaction "TransactionA" ended with "Pass" status (Duration: 0.0563).
Ending action Actions.
Ending iteration 5.
Waiting 5.0000 seconds for iteration pacing.
Starting iteration 6.
Starting action Actions.
Notify: Transaction "TransactionA" started.
System.out: Socket is closed
Notify: Transaction "TransactionA" ended with "Pass" status (Duration: 0.0467).
Ending action Actions.
Ending iteration 6.
Waiting 5.0000 seconds for iteration pacing.
Starting iteration 7.
Starting action Actions.
Notify: Transaction "TransactionB" started.
System.out: Socket is closed
Notify: Transaction "TransactionB" ended with "Pass" status (Duration: 0.0478).
Ending action Actions.
Ending iteration 7.
Waiting 5.0000 seconds for iteration pacing.
Starting iteration 8.
Starting action Actions.
Notify: Transaction "TransactionC" started.
System.out: Socket is closed
Notify: Transaction "TransactionC" ended with "Pass" status (Duration: 0.0546).
Ending action Actions.
Ending iteration 8.
Waiting 5.0000 seconds for iteration pacing.
Starting iteration 9.
Starting action Actions.
Notify: Transaction "TransactionE" started.
System.out: Socket is closed
Notify: Transaction "TransactionE" ended with "Pass" status (Duration: 0.0480).
Ending action Actions.
Ending iteration 9.
Waiting 5.0000 seconds for iteration pacing.
Starting iteration 10.
Starting action Actions.
Notify: Transaction "TransactionD" started.
System.out: Socket is closed
Notify: Transaction "TransactionD" ended with "Pass" status (Duration: 0.0486).
Ending action Actions.
Ending iteration 10.
```

附录图 17　运行的部分日志截图

参考文献

[1] 朱少民. 软件测试方法和技术[M]. 3 版. 北京：清华大学出版社，2014.1.

[2] 陈东严等. 精通自动化测试框架设计[M]. 北京：人民邮电出版社，2016.

[3] 肖力等. 深度实践 KVM：核心技术、管理运维、性能优化与项目实施[M]. 北京：机械工业出版社，2015.

[4] VMware vCAT 团队. VMware vCAT 权威指南：成功构建云环境的核心技术和方法[M]. 姚军，等译. 北京：机械工业出版社，2014.

[5] 韦恩等. Cucumber：行为驱动开发指南[M]. 许晓斌，等译. 北京：人民邮电出版社，2013.

[6] 商城研发 POP 平台. 京东系统质量保障技术实战[M]. 北京：电子工业出版社，2017.

[7] 麦思博(北京)软件技术有限公司编，软件测试之道：那些值得借鉴的实践案例[M]. 北京：电子工业出版社，2017.

[8] 陈绍英等. LoadRunner 虚拟用户高级开发指南[M]. 北京：电子工业出版社，2016.

教材中源代码

第 3 篇

实验 13　代码示例 13-1

```
# -*- coding: utf-8 -*-
import unittest
from appium import webdriver
import time

class JayLoginModuleTests(unittest.TestCase):
    def setUp(self):
        desired_caps = {}
        desired_caps['platformName'] = 'Android'
        desired_caps['platformVersion'] = '4.4.2'
        desired_caps['deviceName'] = '4d0062e74ef421e9'
        desired_caps['appPackage'] = 'com.nd.sdp.star'
        desired_caps['appActivity'] = 'com.nd.sdp.star.view.activity.StartShowActivity'
        self.driver = webdriver.Remote('http://localhost:4723/wd/hub',desired_caps)

    def tearDown(self):
        self.driver.quit()

    def test_login_jayMe(self):
        mobileTextfield = self.driver.find_element_by_id("com.nd.sdp.star:id/login_
mobile")
        mobileTextfield.click()
        mobileTextfield.clear()
        mobileTextfield.send_keys('15986320148')

        passwordTextfield = self.driver.find_element_by_id("com.nd.sdp.star:id/login_
password")
        mobileTextfield.send_keys('123456')

        loginBtn = self.driver.find_element_by_id("com.nd.sdp.star:id/btnLogin")
        loginBtn.click()
        time.sleep(3)

        excepText = "Jay"
        jayTextBtn = self.driver.find_element_by_id("com.nd.sdp.star:id/mytab_bt_jay")
        assert jayTextBtn.text == excepText.decode('utf-8')

if __name__ == '__main__':
    suite = unittest.TestLoader().loadTestsFromTestCase(JayLoginModuleTests)
    unittest.TextTestRunner(verbosity=2).run(suite)
```

实验 13　代码示例 13-2

```
# -*- coding: utf-8 -*-
import unittest
```

```
from appium import webdriver
import time

def test_send_one_flower_to_jay(self):

    jayTabBtn = self.driver.find_element_by_id("com.nd.sdp.star:id/mytab_bt_jay")
    jayTabBtn.click()
    time.sleep(3)

    sendTotalFlowerBtn = self.driver.find_element_by_id("com.nd.sdp.star:id/jay_send_
flower_total")
    sendTotalFlowerBtnText = sendTotalFlowerBtn.text
    existText1 = "有"
    existText2 = "人"
    beginPos = sendTotalFlowerBtnText.find(existText1.decode('utf-8'))
    endPos = sendTotalFlowerBtnText.find(existText2.decode('utf-8'))

    jayFlowerBtn = self.driver.find_element_by_id("com.nd.sdp.star:id/jay_flower")
    jayFlowerBtn.click()
    time.sleep(3)

    ownedFlowerBtn = self.driver.find_element_by_id("com.nd.sdp.star:id/FLOWER_ENMBER")
    time.sleep(3)
    ownedFlowerNumber = int(ownedFlowerBtn.text)
    sendFlowerBtn = self.driver.find_element_by_id("com.nd.sdp.star:id/SEND_OK")
    if ownedFlowerNumber > 0:
        sendFlowerBtn.click()
        time.sleep(5)
        backBtn = self.driver.find_element_by_class_name("android.widget.ImageButton")
        backBtn.click()
        time.sleep(2)
        totalText = self.driver.find_element_by_id("com.nd.sdp.star:id/jay_send_flower_
total").text
        actualText = "今日已有" + str(int(sendTotalFlowerBtnText[beginPos + 1:endPos]) +
1) + "人送花"
        assert totalText == actualText.decode('utf-8')
    else:
        assert ownedFlowerNumber > 0
```

第 4 篇

实验 16　代码示例 16-1

```
1  /**
2  *被测试代码的包名
3  */
4  package com;
5
```

```
6  /**
7   *
8   * 被测试代码的类名
9   *
10  */
11  public class TestFitnesse {
12
13          /**
14           * 被测试代码的方法名
15           * @param name
16           * @return
17           */
18          public String sayHelloTo (String name) {
19                  return "say hello to" + name;
20          }
21
22 }
23
```

实验 16　代码示例 16-2

```
Public String getTicker (String currency) {
    String url = "https://www.okcoin.cn/api/v1/ticker.do?symbol = "
             + currency;
    String result"",
    try {
         //根据地址获取请求
        HttpGet request = new HttpGet(url);       //这里发送 Get 请求
         //获取当前客户端对象
        HttpClient httpClient = new DefaultHttpClient();
         //通过请求对象获取响应对象
        HttpResponse response = httpClient.Execute (request);
         //判断网络连接状态码是否正常(0～ 200 都属正常)
        if (response. GetStatusLine(). GetStatusCode() == HttpStatus.SC_OK) {
            result = EntityUtils.ToString (response.GetEntity(), "utf - 8");
        }
    } catch (Exception e) {
         //TODO Auto - generated catch block
         e.PrintStackTrace();
    }
    return result;
}
```

实验 17　代码示例 17-1

```
Public static Options parseCommandLine (String[ ] args) {


CommandLine commandLine = new CommandLine(OPTION_DESCRIPTOR);
```

```
if (commandLine.Parse(args)) {
        boolean verbose = commandLine.HasOption("v");
         String interactionClassName = commandLine.GetOptionArgument("i", "interactionClass");
         String portSring = commandLine.GetArgument("port");
         int port = (portString == null) ? 8099 : Integer.parseInt (portString);
              String statementTimeoutString = commandLine. GetOptionArgument ( " s ",
statementTimeout);
          Integer statementTimeout = (statementTimeoutString == null) ? null: Integer.
parseInt(statementTimeoutString);
         boolean daemon = commandLine.HasOption ("d");
          return new Options (verbose, port, getInteractionClass (interactionClassName),
daemon, statementTimeout);
  }
  return null;
}
```

```
 public static void startlithFactory (SlimFactory slimFactory, Options options) throws
 IOException {
       SlimService slimservice = neW SlimService (slimFactory. getSlimServer (options.
 verbose), options.port, options.interactionClass, options.daemon);
     slimservice.accept();
 }
```

```
public void accept() throws IOException {
    try {
        if (daemon) {
            acceptMany();
        } else {
        acceptOne();
        }
      }catch (java.lang.OutofMemoryError e) {
         System.err.printIn("Out of Memory. Aborting");
         e.printStaskTcace();
         System.exit(99);
      } finally {
          serverSocket.close();
      }
}

private void acceptOne() throws IOException {
      Socket socket = serverSocket.accept();
      handle(socket);
}
```

实验 17　代码示例 17-2

```
Private void handle(Socket socket) throws IOException (
      try {
            slimServer.serve(socket);
       } finally {
           socket.close();
       }
}
```

```
public void serve(Socket s) {
       try{
            tryProcessInstructions(s);
       } catch (Throwable e){
            System.err.println("Error while executing SLIM instructions: " + e.getMessage
());
            e.printStackTrace(System.err);
      } finally {
            slimFactory.stop();
            close ();
       }
}
```

```
public Object executeStatement(Object statement) {
        Instruction instruction = InstructionFactory.createInstruction (asStatementList
(statement), methodNameTranslator);
     InstructionResult result = instruction.execute (executor);
     Object resultobject;
     If (result.hasResult || result.hasError ()) {
          resultObject = result.getResult();
     } else {
        resultObject = null;
     }
     return asList(instruction.getId(), resultObject);
}
```

```
public static Instruction createInstruction (List < Object > words, NameTranslator
methodNameTranslator) {
       String id = getWord(words, 0);
       String operation = getWord (words, 1);
       Instruction instruction;

       if (MakeInstruction.INSTRUCTION.EqualsIgnoreCase (operation)) {
           instruction = createMakeInstruction(id, words);
       }else if (CallAndAssignInstruction.INSTRUCTION.equalsIgnoreCase(operation)) {
                   instruction = createCallAndAssignInstruction ( id, words,
methodNameTranslator);
```

```
        }else if (CallInstruction.INSTRUCTION.equalsIgnoreCase(operation)) {
            instruction = createCallInstruction(id, words, methodNameTranslator)
        }else if (ImportInstruction.INSTRUCTION.equalsIgnoreCase (operation)) {
            instruction = createImportInstruction (id, words);
        else {
            instruction = createInvalidInstruction (id, operation);
        }
        return instruction;
}
```

实验 17　代码示例 17-3

```
Public String executeTestCaseOrSuite(string url, String type) {
    StringBuilder exeurl = new StringBuilder(url);
    /**
     * 判断入参是调试集还是测试用例
     */
    if (type.equals ("suite*")) {
          //若为测试集,则应该用 suite responder
          exeurl.append ("?suite&format = text");
    } else {
          //否则用 test responder
          exeurl.append ("?test&format = text");
    }
    //发这 HTTP Get 请求
    HttpGet get = new HttpGet(url);
    try{
         client = HttpClients.createDefault();
         HttpResponse response = client.execute(get);
         BufferedReader br = new BufferedReader(new InputStreamReader(response.getEntity
().getContent ()));
         StringBuilder sb = new StringBuilder();
         String line = "";
         try {
              while ((line = br.readLine()) != null) {
                      sb.append(line);
          } catch (JQException) {
               System.err.printIn(e.getMessage());
               get. ReleaseConnection();
               return sb.toString();

      } catch (IOException 0) {
           System.err.println (e.getMessage());
      }
     return null;
}
```

附录 A Java 环境配置

1. JDK 的安装步骤

（1）下载 JDK：jdk-7-windows-i586(32 位)。

（2）双击下载的 JDK ，设置安装路径。可选择默认安装在 C:\Program Files (x86)\Java\ jdk1.7.0 目录下。

（3）设置环境变量："我的电脑"右键菜单→属性→高级→环境变量→系统变量：

① 新建 JAVA_HOME。

变量名：JAVA_HOME。

变量值：C:\Program Files (x86)\Java\ jdk1.7.0。

② 新建 CLASS_PATH。

变量名：CLASS_PATH。

变量值：.;%JAVA_HOME%\lib\dt.jar;%JAVA_HOME%\lib\tools.jar;。

③ 编辑 path。

找到 path 变量名，单击"编辑"命令，在末尾添加变量值：%JAVA_HOME%\bin;%JAVA_HOME%\jre\bin;。

（4）设置好环境变量后，打开 Windows 命令提示符，输入"java -version"。若出现所安装的 JDK 版本，则说明安装成功。

2. Eclipse 安装配置

Eclipse 无须安装，下载解压缩后直接可用。

（1）下载 Eclipse：eclipse-jee-juno-win32.zip(注意与 JDK 一致，都是 32 位或 64 位)。

（2）解压缩 Eclipse 到指定路径。

（3）进入 Eclipse 目录，打开可执行程序 eclipse.exe。

（4）首次打开时，设置 workspace 路径(任意)。

附录B　邮件服务器搭建

这里我们用 Windows Server 2003 来搭建简易的邮件服务器，只要借助 Windows Server 2003 就可以轻松建起内部邮件服务器，邮件收发工具使用微软自带的 Outlook 进行设置。

1. 在服务器上安装 POP3、SMTP、NNTP、DNS 服务

选择“开始”→“控制面板”→“添加或删除程序”→“添加/删除 Windows 组件”命令，双击进入网络服务→勾选“域名系统(DNS)”服务，如图 B-1 所示。

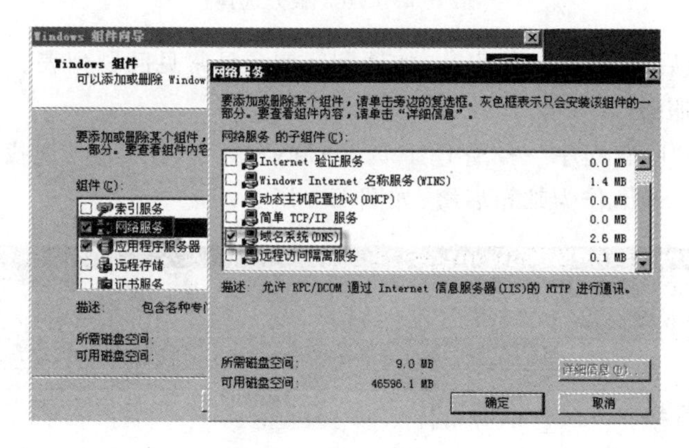

图 B-1　DNS 服务选择

双击“应用程序服务”→“Internet 信息服务(IIS)”→勾选 SMTP 和 NNTP 服务，如图 B-2 所示。

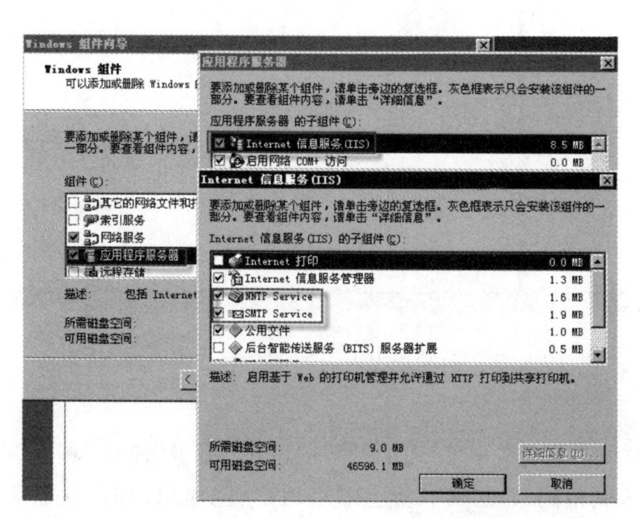

图 B-2　NNTP 与 SMTP 服务选择

双击选择“电子邮件服务”→勾选“POP3 服务”，如图 B-3 所示。

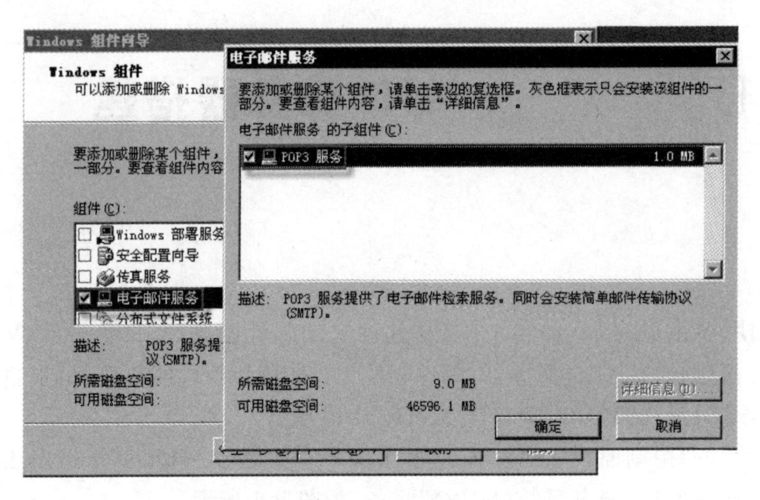

图 B-3 POP3 服务选择

服务选择完成后，进行相应的安装，如遇到问题参见常见问题列表。

2. 配置 DNS 服务

选择“开始”→“所有程序”→“管理工具”→DNS 命令，在“正向查找区域”右击新建区域，区域名称为 jsc. com，作为邮箱后缀，如图 B-4 所示。

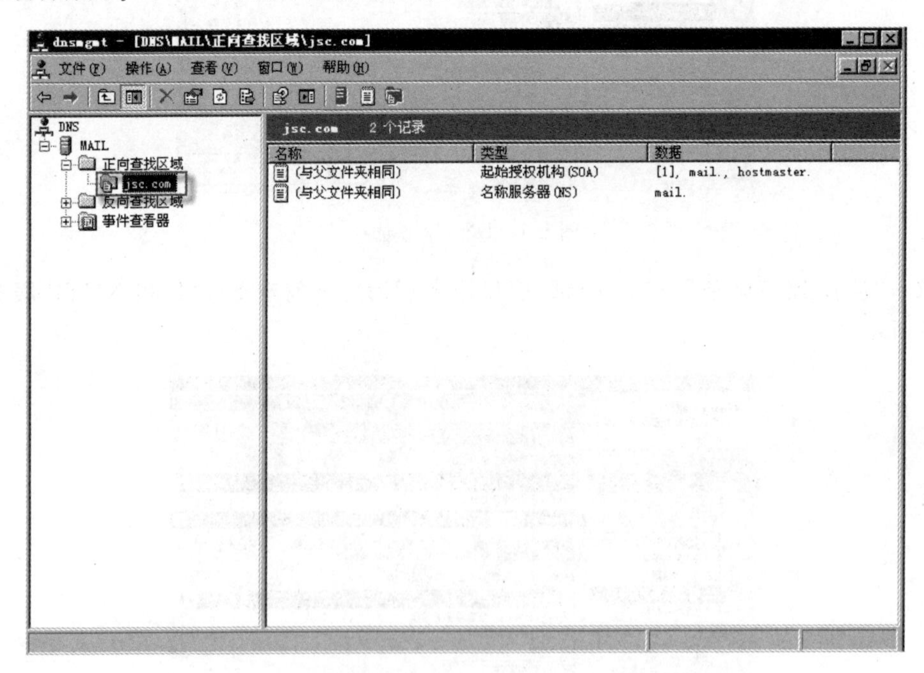

图 B-4 DNS 设置

3. 配置 pop3

选择“开始”→“所有程序”→“管理工具”→“POP3 服务”命令，右击 MAIL 新建域，域名为 jsc. com(与 DNS 域相同)；在域下新建邮箱用户，创建用户时，注意无须填写后缀，只用输入登录名称即可,可自行设置密码,如图B-5所示。

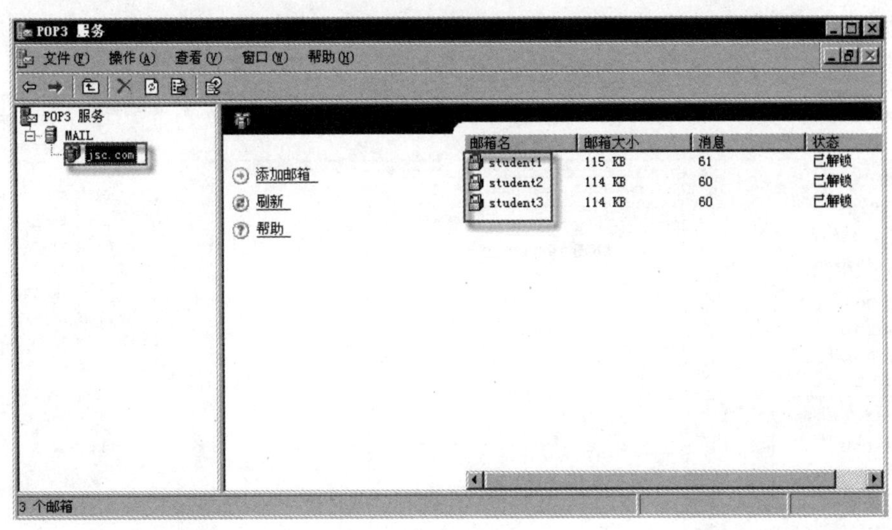

图B-5 POP3服务设置

4. 查看SMTP信息

选择"开始"→"所有程序"→"管理工具"→"Internet信息服务(IIS)管理器"命令,可查看当前SMTP信息,如图B-6所示。

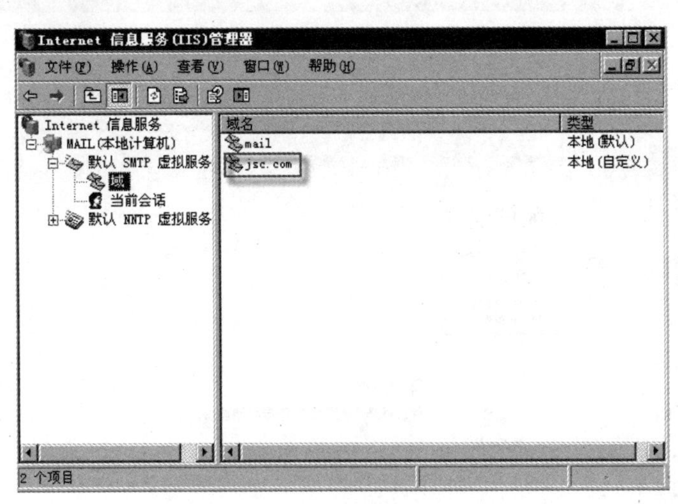

图B-6 IIS设置

5. 与Outlook集成

设置好邮箱用户后,在客户端添加邮箱,邮箱添加后界面如图B-7所示。

具体添加步骤如下。

(1) 单击Outlook的"文件"菜单,在"信息"栏中选择"添加账户"命令,如图B-8所示。

(2) 在弹出窗口中,选择电子邮件账户,单击"下一步"按钮。

(3) 选择手动配置服务器设置或其他服务器类型,单击"下一步"按钮直到出现添加新账户界面,如图B-9所示。

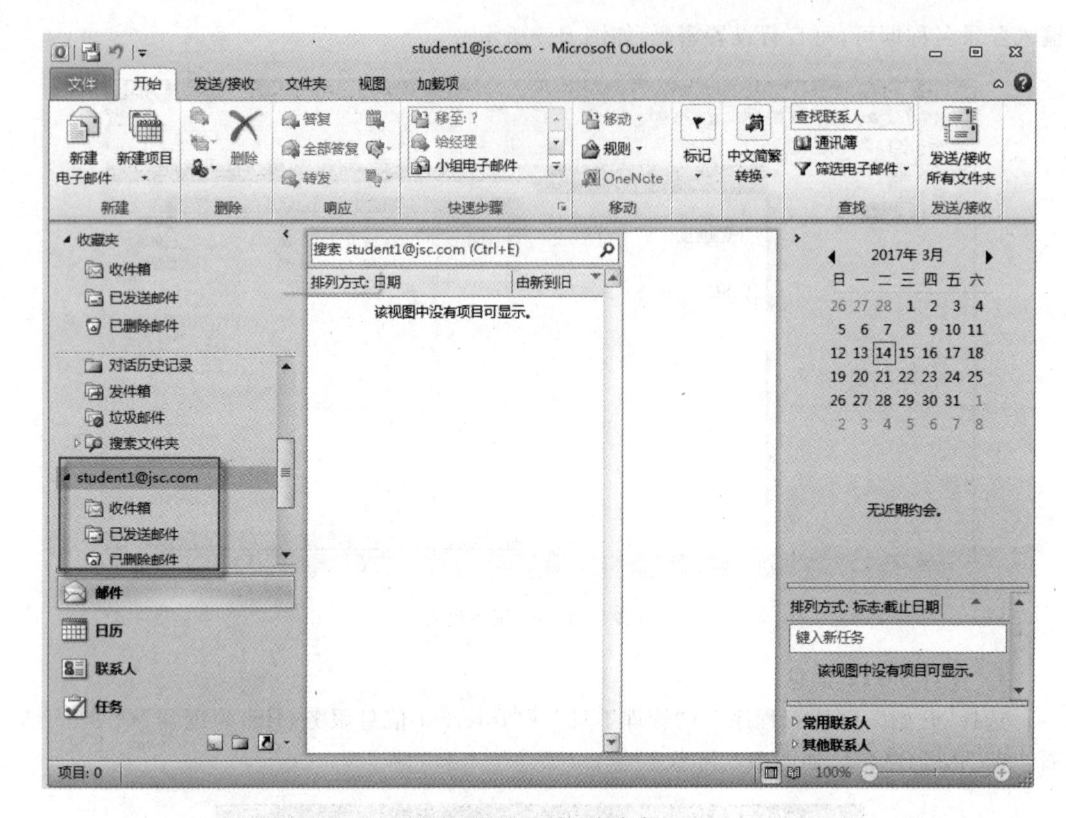

图 B-7　客户端添加邮箱

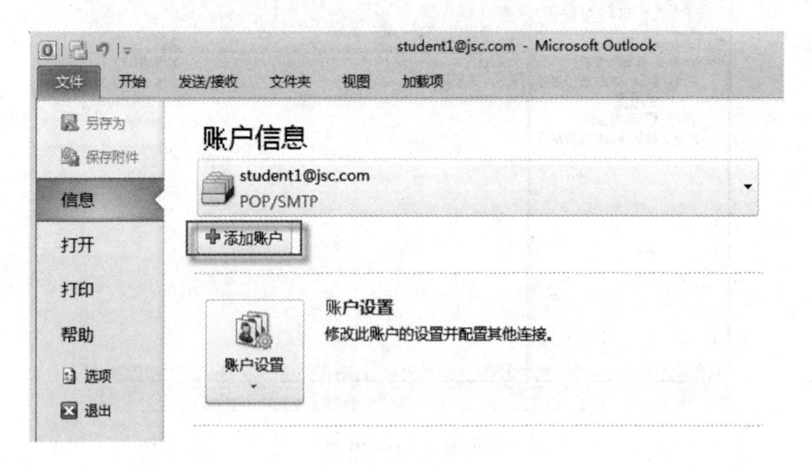

图 B-8　添加邮箱账户

(4) 填写邮箱信息，设置如图 B-10(a)所示。因为本次设置将 POP3 和 SMTP 设置在同一台服务器，因此服务器 IP 一致；需要注意的是用户名的输入框中需要输入邮箱全名；在“其他设置”中选择使用局域网(LAN)连接，确定后，单击右侧“测试账户设置”进行测试，如图 B-10(b)所示。

(5) 单击“下一步”验证完成后，查看邮箱是否有测试邮件，如图 B-11 所示，有即成功(邮箱每隔半小时会自动获取一次邮件，也可手动单击工具栏“发送/接收”按钮)。

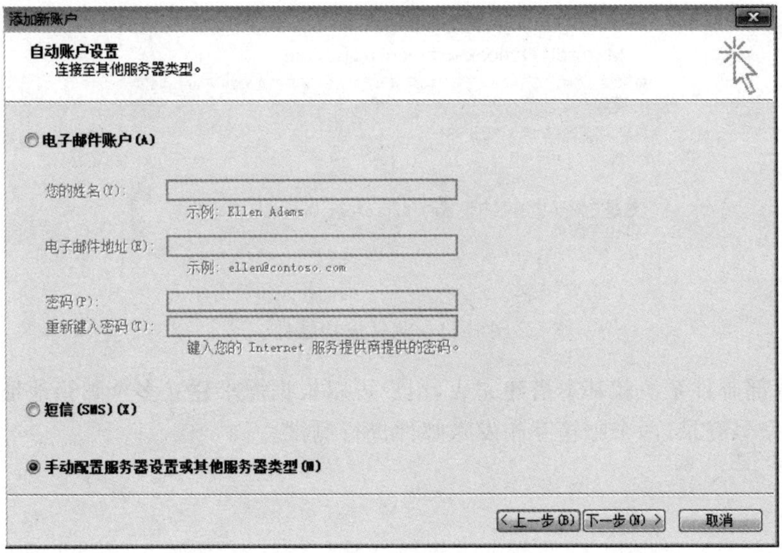

添加新账户

自动账户设置
连接至其他服务器类型。

电子邮件账户(A)
您的姓名(Y):
示例: Ellen Adams
电子邮件地址(E):
示例: ellen@contoso.com
密码(P):
重新键入密码(T):
键入您的 Internet 服务提供商提供的密码。
短信(SMS)(X)
手动配置服务器设置或其他服务器类型(M)
< 上一步(B)　下一步(N) >　取消

图 B-9　自动账户设置

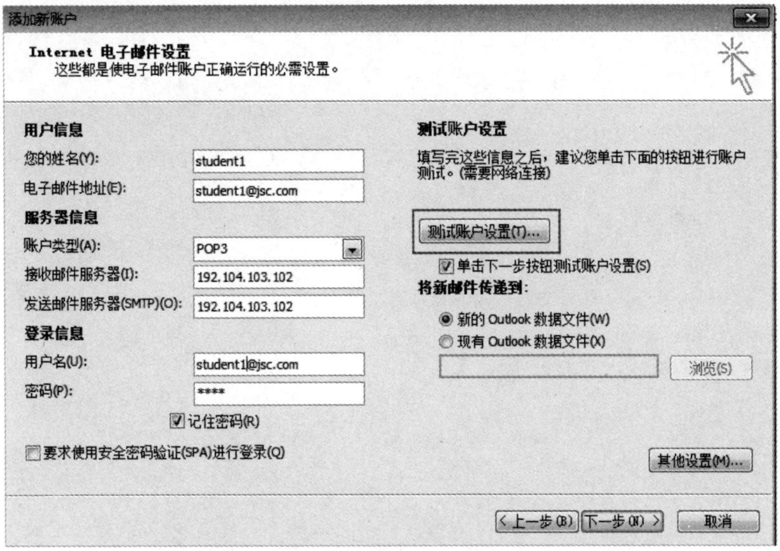

添加新账户

Internet 电子邮件设置
这些都是使电子邮件账户正确运行的必需设置。

用户信息
您的姓名(Y): student1
电子邮件地址(E): student1@jsc.com
服务器信息
账户类型(A): POP3
接收邮件服务器(I): 192.104.103.102
发送邮件服务器(SMTP)(O): 192.104.103.102
登录信息
用户名(U): student1@jsc.com
密码(P): ****
记住密码(R)
要求使用安全密码验证(SPA)进行登录(Q)

测试账户设置
填写完这些信息之后，建议您单击下面的按钮进行账户测试。(需要网络连接)
测试账户设置(T)...
单击下一步按钮测试账户设置(S)
将新邮件传递到:
新的 Outlook 数据文件(W)
现有 Outlook 数据文件(X)
浏览(S)
其他设置(M)...
< 上一步(B)　下一步(N) >　取消

(a)

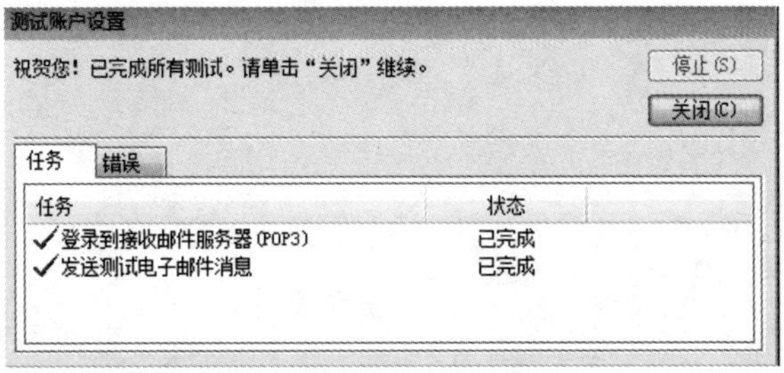

测试账户设置

祝贺您！已完成所有测试。请单击“关闭”继续。
停止(S)
关闭(C)
任务　错误

任务	状态
✓ 登录到接收邮件服务器(POP3)	已完成
✓ 发送测试电子邮件消息	已完成

(b)

图 B-10　账户设置

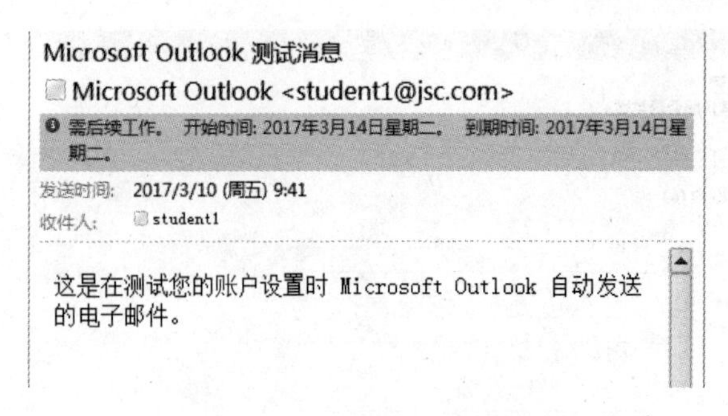

图 B-11 测试成功邮件

至此,内部邮件系统就基本搭建完成,用户可以根据需求建立多个邮箱地址。并且可以使用另一个账号登录,两个邮箱互相发送邮件进行测试。

附录 C SVN 环境安装配置

1. 服务器 SVN 环境部署

在 SVN 服务器端，安装 SVN 的 Windows 版 VisualSVN-Server-3.5.10-x64（注意 SVN 有不同的版本）。安装完成后通过“开始”菜单打开 VisualSVN Server Manager，右击 Repository，选择 Create New Repository，单击“下一步”按钮，其中 Repository name 设置为 jeesite，并创建用户与密码，其余全部采用默认配置，单击“下一步”按钮直至完成，如图 C-1 所示。

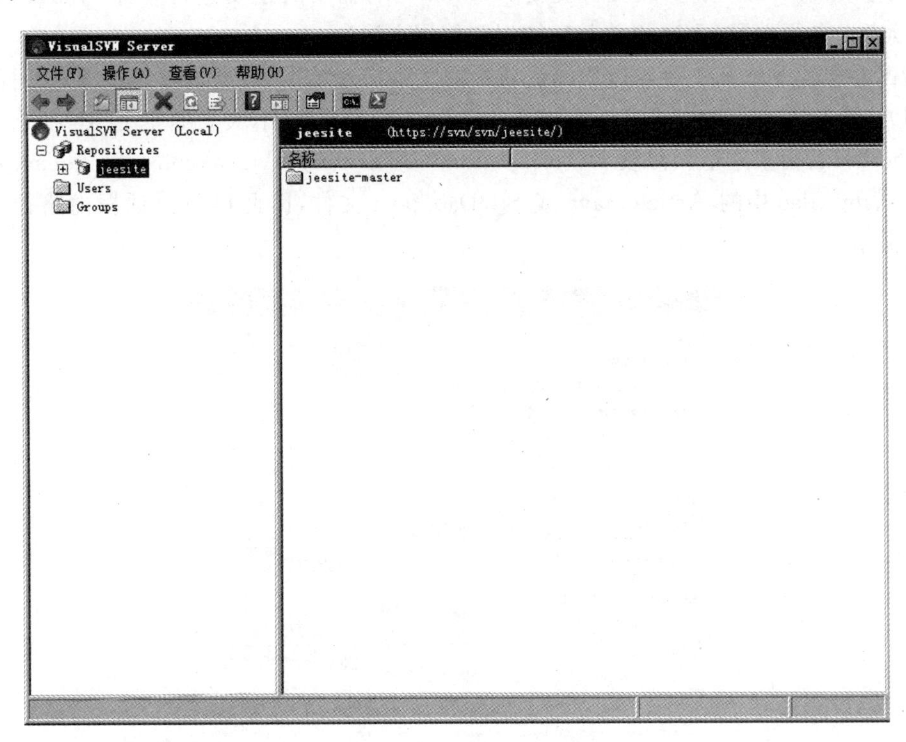

图 C-1 服务器 SVN 部署

2. 客户端 SVN 部署

客户端主机可根据需要安装 SVN 客户端软件 TortoiseSVN-1.9.5.27581-x64-svn-1.9.5，还可根据需要安装汉化语言包 LanguagePack_1.9.5.27581-x64-zh_CN，安装完成后重启客户端生效。

将 jeesite-master 文件夹复制到 D 盘下。进入 jeesite-master 文件夹，在空白处右击，选择 tortoiseSVN→Import(签入)，如图 C-2 所示，并填写 SVN 服务器地址(服务器地址的获得可以通过打开 SVN 服务器端，右击 jeesite，选择 CopyURL to Clipboard 获得，如图 C-3 所示)，然后单击 OK 按钮实现 SVN 客户端的签入功能。

图 C-2　客户端签入

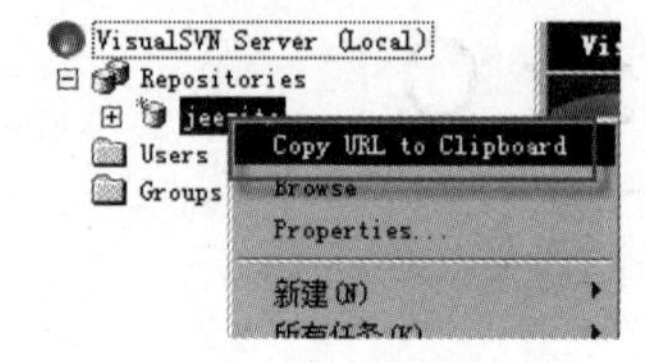

图 C-3　获取 SVN 服务器地址

需要注意的是，获取 SVN 中源代码地址时，默认为 https://svn/svn/jeesite/，在内网环境内无须改动，当然也可将地址改为 https://192.104.103.90/svn/jeesite/。

至此，SVN 服务器与客户端的相关安装操作已全部完成。

3. SVN 相关操作

修改代码时，根据 SVN 工作机制，首先需要将版本库内最新代码签出(Checkout)至本地，然后修改代码，最后将修改文件提交(Commit)，有需要时还要进行合并(Merge)等操作(建议读者先自行学习 SVN 相关基础知识和使用方法)。

为配合实验 6 中 6.4 节通过代码更新检测实时构建结果，可通过如下步骤进行操作。

(1) 进入本地客户端 D 盘内的 jeesite-master 文件夹，在空白处右击，选择 SVNCheckout，由于这里只修改 D:\jeesite-master\ src\main\java\com\thinkgem\jeesite\modules\cms\dao 中的 Article.java 或 SiteDao.java 文件，因此可将对话框内路径填写如图 C-4 所示。

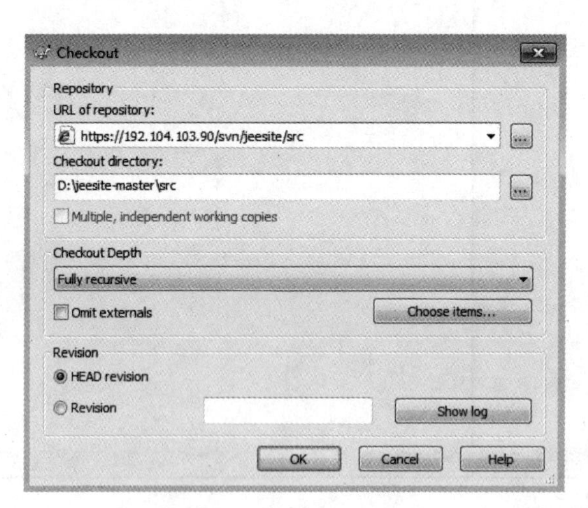

图 C-4　SVN 签出操作

(2) 签出后，以上述路径中的 SiteDao 文件为例，打开该文件，加一段注释或在代码内增加空行等操作均可，保存后需要进行 Commit 操作，右击 src 文件夹，选择 SVN Commit，在弹出的对话框内可看到修改的文件，默认单击 OK 按钮即可，如图 C-5 所示。

(3) 此时，若 jenkins 中已设置了代码更改后自动构建，可以在 jenkins 中发现已自动进行了构建。

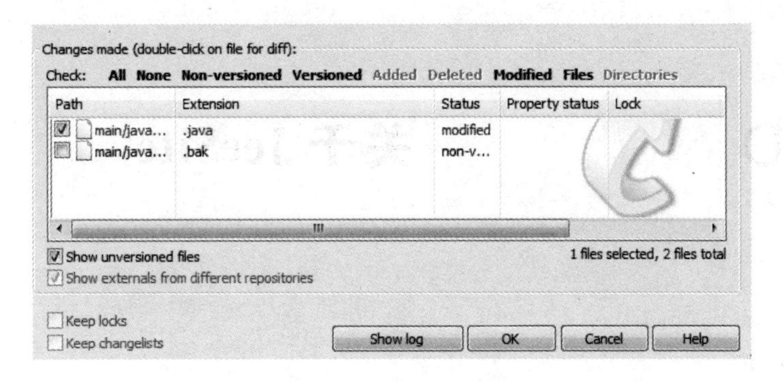
Changes made (double-click on file for diff):
Check: All None Non-versioned Versioned Added Deleted Modified Files Directories
Path
Extension
Status
Property status
Lock
main/java...
.java
modified
main/java...
.bak
non-v...
Show unversioned files
1 files selected, 2 files total
Show externals from different repositories
Keep locks
Keep changelists
Show log
OK
Cancel
Help

图 C-5　SVN 提交操作

附录D 关于 JeeSite

1. 简介

JeeSite 是一个开源的企业信息管理系统基础框架，主要定位于“企业信息管理”领域，可用作企业信息管理类系统、网站后台管理类系统等。JeeSite 是非常强调开发的高效性、健壮性和安全性的。

JeeSite 是轻量级的，简单易学，本框架以 Spring Framework 为核心、Spring MVC（相比 Struts2 更容易上手、更易用）作为模型视图控制器、Hibernate 作为数据库操作层（此组合是 Java 界业内最经典、最优的搭配组合）进行封装。前端界面采用了结构简单、性能优良、页面精致的 Twitter Bootstrap 作为前端展示框架。

JeeSite 已内置了一系列企业信息管理系统的基础功能，目前包括三大模块：系统管理（SYS）模块、内容管理（CMS）模块和在线办公（OA）模块。系统管理模块包括企业组织架构（用户管理、机构管理、区域管理）、菜单管理、角色权限管理、字典管理等功能；内容管理模块包括内容管理（文章、链接），栏目管理、站点管理、公共留言、文件管理、前端网站展示等功能；在线办公模块提供简单的请假流程实例。

JeeSite 提供了常用工具进行封装，包括日志工具、缓存工具、服务器端验证、数据字典、当前组织机构数据（用户、区域、部门）以及其他常用小工具等。另外还提供一个基于本基础框架的代码生成器，为用户生成基本模块代码，如果用户使用了 JeeSite 基础框架，就可以很快速地开发出优秀的信息管理系统。

2. 安装部署

操作系统中应具备运行环境：JDK 1.7、Maven 3.0、MySQL。Maven 与 MySQL 的安装在联网的条件下执行如下步骤。

（1）运行 Maven 目录下的 settings. bat 文件，用来设置 Maven 仓库路径，并按提示操作（需设置 PATH 系统变量、配置 Eclipse），如图 D-1 所示，路径不同提示将不同。

（2）执行 jeesite/bin/eclipse. bat 生成工程文件并下载 JAR 依赖包（如果需要修改默认项目名，打开 pom. xml 修改第 7 行 artifactId，然后再执行 eclipse. bat 文件）。

（3）若研发环境可联网，跳过此步骤；若研发环境在内网，将生成工程文件后的整个工程复制到内网。

（4）将 jeesite 工程导入到 Eclipse，导入时选中 Existing Projects into Workspace，如图 D-2 所示，导入成功后选中工程，按 F5 键刷新。

（5）设置数据源：src/main/resources/jeesite. properties，设置 MySQL 数据库。默认情况下 MySQL 下载后安装在本地即可。

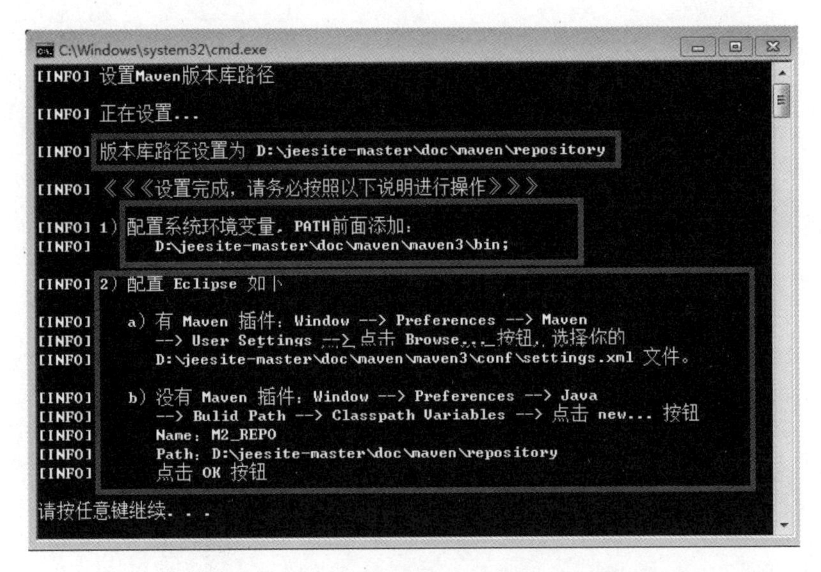

图 D-1　执行 settings. bat 后的提示界面

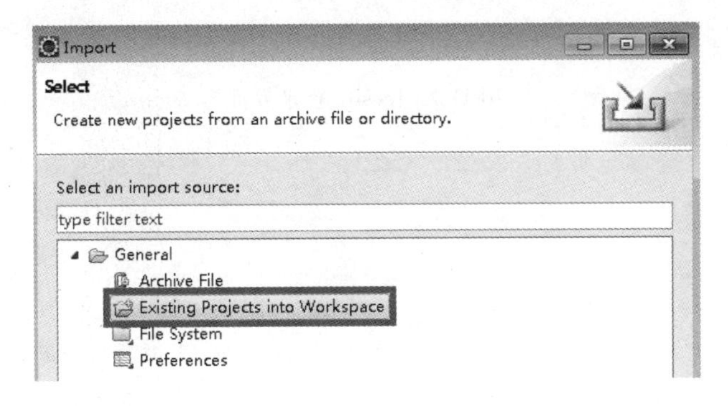

图 D-2　导入时选择 Existing Projects into Workspace

```
jdbc.type = mysql
jdbc.driver = com.mysql.jdbc.Driver
jdbc.url = jdbc:mysql://localhost:3306/jeesite?useUnicode = true&characterEncoding = utf - 8
jdbc.username = root
jdbc.password = 123456
```

(6) 导入数据表并初始化数据：运行 db/init db. bat 文件。(导入时如果出现 drop 失败提示信息，请忽略)。

(7) 新建 Server(Tomcat)，注意选择以下两个选项：

① 配置 server. xml 的 Connector 项，增加 URIEncoding="UTF-8"。

② 部署到 Tomcat，设置 Auto Reload 为 Disabled。

(8) 访问工程：http://127. 0. 0. 1:8080/ jeesite　用户名：thinkgem　密码：admin，如图 D-3 所示。

图 D-3　Jeesite 登录界面